JN199879

数学書房選書 

個数を数える

大島利雄 著

桂 利行・栗原将人・堤 誉志雄・深谷賢治 編集

数学書房

編集

桂 利行
法政大学

栗原将人
慶應義塾大学

堤 誉志雄
京都大学

深谷賢治
ストーニー・ブルック大学

選書刊行にあたって

数学は体系的な学問である．基礎から最先端まで論理的に順を追って組み立てられていて，順序正しくゆっくり学んでいけば，自然に理解できるようになっている反面，途中をとばしていきなり先を学ぼうとしても，多くの場合，どこかで分からなくなって進めなくなる．バラバラの知識・話題の寄せ集めでは，数学を学ぶことは決してできない．数学の本，特に教科書のたぐいは，この数学の体系的な性格を反映していて，がっちりと一歩一歩進むよう書かれている．

一方，現在研究されている数学，あるいは，過去においても，それぞれそのときに研究されていた数学は，一本道でできあがってきたわけではない．大学の数学科の図書室に行くと，膨大な数の数学の本がおいてあるが，書いてあることはどれも異なっている．その膨大な数学の内容の中から，100 年後の教科書に載るようになることはほんの一部である．教科書に載るような，次のステップのための必須の事柄ではないけれど，十分面白く，意味深い数学の話題はいっぱいあって，それぞれが魅力的な世界を作っている．

数学を勉強するには，必要最低限のことを能率よく勉強するだけでなく，時には，個性に富んだトピックにもふれて，数学の多様性を感じるのも大切なのではないだろうか．

このシリーズでは，それぞれが独立して読めるまとまった話題で，高校生の知識でも十分理解できるものについての解説が収められている．書いてあるのは数学だから，自分で考えないで，気楽に読めるというわけではないが，これが分からなければ先には一歩も進めない，というようなものでもない．

読者が一緒に楽しんでいただければ，編集委員である私たちも大変うれしい．

2008 年 9 月–

編者

はじめに

この本は，2013 年度の城西大学での理学部数学科の初年度講義「離散数学」に関連して書かれ，他の講義でも一部参考としたノートを基にしたものである．

離散数学は，連続的でない離散的対象を扱う数学，ということで，有限なものを主な対象とする．組合せ論やグラフ理論が中核をなすと考えられるが，情報数学の分野で離散数学が扱われることが多く，アルゴリズム，プログラミング，初等整数論などと共に，情報科学に必要な数学の基礎的概念，すなわち，集合，順列・組合せ，行列，論理と証明，帰納法，漸化式，数列なども含めた広い内容として講義されることが多い．

ここに書かれた内容は，グラフ理論の部分は含めず，組合せ論，特に「数え上げ」を中心に扱う．数学的思考のためということで，「母関数」の概念を導入し，それを用いているが，どの部分も高校までの数学で理解できるよう，大学で初めて習う内容の線形代数や微積分などは使わないように努めた．一方，数学的理解を深めるため，組合せの問題のみに限らず，幅広く数学と関わる話をいくつか取り入れている．また，最初からでなく，興味を持った話題のみを読むことも想定している．本書の中から一つのトピックを取り上げ，より深い学修に発展させていくことも可能と期待している．

「数え上げ」や漸化式など，実際の計算がコンピュータのプログラムとして実現できるものが多く，それは証明の論理やアルゴリズムを理解する上で役立つので，いくつかのコンピュータ・プログラムを載せてある[1]．それには，無料で公開されていて，ほとんどのパソコンで実行できる十進 BASIC を用いた．十進 BASIC は，初心者にも理解が容易で扱いやすいインタプリタ言語[2]の BASIC で

---

[1]本書に載せたプログラムは http://www.ms.u-tokyo.ac.jp/~oshima/index-j.html からダウンロードできる

[2]プログラムの処理には，インタプリタとコンパイルの 2 通りある．前者は，人が理解でき

あるが，桁数に制限のない整数や分数，複素数も扱うことができる．さらに，再帰呼び出しが可能，グラフィックの描画が可能，などの特徴があるので，数の計算や曲線の手軽な描画に便利である．筆者はプログラミング言語としては，主にC言語を使っているが，多項式や有理式などの文字式を扱う場合は数式処理言語[3] `Risa/Asir`[4]を使うことが多い．これらはすべて無料で手に入り，自由に使うことができる．現在のコンピュータは手計算ではとても不可能な膨大な計算をしてくれるので，与えられた問題を解決するための基礎となるアルゴリズムを理解することが重要である．他のCやPythonなどの言語や数式処理言語にも変換しやすいように，載せた十進BASICのプログラムでは行番号は用いていない，などの配慮をしている．

一例として取り上げたものとして，インタネット上で公開鍵暗号として用いられているRSA暗号がある．初等整数論に基づいており，とても大きな素数を扱う．その原理を解説すると共に，たとえば1000桁の最小素数を求める，とか，1000億以下の素数の個数を求める，などが可能なプログラムやその実行結果を載せてある．初等整数論の話題として，$m^2 - 2n^2 = 1$ を満たす自然数[5] m と n をすべて求めよ，というようなペル方程式も扱った．

大島 利雄

る言葉で書かれたプログラムを，あるいはそれをコンピュータが解釈しやすい形に直したものを，逐次解釈しながら実行していくもの．後者は，コンパイルを行ってから，すなわちコンピュータの命令に翻訳する作業を行って，言語解釈の必要のない独立して実行可能なプログラムに変換してから実行するもの．両者に厳密な区別があるわけではないが，BASICはインタプリタ言語，Cはコンパイル言語の代表的なものである．インタプリタ言語は，プログラムのミスに対して優しく，ミスを発見しやすい．後者はコンパイル作業が必要であるが，様々な最適化ができて，プログラムのより高速な実行が可能．

[3] Computer algebra という．

[4] 竹島卓・横山和弘・野呂正行らにより富士通研究所で開発されたオープンソースの計算代数 (数式処理) システムであり，一般公開されている．Windows，Macintosh，各種 Unix の上で動作する．

[5] 正の整数．

目 次

第 1 章
算数オリンピックの問題から

1996 年の算数オリンピック[1]の問題に次のようなものがあった.

問題 1.1 ある整数を, 0 より大きな整数の和で表す方法が何とおりあるかを考えます. 使う数が同じで順番だけが違うものは, 区別せずにまとめて 1 とおりとして数えます.

(1) たとえば, 6 を 3 個以下の整数の和で表す方法は,

$$\begin{array}{llll} 6 & 5+1 & 4+2 & 3+3 \\ 4+1+1 & 3+2+1 & 2+2+2 & \end{array}$$

の 7 とおりあります. では, 50 を 3 個以下の整数の和で表す方法は, 何とおりありますか.

(2) 50 を 3 以下の整数の和で表す方法は何とおりありますか.

「整数を, 0 より大きな整数の和で表す」において和の順番は無視することを考慮して,「整数を, 0 より大きな数に分割する」あるいは単に「**整数を分割する**」という. また条件をみたすものの個数を数えることを**数え上げ**という.

上の問題の答えを計算してみよう.

(1) の後半

50 を $14+20+16$ と表すことと $20+16+14$ と表すことは区別しないで同じ表し方とみなすので, 大きい順に並べた後者の表示をとることにする.

また, $14+36$ のように 3 個未満の自然数の和は, 0 も許して大きい順に並べて $36+14+0$ と 3 個の非負整数の和の形に表すことにする. すると

---

[1]小学 6 年生以下の子供を対象として, 毎年日本で開催されている. 1992 年に始まった.

$$a_1 + a_2 + a_3 = 50, \quad a_1 \geq a_2 \geq a_3 \geq 0 \tag{1.1}$$

を満たす 3 つの非負整数の組 (a_1, a_2, a_3) がどれだけあるかを数えることになる.

i) a_3 の値によって場合分けした計算

$50 = a_1 + a_2 + a_3 \geq a_3 + a_3 + a_3 = 3a_3$ となるので, $a_3 \leq \frac{50}{3} = 16.6\ldots$ である. よって a_3 は 0 から $16 = [\frac{50}{3}]$ までの整数である[2)].

各 a_3 の値に応じて $a_1 + a_2$ の値が決まるので, その場合の数を計算すればよい. ただし, 条件 $a_1 \geq a_2 \geq a_3$ を忘れると重複して数えることになるので注意しよう. a_2 の範囲は $a_3 \leq a_2 \leq \frac{a_1+a_2}{2} = \frac{50-a_3}{2}$ である.

a_3	$a_1 + a_2$	$\frac{a_1+a_2}{2}$	a_2	a_1	場合の数
0	50	25	$0, 1, 2, \ldots, 25$	50,49,48,...,25	26
1	49	24.5	$1, 2, 3, \ldots, 24$	48,47,46,...,25	24
2	48	24	$2, 3, 4, \ldots, 24$	46,45,44,...,24	23
3	47	23.5	$3, 4, 5, \ldots, 23$	44,43,42,...,24	21
4	46	23	$4, 5, 6, \ldots, 23$	42,41,40,...,23	20
5	45	22.5	$5, 6, 7, \ldots, 22$	40,39,38,...,23	18
6	44	22	$6, 7, 8, \ldots, 22$	38,37,36,...,22	17
⋮	⋮	⋮	⋮	⋮	⋮
15	35	17.5	$15, 16, 17$	20,19,18	3
16	34	17	$16, 17$	18,17	2

a_3 が 0 から 16 の間の偶数 $2k$ のときは, $a_1 + a_2 = 50 - 2k$ であるから a_2 は $2k$ から $25 - k$ までの整数となる. すなわち $26 - 3k$ 個の場合がある. k は 0 から 8 までである. 総計は[3)]

[2)] 実数 r に対し, $[r]$ で r を超えない最大の整数を表す. この [ ] を**ガウス記号**という.

[3)] ここで自然数を 1 から順に n まで n 個を加えた和 $1 + 2 + \cdots + n$ は

$$1 + 2 + \cdots + n = \sum_{k=1}^{n} k = \frac{n(n+1)}{2} \tag{1.2}$$

となることを使った. これは, この和に並べ方を逆にしたものを足すと

$$\begin{array}{ccccccccccccc} & 1 & + & 2 & + & \cdots & + & (n-1) & + & n & + & & \\ & n & + & (n-1) & + & \cdots & + & 2 & + & 1 & & & \\ = & (n+1) & + & (n+1) & + & \cdots & + & (n+1) & + & (n+1) & = & n \times (n+1) \end{array}$$

となって $n+1$ の n 個の和となることからわかる.

$$\sum_{k=0}^{8}(26-3k) = 9\times 26 - 3\sum_{k=0}^{8} k = 234 - 3\times\frac{8\times 9}{2} = 234-108 = 126$$

a_3 が 0 から 16 の間の奇数 $2k+1$ のときは，$a_1+a_2=49-2k$ であるから a_2 は $2k+1$ から $24-k$ までの整数となる．すなわち $24-3k$ 個の場合がある．k は 0 から 7 までである．総計は

$$\sum_{k=0}^{7}(24-3k) = 8\times 24 - 3\sum_{k=0}^{7} k = 192 - 3\times\frac{7\times 8}{2} = 192-84 = 108$$

両方を合わせると，$126+108=234$ 通りあることがわかる．

よりスマートにいえば，a_3 は 0 から $[\frac{50}{3}]=16$ までの整数となり，a_3 を決めたとき a_2 は a_3 から $[\frac{50-a_3}{2}]$ までの整数であればよいので場合の数は以下のようになる．

$$\sum_{a_3=0}^{16}\Bigl(\Bigl[\frac{50-a_3}{2}\Bigr]-a_3+1\Bigr)$$

このように書いておけば，50 を 3 個以下に分ける場合の数に限らず，一般の N を 3 個以下に分ける場合の数も，以下のように表せる．

$$\sum_{a_3=0}^{[\frac{N}{3}]}\Bigl(\Bigl[\frac{N-a_3}{2}\Bigr]-a_3+1\Bigr) \tag{1.3}$$

ii) a_1 の値によって場合分けした計算

最小の a_3 でなくて最大の a_1 で場合分けして考えてもよい．このとき $3a_1 \geq a_1+a_2+a_3=50$ であるから $a_1 \geq \frac{50}{3}$ で a_1 は 17 から 50 までの整数である．$a_1 \geq a_2 \geq a_3$ に注意する必要がある．

a_1	a_2+a_3	$\frac{a_2+a_3}{2}$	a_2	a_3	場合の数
50	0	0	0	0	1
49	1	0.5	1	0	1
48	2	1	2, 1	0, 1	2
47	3	1.5	3, 2	0, 1	2
46	4	2	4, 3, 2	0, 1, 2	3
45	5	2.5	5, 4, 3	0, 1, 2	3
⋮	⋮	⋮	⋮	⋮	⋮
26	24	12	24, …, 12	0, 1, …, 12	13

25	25	12.5	$25,\dots,13$	$0,1,\dots,12$	13
24	26	13	$24,\dots,13$	$2,3,\dots,13$	12
23	27	13.5	$23,\dots,14$	$4,5,\dots,13$	10
22	28	14	$22,\dots,14$	$6,7,\dots,14$	9
⋮	⋮	⋮	⋮	⋮	⋮
18	32	16	$18,17,16$	14,15,16	3
17	33	16.5	17	16	1

これらの総計は

$$\begin{aligned}&(1+1+2+2+\cdots+13+13)+12+10+9+7+6+4+3+1\\ =\ &13\times 14+13\times 4=13\times 18=234.\end{aligned}$$

(2) 50 を 3 以下の自然数に分割する場合の数の計算

$$50=\underbrace{1+1+\cdots+1}_{b_1}+\underbrace{2+2+\cdots+2}_{b_2}+\underbrace{3+3+\cdots+3}_{b_3}$$

1 を b_1 個，2 を b_2 個，3 を b_3 個使った分割であるとすると

$$50=b_1+2b_2+3b_3 \tag{1.4}$$

となる．この関係を満たす非負整数 $b_1,\ b_2,\ b_3$ によって条件を満たす分割が定まるので，(1.4) を満たす非負整数の組 (b_1,b_2,b_3) を求めればよい．

このとき $50=b_1+2b_2+3b_3\geq 3b_3$ であるから $0\leq b_3\leq\frac{50}{3}$ より，b_3 は 0 以上 16 までの整数である．これによって場合分けすると

b_3	b_1+2b_2	b_2	場合の数
16	2	$0,1$	2
15	5	$0,1,2$	3
14	8	$0,1,2,3,4$	5
13	11	$0,1,2,\dots,5$	6
12	14	$0,1,2,\dots,7$	8
⋮	⋮	⋮	⋮
2	44	$0,1,\dots,22$	23
1	47	$0,1,2,\dots,23$	24
0	50	$0,1,2,\dots,25$	26

よって場合の数は

$$
\begin{aligned}
&2+3+5+6+8+9+11+12+14+15 \\
&+17+18+20+21+23+24+26 \\
&=2+29\times 8=2+232=234.
\end{aligned}
$$

より一般的に書くと

$b_3=2k$ のとき　$(k=0,\ldots,8)$

$$b_2\leq\left[\frac{50-3\cdot 2k}{2}\right]=[25-3k]=25-3k \text{ なので } 26-3k \text{ 通り}$$

$b_3=2k+1$ のとき　$(k=0,\ldots,7)$

$$b_2\leq\left[\frac{50-3(2k+1)}{2}\right]=[24-3k-\tfrac{1}{2}]=23-3k \text{ なので } 24-3k \text{ 通り}$$

合わせて

$$
\begin{aligned}
\sum_{k=0}^{8}(26-3k)+\sum_{k=0}^{7}(24-3k)&=9\cdot 26+8\cdot 24-3\cdot\frac{8\cdot 9}{2}-3\cdot\frac{7\cdot 8}{2} \\
&=234+192-108-84=234.
\end{aligned}
$$

問題 1.2　50 枚の金貨を 3 つの山に分ける分け方は何通りあるか.

第 2 章

辞書式順序

問題 1.1 の (1) は，思いついたものを列挙していけば答えが得られるかもしれない．しかし (2) のように場合の数が多くなると，しらみつぶしに数えるにしても，漏れがなく，しかも重複がなく数えるには工夫がいる．それには順序立てて場合を分けて考えることが必要である．そのことは (1) のような場合の数が少ない場合にも重要である． 実際，3 以下の数のみの和で表す場合の数を調べるには，3 を何個使ったかでまず場合に分け，それぞれの場合について 2 を何個使ったか，と考えるとよい．

表にしたものは，それぞれの表し方を順にもれなく並べ尽くした，と見ることができる．すなわち “表し方” を一列に並べた表とみることができる．たとえば，(2) の後半の場合を表した表は，3 の個数が多い順で，3 の個数が同じ場合は，2 の個数が少ない順に並べた表とみることができる．このようにするとすべての場合が漏れなく，しかも重複なく整理されてすべてが尽くされていることが見やすくなる．

このように，ある集合の元について，何らかの並べ方の順序の基準を複数個設けておいて，その基準に優先順位をつけて順に第 1 のキー，第 2 のキー，... とよぶことにする．まず第 1 のキーでどちらが先に来るか決めるが，それで決まらなければ第 2 のキーで決め，それで決まらなければ第 3 のキーで，として順序を決めるやりかたを**辞書式順序**とよぶ．異なる元については，どれかのキーでは区別できて順序が判断できるようにしておけば，その集合の元は順に並べることができる．各キーが簡単なものなら，ある元が一列に並べたものの中のどれかと一致するかどうかの判断も容易にできる．

今述べた例では，第 1 のキーは 3 の個数が大きい方を先にする．第 2 のキーは，2 の個数が小さい方を先にする．とした辞書式順序である．3 の個数と 2 の個数が決まれば，和が 50 であることから 1 の個数も決まるので，“分け方” を一列に並べることができ，先の表はそれを表したものと考えることができる．

多量のデータを一列に並べるには，このような辞書式順序の考え方が多く用いられる．

例 2.1 大量のデータを扱うものとして，名簿を考えてみよう．名簿は多くの場合，読み方のあいうえお順に並べてある．ひらがなで書いて，姓の 1 文字目が第 1 のキーのあいうえお順．第 2 のキーが姓の 2 文字目で，$\cdots$ とする．たとえば 5 文字目がないときは，文字 $\emptyset$ (空) と考えて，最も順序が先と考える．姓で決まらないときは，次に名で同じように考える．このようにすれば，名前の読み方に順序がつく．先に来る方を小さいとすると，それは，たとえば

$$\emptyset < \text{‘あ’} < \text{‘い’} < \cdots < \text{‘か’} < \text{‘が’} < \text{‘き’} < \text{‘ぎ’} < \cdots < \text{‘ん’}$$

という順序が基準である．場合によっては

$$\begin{aligned}&\emptyset < \text{‘あ’} < \text{‘い’} < \cdots < \text{‘か’} < \text{‘き’} < \cdots < \text{‘こ’} < \text{‘が’} < \cdots \\ &\quad \cdots < \text{‘ご’} < \text{‘さ’} < \cdots < \text{‘ん’}\end{aligned}$$

という並べ方もある．

例 2.2 英語の辞書 (英和辞典，英英辞典など)．これは，何万語もの単語がアルファベットを元にした“辞書式順序”で載っている．

調べたい単語が載っているかどうかを探すのは簡単である．すなわち，適当なページを開くと，調べたい単語がそのページに載っていなければ，それより前のページを調べればよいか，後のページを調べればよいか，すぐにわかる．一回の操作で調べるべきページ数が半減するので，開き直す回数は多くない．1000 ページあっても，単に探すべき範囲の真ん中あたりで調べていけば，$2^{10} = 1024 > 1000$ なので，10 回程度開けばすむ．あるページの中でも，アルファベット順なので探すのは容易である．ばらばらに単語が載っていることを想像すると，探すのがとても困難なことがわかるであろう．

第 1 のキーは，アルファベットの文字の順序で，それは

$$\emptyset < \text{‘A’} = \text{‘a’} < \text{‘B’} = \text{‘b’} < \cdots < \text{‘Z’} = \text{‘z’}$$

として，単語の先頭の文字から優先して順序を決める．これで区別がつかない単語は，大文字と小文字の差のみなので，第 2 のキーとして，たとえば

$$\emptyset < \text{大文字} < \text{小文字}$$

という順序で，もう一度先頭の文字から優先して決める．それにより

$$\mathrm{cat} < \mathrm{do} < \mathrm{Dr} < \mathrm{dr} < \mathrm{drink}$$

と並ぶ．単純に $\cdots <$ ‘C’ $<$ ‘c’ $<$ ‘D’ $<$ ‘d’ $< \cdots$ というキーのみの辞書式順序ならば

$$\mathrm{cat} < \mathrm{Dr} < \mathrm{do} < \mathrm{dr} < \mathrm{drink}$$

となって，通常の辞書の並びとは異なってしまうことに注意しよう．

空白を挟んだ 2 単語も辞書に載っていることがある．空白は，$\emptyset$ より大きく，A より小さいとするのが普通である．大筋はアルファベット順であるが，大文字と小文字の違いなどが関わる細かい順序は，辞書によって異なっているようである．

漢和辞典では，漢字の読み方，画数，部首，コードなど，さまざまな異なるキーによる順序で探せるようになっている．

国語辞典は，あいうえお順が基本である．濁音やカタカナなどが混じっているとどうなっているか調べてみよう．

さらに，いろいろな辞書で “辞書式順序” がどうなっているか調べてみよう．

例 2.3 この本の末尾の索引は読み方の辞書式順序に並べてあるが，「RSA 暗号」のようにアルファベットで始まるものはより小さいとしてその前に配置してある．第 2 のキーも存在していて，たとえば「形式べき級数」が第 1 のキー，「和と積」が第 2 のキーに対応する．第 2 のキーが空のものは，第 2 のキーでの順序のトップになる．

例 2.4 数直線上の点に順序をつけるのは，数の大小で決めればよい．では，平面上のいくつかの点に順序をつけるには？

原点と座標軸とを決めると，点は座標 (x, y) で表せるので，x の大小を第 1 のキー，y の大小を第 2 のキーとする．

原点が特に意味があるとすると，原点からの距離を第 1 のキーとし，その点の偏角を 0 以上 2π 未満にとってそれを第 2 のキーとすることもできる．

注意 2.5 辞書式順序の考え方は，多くのデータを扱うコンピュータでよく用いられる方法である．辞書式順序に並べておけば，あるサンプルがデータの中にあるかどうかの判定が高速にできると共に，そのサンプルが未知のデータならば，それを辞書式順序の中に入れることも容易にできる．大量のデータがあるときそ

れを辞書式順序に並べ直すことも重要で，それはソートと呼ばれて，様々なアルゴリズムがある．たとえば「1 冊の英文の小説に使われるすべての単語とその頻度を調べる」などという問題を考えてみるとよい．

第 3 章
ヤング図形

50 を 3 個以下の数の和として表す表し方は 234 通りで，それは 50 を 3 以下の数の和として表す表し方の数と等しくなった．そのことが偶然なのかどうか考えてみよう．

6 を 3 個以下の数の和として表す表し方は 7 通りであったが，3 以下の和で表す表し方は何通りあるかを調べてみよう．

3 をいくつ使うかは，0, 1, 2 の 3 通り．3 を 1 つも使わないときは，2 は 0 個から 3 個までが可能で，3 を 1 つ使うときは 2 は使わないか，あるいは 1 個使えることに注意して，順にすべて列挙すると

$$1+1+1+1+1+1 \quad 2+1+1+1+1 \quad 2+2+1+1 \quad 2+2+2$$
$$3+2+1 \quad 3+1+1+1$$
$$3+3$$

ということで，やはり 7 通りとなる．

6 を $4+1+1$ と 3 つの和に表すことを図形を用いて表してみよう．6 個の □ を □□□□ + □ + □ と分けると考える．個数の大きい順に並べて，この分割を以下のように表す．

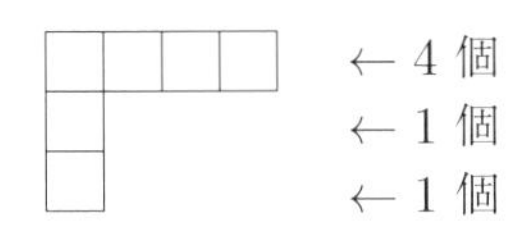

6 の分け方 (6 の分割という) をすべてこのような図式で表してみると

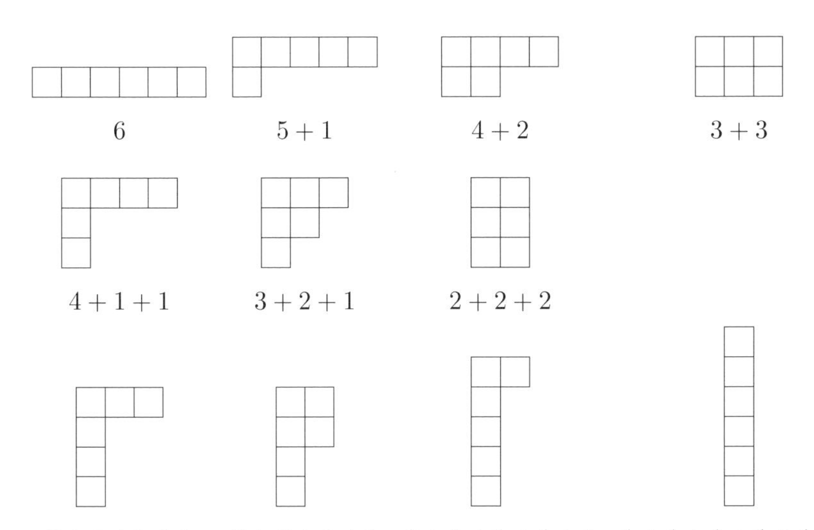

となり，6 の分割の仕方は 11 通りある．

上の表で最初の 7 個は箱の並びが 3 行以下なので，6 を 3 つ以下に分割する場合に対応している．

□ を何個か横に隙間無く並べ，そのような横に □ が並んだものを，個数が大きい順に左端をそろえて縦に順に並べてできる上のような図形を**ヤング図形**という．ヤング図形に含まれる箱の数をヤング図形の**サイズ**という．

6 の分割はサイズが 6 のヤング図形で表せるので，6 の分割が 11 通りあるということは，サイズが 6 のヤング図形が上の 11 種類あることに対応している．

6 の 3 つ以下の分割は，サイズが 6 で 3 行以下のヤング図形に対応する．6 の 3 以下の数への分割は，サイズが 6 で 3 列以下のヤング図形に対応する．

ヤング図形の左上の頂点を原点にとり，上辺を x 軸に，左辺を y 軸にとるとヤング図形は x–y 平面の第 4 象限に描かれるが，これを $x + y = 0$ という直線に沿って対称に折り返したものもヤング図形となる．これをヤング図形の**転置**という．

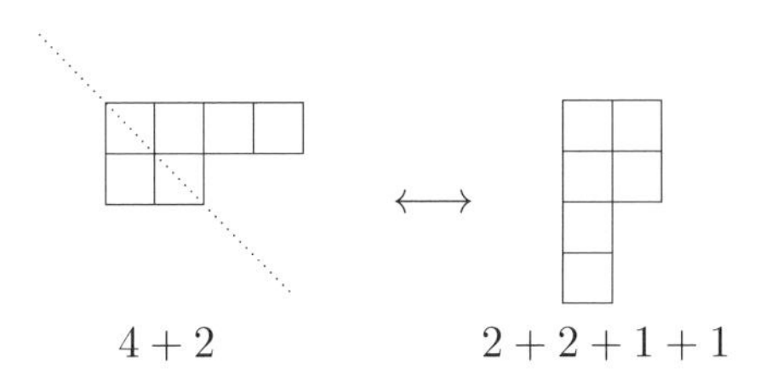

ヤング図形は，上の行から順に行の箱の個数を与えることにより，分割に対応させた．転置したヤング図形に対応する分割は，左からもとのヤング図形の列の箱の個数を与えたもの，すなわち第 1 列の箱の数，第 2 列の箱の数, $\cdots$ という数が定める分割である．

転置によってもヤング図形のサイズは変わらないが，行の数と列の数は入れ替わるので，6 を 3 つ以下に分割する場合の数と 6 を 3 以下の数に分割する場合の数とは等しい．

問題 1.1(2) を考えてみよう．50 の分割は，サイズが 50 のヤング図形に対応する．分割の個数が 3 つ以下のものは，そのうちで 3 行以下のヤング図形に，3 以下の数字しか用いない分割は，3 列以下のヤング図形にあたるので，転置を考えれば，両者の場合の数は等しい．

これは一般化できるので，以下の定理が成り立つ．

定理 3.1 自然数 m 以下の数への自然数 n の分割の仕方の個数は，m 個以下に n を分割する仕方の個数に等しい．

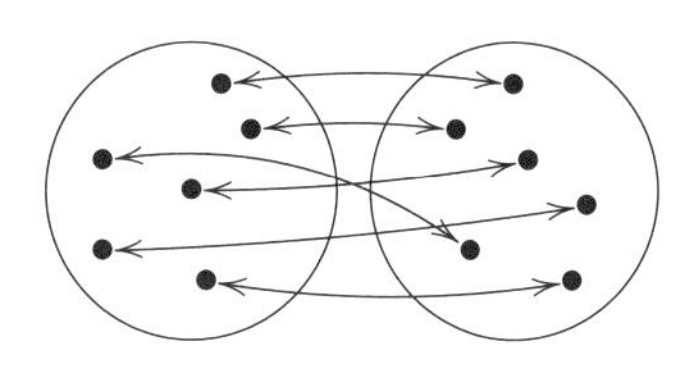

分割をヤング図形で表したとき，サイズが n で m 列以下のものの全体とサイズが n で m 行以下のもの全体とが転置によって **1 対 1** に対応していることからわかる．

2 つの集合の元の間に 1 対 1 の対応がつくなら，その集合の要素[1)]の個数は等しい，という原理である[2)]．

分割の個数が 3 つ以下のものは (1.1) を満たす非負整数 (a_1, a_2, a_3) の個数で決まる．$b_3 = a_3, b_2 = a_2 - a_3, b_1 = a_1 - a_2$ とおくと，$50 = b_1 + 2b_2 + 3b_3$ であって，b_1, b_2, b_3 はこれを満たす任意の非負整数でよいので，それは (1.4) になる．よって，両者の個数が等しいことが再びわかった．しかしながらヤング図形による対応では，2 種類の分割が個別に対応がついているので，単に個数が等し

[1)] 集合の**要素**は，集合の**元**ともいう．

[2)] このことは，無限個の "個数" をも比較する原理でもある．自然数の全体とそこから最小元 1 を除いたものとの間には，$n \mapsto n+1$ によって 1 対 1 対応があるので同じ "個数" (無限のときは**濃度**という) と考える．自然数の全体と有理数の全体の間には 1 対 1 対応があるので濃度が同じであるが，自然数の全体と実数の全体の間には 1 対 1 対応が無いことが知られている．

い，というより強いことを言っている．

2 つの袋に入った玉の数を比べるとき，一つずつ同時に取り出して，どちらが先に空になるかを比べる，という方法がある．これは，同時に取り出す，ということで一方の袋の中の玉と他方の袋の中の玉に 1 対 1 の対応をつけている．玉の数が異なれば，少ない方の袋の玉と多い方の袋の玉の一部との間に 1 対 1 の関係がつくことになる．

一般に，集合 X と Y，および X の各元に対して Y の元を対応させる対応 (**写像**という) f があったとする ($x \in X$ に対して，$f(x) \in Y$ が定まっている)．X の異なる 2 つの元 x, x' に対して必ず $f(x) \neq f(x')$ となるとき，f は 1 対 1 の写像，あるいは**単射**であるという．一方 $Y = f(X)$ となるとき，すなわち任意の $y \in Y$ に対して $y = f(x)$ となる $x \in X$ が存在するとき，f は Y の**上への**写像，あるいは**全射**という．

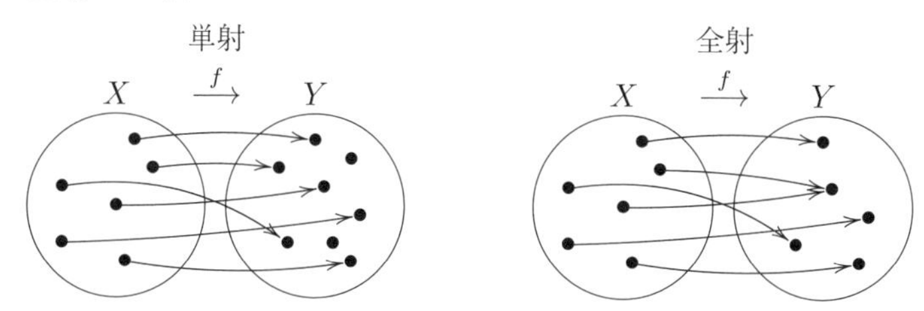

X と Y が有限個の元からなる集合で，X から Y への写像 f があったとする．f が単射ならば，X と Y の部分集合 $f(X)$ との間に 1 対 1 の対応がつくので，Y の元の個数は X の元の個数以上である．このことの対偶は**鳩の巣原理**[3)]といわれ，よく使われる．また特に X の元の個数 ($\#X$ と書く) と Y の元の個数が等しければ $f(X) = Y$ となるので f は全射となる．また f が全射ならば，各 $y \in Y$ に対して $f(x_y) = y$ となる $x_y \in X$ を決めることにより X の部分集合と Y との間に 1 対 1 対応ができるので $\#X \geq \#Y$ であり，特に $\#X = \#Y$ ならば f は単射となる．

問題 3.2 自然数 n の分割で 1 が現れないものに対応するヤング図形の転置は，どのような n の分割と対応するか？

問題 3.3 1 から m までの自然数のみをすべて 1 個以上含むものへの自然数 n の分割の個数は，自然数 n の m 個の異なる自然数への分割の個数に等しい．

[3)] 命題 12.37 を参照．

第 4 章
2 進法

50 を 3 個以下の自然数に分割する場合の数は 234 という大きな数になり，それを闇雲に列挙すると混乱を来すが，辞書式順序の考えを使えば漏れなく重複なく尽くすことができた．一方 234 という大きな数もたった 3 つの数字で表すことができることを知っている．これは **10 進法**という表記法で，「二百三十四」すなわち「にひゃくさんじゅうよん」と読んで

$$2 \times 10^2 + 3 \times 10 + 4$$

という数を表している．百 $= 10^2$，十 $= 10^1$ である．この 10 進法を用いて，0 から 9 までの 10 種の文字だけでいくらでも大きな数を端的に表現できる．

2 進法は 2 つの文字だけで数を表す表記法で，通常は 0 と 1 の 2 文字を用いて 1010 のように数を表す．すなわち n 個の 1 や 0 が並んだものが $a_n a_{n-1} \cdots a_2 a_1$ であったとすると，それは

$$a_n \times 2^{n-1} + a_{n-1} \times 2^{n-2} + \cdots + a_2 \times 2 + a_1$$

という数を表しているとする (各 a_j は 0 または 1)．先頭の 0 は削っても同じ数を表すことになるので，数 0 のとき以外は先頭の 0 は書かない (10 進法のときも同じ)．10 進法のときのように a_1 を 1 桁目，a_2 を 2 桁目などとよぶ．10 進法の表記と区別したいときは，$\underline{1010}$と表すことにしよう．すると

$$\underline{1010} = 2^3 + 2^1 = 8 + 2 = 10$$

であることがわかるであろう．このように 2 進法で書かれた数を **2 進数**といい，それに対して 10 進法で書かれた数を **10 進数**という．

2 進法は 2 つの文字のみで表すので，`On/Off` の 2 種の状態を並べて数が表現できると考えることができ，コンピュータで扱いやすい．コンピュータでは数は 2 進法で表現されていると考えてよい．普通は `On` は 1 を `Off` は 0 を表すものと

する．

では，文字一つだけで自然数を表せるであろうか？ 仮にそれを 1 進数とよぶことにすると，それは存在する．実際，その数だけ文字を並べればよい．これは最も原始的で直感的な数の表記であろう．その文字を $*$ で表すことにして，16 までの数を書いてみよう．

10 進数	“1 進数”	2 進数	16 進数	階乗進数
1	*	1	1	1
2	**	10	2	10
3	***	11	3	11
4	****	100	4	20
5	*****	101	5	21
6	******	110	6	100
7	*******	111	7	101
8	********	1000	8	110
9	*********	1001	9	111
10	**********	1010	a	120
11	***********	1011	b	121
12	************	1100	c	200
13	*************	1101	d	201
14	**************	1110	e	210
15	***************	1111	f	211
16	****************	10000	10	220

上に記した **16 進法**による 16 進数はコンピュータ言語でよく使われ，上のように 10 から 15 までの数をアルファベット (場合によっては大文字) 一文字で表す．たとえば，90 は $90 = 5 \times 16 + 10$ なので 16 進法では「5a」または「5A」と書かれることになる．階乗進法については後ほど述べるが，n 桁目には 0 から n までの数が使われる．

大きな数，たとえば「123456789」は 4 桁ずつ区切って「1,2345,6789」と書くと読みやすく，漢数字では「一億二千三百四十五万六千七百八十九」となって私達はそのように読む．万，億，兆，$\cdots$ と $10^4, 10^8, 10^{12}, \ldots$ を表す単位があってそれを使うからである．10 進法ではあるが，大きな数を表すため，さらに 10^4 進法を併用しているとも言える．桁の数字を順に読むのではなくて「人口が約一億」と言えばとてもわかりやすい．

この意味では欧米は 10^3 進法で，thousand, million, billion が $10^3, 10^6, 10^9$ を表す単位となっており，10 進法の数字は下から 3 桁ずつ区切ることになる．ミリオネア (millonaire) すなわち「百万長者[1]」という言葉はここから来ている．

一方，時間を計るには，時間，分，秒という単位があるので，10 進法と 60 進法の併用である．1 時間を超える大きな時間や 1 秒未満の短い時間には 10 進法を使っているが，1 時間 $=$ 60 分 $= 60^2$ 秒 $=$ 3600 秒である．

2 進法を使うコンピュータの世界でも，大きな数字を扱う場合は 0 と 1 がたくさん並んで読みにくいので，下から 4 桁単位に区切って得られる 16 進数を使うことが多い．コンピュータでは 2 進法の 1 桁をビット (bit) とよび，それは 0 または 1 である．たとえば 16 ビットコンピュータ[2]とは，2 進法で 16 桁の数を基本として扱うコンピュータで，コンピュータの記憶装置 (メモリー) で扱いやすい最小単位に対応している．この場合の最大の数は $\underline{1111111111111111}$ となるが，4 桁単位に区切ると $1111, 1111, 1111, 1111$ となり，16 進法では `ffff` と 4 桁となるため読みやすくなる．この数は 10 進法では

$$2^{15} + 2^{14} + \cdots + 2^1 + 1 = 2^{16} - 1 = (2^4)^4 - 1 = 16^4 - 1 = 256^2 - 1$$
$$= 65535$$

にあたっている．なお，2^{16} は 2 進法で 17 桁必要な最小の数である．

ある数を 2 進数に直すことを考えてみよう．

$$\underline{a_n a_{n-1} \cdots a_2 a_1} \div 2 = \underline{a_n a_{n-1} \cdots a_2} \quad \text{余り} \quad a_1$$

であるから，以下のようにすればよい．まずその数を 2 で割って，余りの 0 か 1 を別に書いておく．その商を 2 で割って，余りを先の余りの上の桁に書く．これを続けて，商が 0 になるまで続ける．最後は $1 \div 2 = 0 \cdots 1$ という計算で終わる[3]．たとえば 234 ならば

---

[1]アメリカでは，100 万ドルを持っているような資産家，という意味だが，日本円では「一億円長者」というべきであろうか．なお billionaire は「億万長者」という．

[2]1980 年頃の 8 ビットコンピュータから始まって，16 ビット，32 ビット，64 ビットと進化し，現在では 64 ビットコンピュータが主流になっている．

[3]n 進法なら「数を n で割った余りを書き，もとの数を商で置き換えて同様なことを商が 0 になるまで続ける」というように置き換えればよい (もちろん「1 進法」では駄目ですが)．

$$
\begin{array}{rcll}
 & & & \\
234 \div 2 = & 117 \cdots 0 & (\underline{0}) \\
117 \div 2 = & 58 \cdots 1 & (\underline{10}) \\
58 \div 2 = & 29 \cdots 0 & (\underline{010}) \\
29 \div 2 = & 14 \cdots 1 & (\underline{1010}) \\
14 \div 2 = & 7 \cdots 0 & (\underline{01010}) \\
7 \div 2 = & 3 \cdots 1 & (\underline{101010}) \\
3 \div 2 = & 1 \cdots 1 & (\underline{1101010}) \\
1 \div 2 = & 0 \cdots 1 & (\underline{11101010})
\end{array}
\qquad
\begin{array}{rl}
2\underline{)234} & \\
2\underline{)117} & \cdots 0 \\
2\underline{)\ 58} & \cdots 1 \\
2\underline{)\ 29} & \cdots 0 \\
2\underline{)\ 14} & \cdots 1 \\
2\underline{)\ \ 7} & \cdots 0 \\
2\underline{)\ \ 3} & \cdots 1 \\
2\underline{)\ \ 1} & \cdots 1 \\
0 & \cdots 1
\end{array}
$$

となって $234 = \underline{11101010}$ がわかる．また$\underline{1110,1010}$と区切って直前の表を見れば，$234 = \texttt{ea}$ となって，16 進数での表記もわかる．

“1 進数”では 0 が明示的に表せないだけでなく，大きな数を表すのが不便である．日本の人口数に近い $1,2345,6789$ という数を表そうとすると大変なことになる．1 ページに「$*$」を 1 万個書いたとしても，1 万ページ以上必要になる．234 という数でも大変である．

「指折り数える」というように両手を使って数えると 10 までは数えやすい．そこで「$*$」の 10 個の束を「□」で表すことにすると，23 個の □ と 4 個の $*$ で済む．同様に 10 個の □ の束を ■ で表すことにより

$$234 = ■■□□□ * * * *$$

と表せる．これは「二百三十四」という書き方と同様の発想である．一方，「桁」という考えを用いて上のことを

$$
\begin{array}{rrr}
 & & * \\
 & * & * \\
* & * & * \\
* & * & *
\end{array}
$$

と書いてしまうのが「234」という算用数字による表し方に対応する．一番右が $*$ の数，その左が □ の数，その左が ■ の数，ということになる．

手の指を順に折って数えられる数は，両手を使っても 10 までであるが，この「桁」の考えと 2 進法の考えを使うと，より大きな数まで数えられる．右手の親指は 2 進法の 1 桁目 (1 の位)，人差し指が 2 桁目 (2 の位)，中指が 3 桁目 (4 の位)，薬指が 4 桁目 (8 の位)，小指が 5 桁目 (16 の位) と考え，桁の数字が 1 のときに指を立てて数を表すことにすれば，片手で $2^5 - 1 = 31$ までの数が指折り

数えられることになる．握り拳 (グー) は 0 を表し，広げた右手 (パー) は 31 を表し，チョキは 6 を表す，といった具合である．

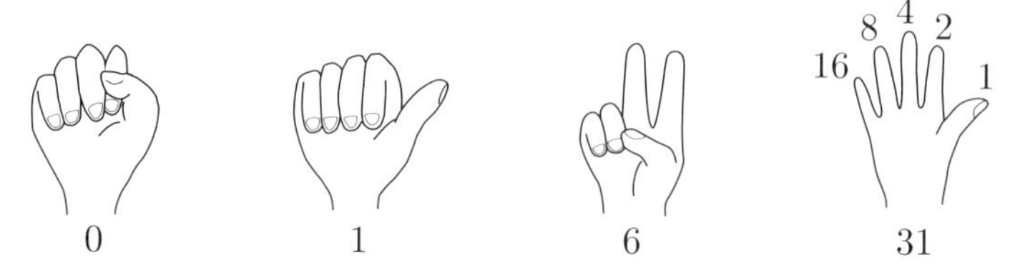

このとき数を 2 進法に直す必要があるが，次のようにするとわかりやすい．たとえば 14 を表すには，握った拳から，まずそれを越えない最大の数をもった位の指，すなわち 8 の位の薬指を立てる．残りの $14-8=6$ はより小さな数になるので，より小さな数の位の指で表現できる．同じように 6 を越えない最大の 4 の位の中指も立てると残りは $6-4=2$ なので，さらに人差し指も立てて完了，ということになる．両手を使うと $2^{10}-1=32^2-1=1023$ まで数えられる．

問題 4.1 この 2 進法の考えで，片手で指折り 1 から順に 31 まで数えてみよ．

この問題が悩まずにできるようになれば，2 進法の理解が深まったと言えるであろう．指の運動は脳の活性化に役立つので，一石二鳥である．

2 進法で大きな数を表すとき，どの程度の桁数が必要か考えてみよう．$2^{10}=1024>1000=10^3$ であったから，10 進法で 3 桁の数は 2 進法で 10 桁以下になることがわかった．この数を 4 回かけ合わせると $2^{40}>10^{12}$ なので，10 進法で 12 桁まで，すなわち十兆より小さな数は，2 進法で 40 桁以下となって，「1 進法」とは大違いである．先ほどの大きな数は

$$1,2345,6789=\underline{111,0101,1011,1100,1101,0001,0101}=\texttt{75bcd15}$$

となって，10 進法で 9 桁であったが，2 進法で 27 桁，16 進法で 7 桁で表記される．すなわち「3 人の両手の指を使って数えられる」程度となる．より一般的には，10 進法で n 桁の数は，2 進法では $[\frac{10n+2}{3}]$ 桁[4)]以下になる．素朴な「指折り数える」“1 進法”では，1234,5679 人の両手を使って，最後の人の最後の指一本を残してそれ以外全員の指を折って表さなくてはならない．

---

4) ここで $[\frac{10n+2}{3}]$ は $m\geq\frac{10n}{3}$ を満たす最小の整数 m になることに注意．よってこれは $2^{[\frac{10n+2}{3}]}\geq 2^{\frac{10n}{3}}=(2^{10})^{\frac{n}{3}}=1024^{\frac{n}{3}}>1000^{\frac{n}{3}}=10^n$ からわかる．

数の計算で基本となる四則演算を暗算や筆算で計算することを考えてみよう．普通は 10 進法で表して計算をしている．足し算は桁に分割したものの和を寄せ集めればよいので，同じ桁同士の足し算が基本となる．すなわち基本は

$$a \times 10^n + b \times 10^n = (a+b) \times 10^n$$

で，a, b は 0 から 9 までの数である．$a+b$ が 9 以下ならば桁の中で和が閉じるが，10 を超えると上の桁に影響がでて，「繰り上がり」を考慮した計算が必要になる．

一方，かけ算は，かける数とかけられる数の両方を桁に分割して同じ桁とは限らない積をすべて考えてそれらを足し合わせることによって計算される．すなわち基本は

$$(a \times 10^m) \times (b \times 10^n) = (ab) \times 10^{m+n}$$

となり，ab は 10 以下とは限らないので繰り上がりが生じることが多いが，$ab < 10^2$ であるから，この数が $m+n+2$ 桁をこえる数になることはない．たとえば 2 桁同士では，和と積の計算は基本を組み合わせて以下ようになる．

$$(a_1 \times 10 + a_0) + (b_1 \times 10 + b_0) = (a_1 + b_1) \times 10 + (a_0 + b_0),$$

$$(a_1 \times 10 + a_0)(b_1 \times 10 + b_0) \\ = (a_1 b_1) \times 10^2 + (a_0 b_1 + a_1 b_0) \times 10 + a_0 b_0.$$

基本の計算は，1 桁同士の和と積であるが，和の方はそれほど難しくはなく，覚えているか，あるいは繰り上がりがあっても $7+4 = (10-3)+4 = 10+(4-3) = 11$ などと頭の中で考えるかもしれない．一方 7×4 は，7 を 4 回足していては時間がかかるので，計算を早く行うために小学校のときから答を暗記していることであろう．「九九」と呼ばれて「しちしにじゅうはち」などと覚える．

このような計算法は，何進法でも同じである．60 進法とすると「九九」にあたるものは，$59 \times 59 = 3481$ 通りもあるので，とても覚えられるものではなく，10 進法の世界程度が幸せであろう．

2 進法では 0 以外の数は 1 しかないので，「九九」にあたるものは $1 \times 1 = 1$ という自明なものだけである．ただ桁が多くなるので，より多くの桁の計算をしなくてはならない．2 進法での基本の和と積，すなわち 1 桁の和と積は簡単で，以下のものしかない．特に 1 桁同士の積では繰り上がりが生じない．

2 進数の演算

+	0	1
0	0	1
1	1	10

×	0	1
0	0	0
1	0	1

$7+4=11$, $7\times 4=28$ を 2 進法の世界で，10 進法に習った筆算によって計算してみよう．$7=\underline{111}$, $4=\underline{100}$ なので簡単で以下のようになるが，同様に $7+5$ や 7×5 も考えてみよう．

$$\begin{array}{r} 111 \\ +\ 100 \\ \hline 1011 \end{array} \qquad \begin{array}{r} 111 \\ \times\ 100 \\ \hline 11100 \end{array} \qquad \begin{array}{r} 111 \\ +\ 101 \\ \hline 1100 \end{array} \qquad \begin{array}{r} 111 \\ \times\ 101 \\ \hline 111 \\ 111 \\ \hline 100011 \end{array}$$

桁の繰り上がりに注意しなくてはならないが，1 のみを足し合わせるので

$$1+1=\underline{10},\ 1+1+1=\underline{11},\ 1+1+1+1=\underline{100},\ \ldots$$

と 2 進法の指折りで数えれば計算できる．

引き算や割り算も 10 進法のときの筆算と同様である．下の桁から計算し，ある桁の引き算で繰り下がりが起きるとき，それがちょうど解消されるところまで遡り，それを区切りとして計算すれば簡単である．そのような区切りでの計算は以下の例のようになる．

$$\begin{array}{r} 10 \\ -\ \ 1 \\ \hline 1 \end{array} \qquad \begin{array}{r} 100 \\ -\ \ \ 1 \\ \hline 11 \end{array} \qquad \begin{array}{r} 1000 \\ -\ \ \ 11 \\ \hline 101 \end{array} \qquad \begin{array}{r} 10001000 \\ -\ \ \ \ 1011 \\ \hline 1111101 \end{array} \qquad \begin{array}{r} 11|10|1|1100|11 \\ -\ 10|01|0|0111|01 \\ \hline 1|01|1|0101|10 \end{array}$$

より具体的には，下の桁からたどって $0-1$ となっている桁で繰り下がりが始まり，そこから上にたどっていって初めて $1-0$ となっている桁で繰り下がりが完了する．そのまとまりで区切って計算をすればよい．繰り下がりが始まる $0-1$ の桁は 1，繰り下がりが完了する $1-0$ の桁では 0 がその桁の引き算の結果となり，両者の間の桁は $0-0$, $1-1$, $0-1$ であるが，上の桁からの繰り下がりの影響で，その桁の結果はそれぞれ 1, 1, 0 となる．

問題 4.2 2 進数の足し算について，上に習った繰り上がり計算を述べよ．

割り算は各ステップで 1 桁の数を割る数にかけて，それを何桁かずらして割られる数から引き去っていく必要があるが，使われる数字は 0 と 1 しかないので桁をずらすだけで，簡単である．かけ算はほぼ足し算，割り算はほぼ引き算になる．また 2 進数の大小の関係も 10 進数のときと同じで，同じ桁の上位から比較した辞書式順序となることに注意しよう．比較する相手に対応する桁がないときは，相手のその桁は 0 であるとみなせばよい．

問題 4.3 以下の 2 進法で書かれた数の計算を，2 進法の筆算で行え．またそれぞれ 10 進法に直した結果と比較せよ．

$$\underline{11011}+\underline{10110} \qquad \underline{11011}-\underline{10110} \qquad \underline{1011}\times\underline{1011} \qquad \underline{1000010}\div\underline{101}$$

白と黒の碁石を順に選んで一列に n 個並べる並べ方は何通りあるか考えてみよう．両方の碁石は十分たくさんあって，n 個全部が白なども許されるとする．

たとえば $n=5$ ならば

$$\bullet\circ\bullet\bullet\circ \quad \bullet\circ\bullet\circ\bullet \quad \circ\circ\circ\circ\circ \quad \circ\bullet\circ\bullet\bullet \quad \cdots$$

のようにたくさんの場合がある．

$\bullet$ を 1，$\circ$ を 0 と書き換えると，2 進法で n 桁以下の数と 1 対 1 に対応している．ただし，2 進法の n 桁未満の数は，先頭に 0 を並べて n 個の 0 と 1 の並びにする．$n=5$ の上の例では

$$10110 \quad 10101 \quad 00000=0 \quad 01011=1011 \quad \cdots$$

このように考えると，白と黒の碁石が n 個並んだ列の種類の数は 2 進法で n 桁以下の数で，0 から 2^n-1 までの 2^n であることがわかる．

$\circ$ の方が $\bullet$ より小さいと考えて，辞書式順序で考えるとわかりやすい．最も小さいのは白が n 個並んだ列で，それは 2 進法で 0 に対応する．次が最後のみ黒の列で 2 進法で 1 に対応し，最大のものはすべて黒の列である．

最初が白か黒かで 2 通り，それぞれに応じて 2 つめが白か黒の 2 通りで，最初の 2 つの並べ方は 2×2 の 4 通り．同様に 3 つめまででは $4\times2=8$ 通り，と考えると 2^n 通りになる，としてもよい．

$n=10$ の場合は $2^{10}=1024$ 通りあるが，この順序で 234 番目のものは何か？と問われると，その数は 0 から数えて 234 番目の数に対応するので，先の計算を使うと $233 = 234 - 1 = \underline{11101010} - 1 = \underline{11101001}$ と 2 進法で 8 桁の数になり，その前に 0 を 2 個並べて補うと ○○●●●○●○○● であることがわかる．

0 から 9 までの数字を，重複を許して一列に n 個並べる並べ方の数は，10 進法で n 桁以下の数と対応し，10^n 通りある．

一般に何種類かのものを重複を許して並べる並べ方を**重複順列**という．k 種類のものを重複を許して n 個並べる重複順列は k 進法での n 桁以下の数と対応し，その重複順列の数は k^n 通りある．

第 5 章
階乗進法と順列・組合せ

階乗進法とは 1 桁目は 0 か 1，2 桁目は 0 か 1 か 2，3 桁目は 0 か 1 か 2 か 3，一般に n 桁目は 0 から n までの数を使って数を表す方式である．その数を $\overline{a_n a_{n-1} \cdots a_1}$ と表すと

$$\overline{a_n a_{n-1} \cdots a_1} = a_n \times n! + a_{n-1} \times (n-1)! + \cdots + a_2 \times 2! + a_1 \quad (0 \leq a_j \leq j)$$

となる[1)]．10 進数の数を階乗進法に直すには，2 で割った余りが a_1，その商を 3 で割った余りが a_2，その商を 4 で割った余りが a_3 というように順に定めればよいことが上の形からわかる．少し後に $1233 = \overline{141111}$ となる計算例が示してある．

階乗進法の $n+1$ 桁で表される最小の数は 10 進法で $(n+1)!$ であるから，階乗進法の n 桁で表せる最大の数は 10 進数では $(n+1)!-1$ となる．実際

$$\begin{aligned}
&(\underline{1!} + 2\cdot 2! + 3\cdot 3! + 4\cdot 4! + \cdots + (n-1)\cdot(n-1)! + n\cdot n!)\ \underline{+1} \\
&= \underbrace{\underline{2!} + 2\cdot 2!} + 3\cdot 3! + 4\cdot 4! + \cdots + (n-1)\cdot(n-1)! + n\cdot n! \\
&= \underbrace{3! \quad + 3\cdot 3!} + 4\cdot 4! + \cdots + (n-1)\cdot(n-1)! + n\cdot n! \\
&= \underbrace{4! \qquad + 4\cdot 4!} + \cdots + (n-1)\cdot(n-1)! + n\cdot n! \\
&\quad \cdots \\
&= \underbrace{(n-1)! + (n-1)\cdot(n-1)!} + n\cdot n! \\
&= n! + n\cdot n! = (n+1)!
\end{aligned}$$

と確かめられる．

異なる n 個のものを順に並べる場合の数は $n!$ となる．並びの先頭のものの選び方が n 通りあり，それぞれに応じて 2 番目の選び方が残りの $n-1$ 個のものか

[1)] 階乗進法は数を $a_n \times n! + \cdots + a_2 \times 2! + a_1 \times 1! + a_0 \times 0!$ $(0! = 1,\ 0 \leq a_j \leq j)$ と表して $a_0 = 0$ を最後に余分につけて考えることもできる．

ら選ぶので $n-1$ 通りあって，2 番目までで $n\times(n-1)$ 通りある．それぞれに応じて 3 番目の選び方が $n-2$ 通り，と続けられるので，順にすべてを選ぶと $n!$ 通りになる，ということである．

それを分類することを考えよう．n 個のものに 1 から n までの番号をつけると，数字 $1,2,\ldots,n$ を並べたもので n 個のものの並べ方を表すことができる．たとえば $n=4$ のとき，(2413) のようにして並べ方を表すことができる．$n!$ 通りの並べ方があるが，これを先頭からみた辞書式順序で m 番目の並べ方が簡単にわかれば，並べ方を 1 から $n!$ までの一つの数で表すことができて区別できる．これは階乗進法を使うとわかりやすい．$m-1$ を階乗進法で表すとちょうど $n-1$ 桁以下になるので都合がよい．それを順に書いてみよう．

$n=3$ の場合の $3!=6$ 通りを右に書いた．

ここでも辞書式順序を使うことにより，並べ方が漏れなく順に尽くされていることがわかる．

たとえば 5 番目のものは，次のようにして得られる．

10 進	階乗進	並べ方
0	0	(123)
1	1	(132)
2	10	(213)
3	11	(231)
4	20	(312)
5	21	(321)

$$\begin{array}{rrl}
2) & \underline{1233} & \\
3) & \underline{616} & \cdots 1 \\
4) & \underline{205} & \cdots 1 \\
5) & \underline{51} & \cdots 1 \\
6) & \underline{10} & \cdots 1 \\
7) & \underline{1} & \cdots 4 \\
8) & \underline{0} & \cdots 1
\end{array}$$

$5-1=4=\overline{20}$ と階乗進数でまず表す．辞書式順序では上の桁を優先する．最上位の 2 桁目の数は 0,1,2 のいずれかであるので，それに応じて $\{1,2,3\}$ の 3 つの中から選ぶと考える．階乗進数の 2 桁目の 2 より $\{1,2,3\}$ の $2+1$ 番目の 3 を順列の最初として選ぶ．次に 1 桁目の 0 は残りの $\{1,2\}$ から $0+1$ 番目の数を選んで 1 とし (1 桁目が 1 なら 2 を選ぶ)，残った 2 を最後に選んで (312) という並べ方が得られる．階乗進数と並べ方の辞書式順序とが自然対応していることがわかるであろう．

$\{1,2,\ldots,7\}$ の並べ方は 7!=5040 通りある．それの 1234 番目が何になるかを考えよう．これも全く同様である．$1234-1=\overline{141111}$ であるから

$$\{1,\underline{2},3,4,5,6,7\}\xrightarrow[2]{1+1}\{1,3,4,5,\underline{6},7\}\xrightarrow[6]{4+1}\{1,\underline{3},4,5,7\}$$

$$\xrightarrow[3]{1+1}\{1,\underline{4},5,7\}\xrightarrow[4]{1+1}\{1,\underline{5},7\}\xrightarrow[5]{1+1}\{1,\underline{7}\}\xrightarrow[7]{1+1}\{1\}$$

となって，(2634571) であることがわかる．

このような辞書式順序では，$\{1,2,3\}$ の並べ方の 2 番目は (132) で，トップの整列された (123) から 2 と 3 を入れ替えたものとなるが，$\{1,2,3,4\}$ の並べ方での 2 番目は (1243) で，トップの (1234) から 3 と 4 を入れ替えたものとなり，先頭から見ると大きく異なってしまう．個数によらずに並べ方をうまく考えることができるであろうか？

それには並びの後ろから比べればよい．たとえば $\{1,2,3,4\}$ の並べ方でいえば，$(***4)$ の形のものが初めに来るようにする．すなわち後方を優先した辞書式順序で比較し，それが大きいものを先にすればよい．そうすると 3 個のものの並べ方での 2 番目は (213), 4 個のものの並べ方の 2 番目は (2134) となり，最初の (1234) から動かない最後の 3 と 4 を無視すれば同じと考えることができ，それは 2 個のものの並べ方の 2 番目とも一致する．このようにすれば個数によらずに統一的に考えることができる[2)]．たとえば 3 個の並べ方をこの順に並べると

$$(123) \quad (213) \quad (132) \quad (312) \quad (231) \quad (321)$$

となる．4 個の並べ方の最初の 6 個はこれらの最後に 4 を付加したものとなる．

$n=4$ の場合に階乗進数と並べ方の対応を表にすると次のようになる．なお，各欄の左端と右端が統一的な辞書式順序での対応である．

階乗進数と順列

0 (1234) (1234)	100 (2134) (1243)	200 (3124) (1342)	300 (4123) (2341)
1 (1243) (2134)	101 (2143) (2143)	201 (3142) (3142)	301 (4132) (3241)
10 (1324) (1324)	110 (2314) (1423)	210 (3214) (1432)	310 (4213) (2431)
11 (1342) (3124)	111 (2341) (4123)	211 (3241) (4132)	311 (4231) (4231)
20 (1423) (2314)	120 (2413) (2413)	220 (3412) (3412)	320 (4312) (3421)
21 (1432) (3214)	121 (2431) (4213)	221 (3421) (4312)	321 (4321) (4321)

問題 5.1 上の統一的な辞書式順序を用いたとき，最初から m 番目の並べ替えを得る手順を述べよ．また 1234 番目が何になるか答えよ．

問題 5.2 n 個の並べ方の中で，上の統一的な辞書式順序と最初に考えた辞書式順序とで，先頭から同じ番目に同じ並べ方のものが位置するのは何通りあるか (例えば $(12\cdots n)$ はどちらも最初に位置する)．

[2)] 先に考察した n 個の並べ方の各数字を「$n+1$ からその数字を引いたもの」に置き換え，並びの順序を逆にすると統一的な辞書式順序での並べ方になることがわかる．

異なる n 個のものから順に選んですべてを並べる並べ方を考えたが，n 個のものから r 個を順に選んで並べる並べ方を「n 個の中から r 個を選ぶ**順列**」といい，その総数を ${}_nP_r$ で表す．$r = n$ のときと同様に，最初のものの選び方が n 通り，残りの $n-1$ 個の中から次のものを選ぶ選び方が $n-1$ 通りなので，並びの最初の 2 個の決め方が $n \times (n-1)$ 通りになる，ということを r 個選ぶまで続ければよいので

$${}_nP_r = n(n-1)\cdots(n-r+1) = \frac{n!}{(n-r)!}$$

がわかる．

n 個のものの並べ方は階乗進法の $n-1$ 桁の数 $\overline{a_{n-1}a_{n-2}\cdots a_1}$ に対応していた．a_{n-1} は最初のものの選び方，a_{n-2} は次のものの選び方，$\cdots$ というような対応であった．a_{n-r} は r 番目のものの選び方なので，n 個の中から r 個を選ぶ順列は，$n-1$ 桁以下の階乗進数で下の $n-r-1$ 個の桁 $a_{n-r-1}, a_{n-r-2}, \ldots, a_1$ を無視したものに対応している．a_{n-1} は 0 から $n-1$ までの n 通り，a_{n-2} は 0 から $n-2$ までの $n-1$ 通り，$\cdots$，a_{n-r} は 0 から $n-r$ までの $n-r+1$ 通りであることから，上の式が得られる．

たとえば $n=4$ での階乗進数と順列との対応表では，最初に考えた対応は先頭から選ぶことによる対応であったので，階乗進数の最下位桁を無視したものが並びの最初 2 つの選び方に対応していて，それは $4 \times 3 = 12$ 通りある．

一方，異なる n 個のものを順に選んで並べる並べ方は $n!$ 通りあったが，最初の r 個を選んだ後の残りの $n-r$ 個を選んで並べるのは $(n-r)!$ 通りである．よって n 個のものを順に選んで並べたもののうち，最初の r 個の並び方が同じものは，$(n-r)!$ 個ずつある (階乗進数の $n-r-1$ 桁以下の部分に対応している)．よって n 個のものの並べ方の中で最初の r 個が異なるものは $\frac{n!}{(n-r)!}$ となる，と考えることもできる．

問題 5.3 n 個の数字 $\{1, 2, \ldots, n\}$ から r 個を選んで並べる順列の個数は ${}_nP_r$ 個あるが，その ${}_nP_r$ 個を辞書式順序で並べた m 番目の順列を得るやり方を述べよ．また $n=9, r=4$ で $m=1234$ のときの答を述べよ．

異なった n 個の中から r 個を選び，選ぶ順序は考慮せずに選んだ r 個の集合を考える場合を「n 個の中から r 個を選ぶ**組合せ**」といい，その組合せの個数を

${}_nC_r$ で表す.

r 個を選ぶ順序も考慮すると，それは一つの組合せについて r 個を並べる並べ方，すなわち $r!$ 通りあるので，r 個を選ぶ順列 ${}_nP_r$ 個の中の $r!$ 個ずつが同じ組合せに対応していることになる．よって組合せの数は

$${}_nC_r = \frac{{}_nP_r}{r!} = \frac{n!}{r!(n-r)!}$$

となる.

n 個のものを順に選ぶ選び方を表にしたとすると，それには $n!$ 個の順列が並ぶが，r 個を順に選んだ後の残る $n-r$ 個の選び方の順序のみ異なるものが $(n-r)!$ 個あり，それぞれにつき，最初の r 個の選び方の順序のみ異なるものが $r!$ 個ある．よって最初の r 個を選んで組合せを作るとすると，同じ組合せに対応する順列が，表に $r! \times (n-r)!$ 個現れているので，異なる組合せの数は $\frac{n!}{r!(n-r)!}$ 個となる.

$\{1,2,3,4\}$ の中から 2 個を選ぶ組合せの数は ${}_4C_2 = \frac{4!}{2!2!} = \frac{4\cdot 3}{2} = 6$ となる．選んだ 2 個を小さい順に並べたものを辞書式順序で挙げると以下のようになる.

$$\{1,2\} \quad \{1,3\} \quad \{1,4\} \quad \{2,3\} \quad \{2,4\} \quad \{3,4\}$$

問．k 種類のいずれかの色の駒が n 個ある．k 種類の色を $C_1, \ldots, C_k$ とおくとき，n 個の駒のうち C_j の色の駒は r_j 個であるとする $(1 \le j \le k,\ n = r_1 + \cdots + r_k)$．同じ色の駒は同じ駒とみなしたとき，この n 個の駒を 1 列に並べる並べ方は何通りあるかを考えてみよう.

これは 1 から n の番号が書かれたカードがあったとき，最初に r_1 枚をまとめて選び，次に r_2 枚を選び，と続けていって最後に残りが r_k 枚になるまで選ぶ選び方，すなわち n 個の異なるものを r_1 個，r_2 個，$\cdots$，r_k 個と 1 から k までの番号のついた場所に分ける分け方の数と同じである[3].

「j の番号の場所に置かれたカードの番号が，C_j の色の駒の並んでいる位置である」という 1 対 1 の対応ができるので，このことがわかる.

1 から n の数字を一列に並べて，最初の r_1 個，次の r_2 個，というようにまとめていけば，上のような分け方ができる．これは最初の r_1 個はそれを選ぶ順序によらず，次の r_2 個もそれを選ぶ順序によらず，$\cdots$ となるので，n 個の異なるものの並べ方 (順列) のうち $r_1! \times r_2! \times \cdots \times r_k!$ 個が同じ分け方になる，すなわち

[3]分ける場所を区別しない分け方も考えられ，16 章の第 2 種スターリング数と関係する.

1 種類の分け方は n 個の異なるものの順列の $r_1! \times r_2! \times \cdots \times r_k!$ 個に対応しているので，求める場合の数は

$$\frac{n!}{r_1!r_2!\cdots r_k!}$$

となる．$k=2$ のときは，n 個の中から r_1 個選ぶと残りの $r_2 = n - r_1$ 個は自動的に定まるので，このときの場合の数は ${}_nC_{r_1}$ である．

n 枚のカードを区別するとその並べ方は $n!$ 通りあるが，その中で同じ数字が書かれたもの同士を入れ替えても，同じ並べ方とみなすので，その入れ替えの総数 $r_1! \times r_2! \times \cdots \times r_k!$ が同じ並べ方に対応している，と考えても上式を得ることができる．

問題 5.4 n 個の異なるものをいくつかの部分集合に分けることを考える．r_1 個の元からなる部分集合が m_1 個，r_2 個の元からなる部分集合が m_2 個 ,$\cdots$，r_k 個の元からなる部分集合が m_k 個となるように分けるとすると，その分け方は何通りになるか？ ただし

$$0 < r_1 < r_2 < \cdots < r_k,$$
$$n = m_1 r_1 + m_2 r_2 + \cdots + m_k r_k$$

とする．たとえば，$n=4, k=1, r_1=2, m_1=2$ のときは，$\{1,2,3,4\}$ を 2 個の元からなる部分集合 2 つへの分け方の場合の数となるが，それは 1 とどの数字とで部分集合となるかで分けると，$\{\{1,2\},\{3,4\}\}$, $\{\{1,3\},\{2,4\}\}$, $\{\{1,4\},\{2,3\}\}$ の 3 通りとなる．

第 6 章 数学的帰納法

1 から始まる自然数を順に n 個加えた和は $\frac{n(n+1)}{2}$ となることを (1.2) で示した．この結果は $1=\frac{1\cdot 2}{2}$, $1+2=\frac{2\cdot 3}{2}$, $1+2+3=6=\frac{3\cdot 4}{2}$, $1+2+3+4=10=\frac{4\cdot 5}{2},\ldots$ のように，いくらでも確かめていくことができる．このようなときに一般の自然数 n に対して $1+2+\cdots+n=\frac{n(n+1)}{2}$ が正しいことを示すのに，数学的帰納法を用いることができる．

問題を変えて，奇数を 1 から順に何個か並べた和を考えてみよう．すると 1, $1+3=4$, $1+3+5=9$, $1+3+5+7=16=4^2$, $1+3+5+7+9=25=5^2,\ldots$ となって

「奇数を 1 から順に n 個加えた和は n^2」

となるのではないかと考えられる．

さらに 10 個までの和の場合に確かめましょう，という問題を小学生になったつもりで計算してみると

$$
\begin{aligned}
1+3+5+7+9+11 &= 36 &= 6^2\\
1+3+5+7+9+11+13 &= 49 &= 7^2\\
1+3+5+7+9+11+13+15 &= 64 &= 8^2\\
1+3+5+7+9+11+13+15+17 &= 81 &= 9^2\\
1+3+5+7+9+11+13+15+17+19 &= 100 &= 10^2
\end{aligned}
$$

と実際に計算して確かめることができる．

次の 11 個の和ではどうか？　と問われると，$1+3+5+7+9+11+13+15+17+19+21$ を計算することになるが，それまでの結果を利用して $(1+3+5+\cdots+19)+21=100+21=121$ というように和を計算し，それが 11^2 となることが確かめられる．ここで 21 という数は 11 番目の奇数であることに注意しておこう．

順に奇数を 10 個加えたものは 10^2 となるが，1 から順に奇数を 11 個，12 個，13 個，14 個，15 個加えたものがそれぞれ 11^2, 12^2, 13^2, 14^2, 15^2 になることを確かめよ，という問に対しては，一つ前の計算を写して，以下のように計算するのがよいであろう．

$$\begin{aligned}
&1+3+\cdots+19 &&= 100 &&= 10^2\\
&1+3+\cdots+19+21 &&= 10^2+21 &&= 100+21=121=11^2\\
&1+3+\cdots+21+23 &&= 11^2+23 &&= 121+23=144=12^2\\
&1+3+\cdots+23+25 &&= 12^2+25 &&= 144+25=169=13^2\\
&1+3+\cdots+25+27 &&= 13^2+27 &&= 169+27=196=14^2\\
&1+3+\cdots+27+29 &&= 14^2+29 &&= 196+29=225=15^2.
\end{aligned}$$

この計算は，どこまでも同様にできることに注意しよう．

k 番目の奇数が $2k-1(k=1,2,\ldots)$ であるから，k 個の奇数の和が

$$1+3+\cdots+(2k-1) = k^2$$

であれば

$$\begin{aligned}
1+3+\cdots+(2k-1)+(2k+1) &= \bigl(1+3+\cdots+(2k-1)\bigr)+(2k+1)\\
&= k^2+(2k+1) = k(k+1)+(k+1)\\
&= (k+1)^2
\end{aligned}$$

となって，次に計算する $k+1$ 個の奇数の和は $(k+1)^2$ となることがわかる．実際，たとえば $k=10$ とおいたものが上の 2 行目の計算となっている．

すなわち，$k=10$ とおくと，「1 から順に加えた 10 個の奇数の和が 10^2 になるならば，同様な 11 個の奇数の和が 11^2 となる」ことがわかるし，$k=1234$ とおくと，「1 から順に加えた 1234 個の奇数の和が 1234^2 になるならば，同様な 1235 個の奇数の和が 1235^2 となる」ことがわかる．

上の 11〜15 個の場合は，$k=10,11,12,13,14$ としてこれを順に使っていることになる．さらに何個の和の場合でも，例えば，1 から 1000 番目の奇数 1999 までの 1000 個の奇数の和が 1000^2 になる，ということは，$1=1^2$ であることと，$k=1,2,\ldots,999$ に対して上で示したことを順に使えばわかることになる．このようにすると何個の場合でも主張が正しいことがわかる．このような論法が数学的帰納法である．

より一般的には

自然数 n に依存した主張や命題 $P(n)$[1]が与えられたとする $(n=1,2,\ldots)$.
このとき

- $n=1$ のときは $P(n)$ が正しい.
- k を自然数とし, $P(k)$ が正しいことを仮定して (あるいは $P(1),\ldots,P(k)$ が正しいことを仮定して), $n=k+1$ でも正しいことを証明する.

という手順ですべての自然数 n について $P(n)$ が正しいことを示す論法を**数学的帰納法** (あるいは単に**帰納法**) という.

この論法は以下のように考えてもよい.

$P(n)$ が成り立たない自然数 n があるのなら, その中で最も小さい n を $k+1$ とおく. 仮定から k は 0 ではなく, また $n=1,\ldots,k$ では成り立っていて $n=k+1$ で成り立たないのでは, 上で示した議論からおかしい. よって $P(n)$ が成り立たない自然数 n は存在しないことがわかる.

数学では, ある命題を示す際に, 複数の別の証明があることが多い. 一つの証明のみならず複数の証明を理解することにより, その命題についてより深い理解が得られる.

たとえば, 以下はここで考えた「奇数の和」の問題の証明を説明している.

1	3	5	7	9
3	3	5	7	9
5	5	5	7	9
7	7	7	7	9
9	9	9	9	9

		5	7	
		5	**7**	
5	**5**	**5**	**7**	
7	**7**	**7**	**7**	

小さな箱の一辺の長さを 1 とする. 数字 1 の箱の数は 1 個, 数字 3 の箱の数は 3 個, 数字 5 の箱の数は 5 個, $\cdots$ となっていることに注意しよう. 3 番目の奇数 5 までが書かれた箱は, 一辺の長さが 3 の正方形を形成し, 3^2 個の箱からなっている. その中に 1, 3, 5 が書かれた箱がそれぞれ 1, 3, 5 個ある. よって $1+3+5=3^2$ がわかる. $1+3+5+7=4^2,\ldots$ というように他の場合も同様に説明していく図である.

[1] たとえば「$1+3+5+\cdots+(2n-1)$ と順に奇数を n 個加えると n^2 となる」という主張.

数字 5 の箱をぞれぞれすべてその右下の箱に移動すると，数字 7 の箱のうち右上端と左下端の 2 つの箱を除いた箱が得られることに注意．この考察から，箱が並んだ上の図から左上を切り取ってできる大きな正方形を考えると，正方形の 1 辺の長さを 0 から順に 1 つずつ増やしていった際に付け加わる正方形内の箱の個数は，1, 3, 5, 7, . . . と 2 つずつ増えることがわかる．n 項まで考えると一辺の長さが n の正方形が形成されて箱の数の和が n^2 になるので，n^2 のことを**四角数**という (問題 13.8 を参照).

数式によって，以下のように考えることもできる．自然数 k に対して

$$k^2-(k-1)^2=2k-1 \quad (k=1,2,\ldots)$$

であるから

$$\begin{aligned}1+3+\cdots+(2n-3)+(2n-1) &= \left(1^2-0^2\right)+\left(2^2-1^2\right)+\cdots \\ &\quad +\left((n-1)^2-(n-2)^2\right)+\left(n^2-(n-1)^2\right) \\ &= n^2.\end{aligned}$$

これらは数学的帰納法による証明と形式は異なるが本質的部分は同じである．

先の (1.2) の場合と同様な以下のような式を使う異なる証明も考えられる．

$$\begin{array}{ccccccccccccc} & 1 & + & 3 & + & 5 & + & \cdots & + & 2n-1 & : & & n\text{ 個} \\ + & 2n-1 & + & 2n-3 & + & 2n-5 & + & \cdots & + & 1 & & & \\ = & 2n & + & 2n & + & 2n & + & \cdots & + & 2n & = & & n\times(2n)\end{array}$$

問題 6.1 (1.2) を数学的帰納法によって示せ．

問題 6.2 「碁石が一列に並んでいると，その碁石はすべて白であるか，あるいはすべて黒であるかのいずれかである」ことを数学的帰納法で示してみよう．

碁石が n 個並んでいるときの上の命題を $P(n)$ とする．

$n=1$ のときは命題は正しい (碁石の色は白か黒).

k を一般の自然数として $P(k)$ が正しいと仮定する．$k+1$ 個の碁石が下のように並んでいるとする．

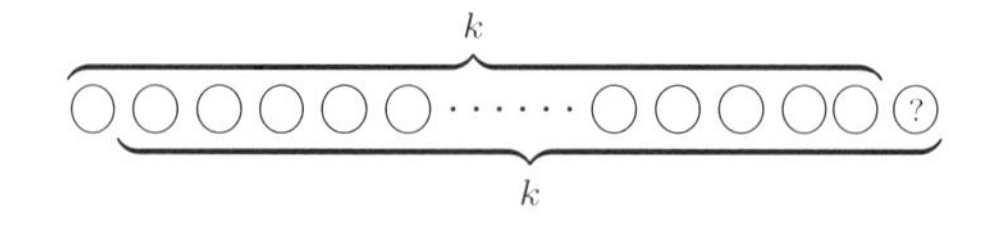

右端の碁石を除くと，残りの k 個の並んだ碁石は，帰納法の仮定 $P(k)$ からすべて白またはすべて黒である．まず右端を除いた k 個がすべて白であったとしてみよう．このとき左端の碁石を除いた k 個を考えると，帰納法の仮定からすべて同じ色なので，上の図をみればやはり白でなければならないことがわかる．同様に，右端を除いた碁石がすべて黒であった場合も，同じようにしてすべて黒であることがわかる．よって数学的帰納法により証明された．

さて，この証明はどこがおかしいか？

問題 6.3 n を自然数とするとき，$3^{n+1}+4^{2n-1}$ が 13 で割り切れることを数学的帰納法を用いて示せ (問題 12.30 参照)．

問題 6.4 フィボナッチ数列 (11.3) の一般項がビネの公式 (11.4) によって与えられることを，数学的帰納法によって示せ．

数学的帰納法を使って**一筆書き**の問題を解いてみよう．有限個の点 (頂点とよぶことにする) を線で繋いだ図形を考える．うまく始点を選び，そこから順に線をたどり，すべての線を一度ずつ通る道を見つける問題である．そのような道があるとき，その図形は一筆書きが可能ということにする．

線をたどって任意の 2 つの頂点を繋ぐ道がある図形を**連結な図形**とよぶことにする．連結な図形のみを考えればよいことは明らかである．

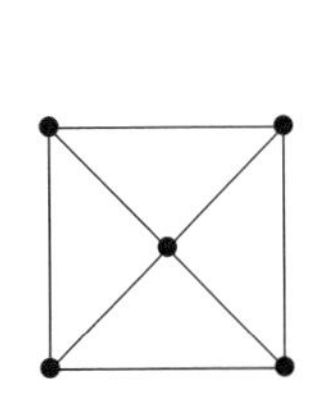
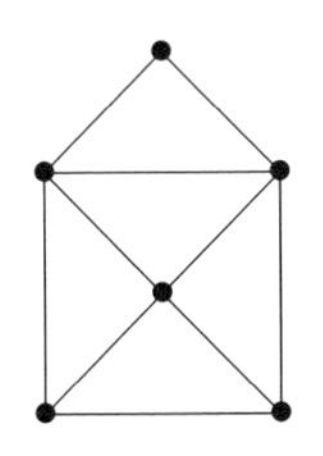
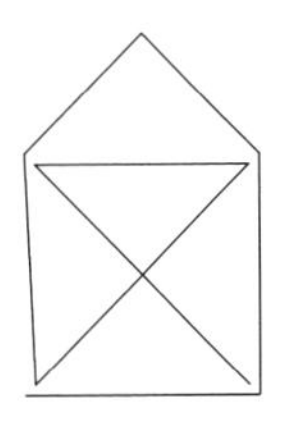

上の中央の図は一筆書き可能で，たとえば右端を見れば一筆書きできることがわかる．

一筆書きが可能とすると，一筆書きの始点や終点でない頂点は，たどって行く道の通過点である．よってそのような頂点における枝分れの数は偶数となる．奇数個の枝分れをもつ頂点があれば，それは一筆書きの始点または終点でなければならない．左端の図は，中央の頂点を除く 4 個の頂点はすべて 3 つの枝分れとなっているため一筆書きはできない．

一本の線の両端は頂点での枝分れに対応しているので，各頂点の枝分れの数を，すべての頂点について足し合わせると，頂点を繋ぐ線の本数の 2 倍になる．したがって，どの図形においても奇数個の枝分れをもつ頂点の個数は偶数であることに注意しよう．

定理 6.5 連結な図形を考える．

奇数個の枝分れをもつ頂点が 2 個ならば，その一方を始点，他方を終点とした一筆書きが存在する．

すべての頂点の枝分れの数が偶数ならば，任意の頂点を始点とし，最後にその点に戻る一筆書きが存在する．

上の 2 つの場合以外は，一筆書きは不可能．

証明． 連結な図形 X に対し，奇数個の枝分れをもつ頂点がない場合と，それが 2 個の場合に一筆書きができることを示せばよい．

X の線の本数についての帰納法で示す．頂点の個数が 2 個ならば明らかなので (特に線が一本のときを含む)，X は 3 個以上の頂点をもつとする．

まず，すべての頂点で枝分れの数が偶数の場合を考える．X の頂点 A を任意に選び，それと線で繋がった頂点 B を選ぶ．X からその線一本を除いた図形を Y とおく．Y において，奇数個の枝分れをもつ頂点は A と B のみとなる (図 1)．

Y が連結でないとすると，Y は A を含む図形 Y' と B を含む図形 Y'' に分かれる．Y' において，奇数個の枝分れをもつ頂点は A のみとなり，定理 6.5 の直前の考察 (奇数個の枝分れをもつ頂点の個数は偶数) に反する．

よって Y は連結となることがわかる．帰納法の仮定から，A を始点とし B を終点とする一筆書きが存在し，それに続けて除いた線で B から A にたどれば，A を出発点とし A に戻ってくる一筆書きができる．

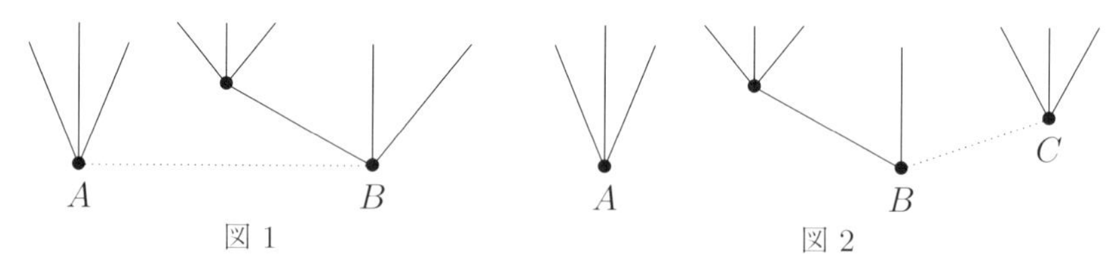

図 1　　　　図 2

次に，枝分れの数が奇数の頂点が 2 つの X を考える．その 2 頂点を A, B とする．一方の頂点 (B としよう) からの枝は偶数個の枝分れをもつある頂点 C に繋がっているとしてよい (図 2).

その枝に対応する B と C を結ぶ線一本を除いた図形 Y を考える．なお，線が通らない頂点が生じたときは (B にその可能性がある)，その頂点を除いた図形を考える．図形 Y において，A, B, C における枝分れの数は，順に奇数，偶数，奇数となり，それ以外での頂点の枝分れの数はすべて偶数となる．

図形 Y が連結でない場合は，C に繋がった図形 Y' と B に繋がった図形 Y'' に分かれる．頂点 C を含む図形 Y' において奇数個の枝分れをもつ頂点の個数は偶数であるから，A は Y' に含まれる．このとき，A を始点とし C を終点とする Y' の一筆書きのあと C から B へ除いた線でたどり，最後に B を始点かつ終点とする Y'' の一筆書きを繋げればよい．なお，帰納法の仮定からこれらの一筆書きの存在はわかっている．

図形 Y が連結ならば，帰納法の仮定により，Y には A を始点，C を終点とする一筆書きが存在する．終点 C に最初に除いた C から B にたどる道を繋げれば図形 X において A を始点，B を終点とする一筆書きができる．

よって，帰納法によって定理は証明された．　□

注意 6.6　この証明の考え方で，一筆書きの道のたどり方がわかる．まず定理にあるようにして始点と終点を定める．そこから偶数個の枝分れをもつ頂点へ，すなわち，始点から一つ進む道または終点から一つ戻る道のいずれか一つを決める．その道を除いて新たに定まる始点と終点を用いて，たどる道を順に同様に決めていけばよい．

なお，上の証明は次のように変更するとより短くなる，すなわち，まず枝分れの数が奇数の頂点が 2 つの図形の場合を，上の証明と同様に線の本数についての帰納法によって示す．すべての頂点で枝分れの数が偶数の場合は，任意に頂点を選び，そこから新たに線を描き，その端点を新たな頂点として加えることによって，前者の場合に帰着できる．

第 7 章
母関数

算数オリンピックの問題では，50 を 3 以下の数への分割の場合の数を数えた．50 とは限らずに，3 以下の数の和としての表し方を考えてみよう．

1 をいくつ使うか，その選び方を絵で示してみよう．

$\boxed{0}$　①　①①　①①①　①①①①　$\cdots$

1 を一つも使わなくてもよいので，そのことは $\boxed{0}$ と表すことにした．

$\boxed{0}$　①　①①　①①①　①①①①　$\cdots$
$\boxed{0}$　②　②②　②②②　②②②②　$\cdots$
$\boxed{0}$　③　③③　③③③　③③③③　$\cdots$

数字 1 と 2 と 3 をいくつ選ぶかは，上の 3 行から 1 項ずつ選択することを表している．1 をいくつ選ぶかは種々の選択があるので，それを + で表して，選択はそのうちの一つを選ぶことと考えよう．

$\boxed{0}$ + ① + ①① + ①①① + ①①①① + $\cdots$

2 をいくつ選ぶか，3 をいくつ選ぶかも + で表し，各行毎にどれを選択するかを積で表し，以下のように書くことにする．

($\boxed{0}$ + ① + ①① + ①①① + ①①①① + $\cdots$)
× ($\boxed{0}$ + ② + ②② + ②②② + ②②②② + $\cdots$)
× ($\boxed{0}$ + ③ + ③③ + ③③③ + ③③③③ + $\cdots$)

このように表して上の‘積’を‘展開’すると，$\boxed{0}$ $\boxed{0}$ $\boxed{0}$ が最初の項であるが，それは数字を一つも選ばないので $\boxed{0}$ に対応する．展開には，たとえば 1 行目の 3 項目，2 行目の 2 項目，3 行目の 1 項目の‘積’が現れ，それは 1 を 2 個，2 を 1

個選んだ①①②となると考える．もとの問題に対しては，$1+1+2$ という和に対応していて，それは 4 の分割の 1 つとなっている．

ここで $\boxed{0}$ を 1，① を x，② を y，③ を z という文字に置き換えれば，上の展開はよりわかりやすいであろう．すなわち，上の展開は

$$
\begin{aligned}
&(1+x+xx+xxx+\cdots)\\
&\quad\times(1+y+yy+yyy+\cdots)\\
&\quad\times(1+z+zz+zzz+\cdots)\\
&=(1+y+yy+\cdots)(1+z+zz+\cdots)\\
&\quad+x(1+y+yy+\cdots)(1+z+zz+\cdots)\\
&\quad+xx(1+y+yy+\cdots)(1+z+zz+\cdots)\\
&\quad+\cdots\\
&=\Big((1+z+zz+\cdots)+y(1+z+zz+\cdots)+yy(1+z+zz+\cdots)+\cdots\Big)\\
&\quad+\Big(x(1+z+zz+\cdots)+xy(1+z+zz+\cdots)+xyy(1+z+zz+\cdots)+\cdots\Big)\\
&\quad+\Big(xx(1+z+zz+\cdots)+xxy(1+z+zz+\cdots)\\
&\qquad+xxyy(1+z+zz+\cdots)+\cdots\Big)\\
&\quad+\cdots\\
&=\Big((1+z+zz+\cdots)+(y+yz+yzz+\cdots)\\
&\qquad+(yy+yyz+yyzz+\cdots)+\cdots\Big)\\
&\quad+\Big((x+xz+xzz+\cdots)+(xy+xyz+xyzz+\cdots)\\
&\qquad+(xyy+xyyz+xyyzz+\cdots)+\cdots\Big)\\
&\quad+\Big((xx+xxz+xxzz+\cdots)+(xxy+xxyz+xxyzz+\cdots)\\
&\qquad+(xxyy+xxyyz+xxyyzz+\cdots)+\cdots\Big)\\
&\quad+\cdots
\end{aligned}
$$

となって，結果にはすべての単項式 $x^{b_1}y^{b_2}z^{b_3}$ が係数 1 で現れて，展開はその和の形となる．ここで b_1, b_2, b_3 は任意の非負の整数である．項 $x^{b_1}y^{b_2}z^{b_3}$ は，展開に現れる 1 行目の x^{b_1} と 2 行目の y^{b_2} と 3 行目の z^{b_3} の積に起因している．すなわち展開の結果は $\displaystyle\sum_{b_1,\,b_2,\,b_3\,\geq 0} x^{b_1}y^{b_2}z^{b_3}$ で，$x^2y^1z^0$ は，①①② に，すなわち

$1+1+2$ に対応する．

$x^{b_1}y^{b_2}z^{b_3}$ は 1 を b_1 個，2 を b_2 個，3 を b_3 個選んだことを表しているので，選んだ数の総和は $b_1+2b_2+3b_3$ となる．この総和が 4 となるのは x^4, x^2y, xz, y^2 の 4 個である．そこで $y=x^2$, $z=x^3$ とおいて整理すると，上の展開の x^4 の係数が 4 となる．すなわち

$$
\begin{aligned}
P_3(x) = &(1+x+xx+xxx+xxxx+xxxxx+\cdots) \\
&\times(1+x^2+x^2x^2+x^2x^2x^2+x^2x^2x^2x^2+\cdots) \\
&\times(1+x^3+x^3x^3+x^3x^3x^3+x^3x^3x^3x^3+\cdots)
\end{aligned}
$$

を展開した x^4 の係数は，$xxxx\cdot1\cdot1$ と $xx\cdot x^2\cdot 1$ と $x\cdot 1\cdot x^3$ と $1\cdot x^2x^2\cdot 1$ の 4 項からの寄与があって 4 となり，これは 4 を 3 以下の数の和で表す表し方の数である．

なお，展開したときの x^4 の係数には，x のべきの大きな項は寄与しないので，$(1+x+x^2+x^3+x^4)(1+x^2+x^4)(1+x^3)$ を展開したときの x^4 の係数に等しいことに注意しよう．

さて，$P_3(x)$ を展開してまとめると

$$P_3(x)=E_0+E_1x+E_2x^2+E_3x^3+E_4x^4+\cdots+E_nx^n+\cdots$$

として整数 E_n を定めることができる．E_n は，非負整数 n を 3 以下の自然数の和で表す方法の数である．ただし，このときの和の順序は問わず，$E_0=1$ と定めておく．上の $P_3(x)$ は無限の和の形であるが，たとえば E_{50} は

$$(1+x+x^2+\cdots+x^{50})(1+x^2+x^4+\cdots+x^{50})(1+x^3+x^6+\cdots+x^{48})$$

を展開した x^{50} の係数にも等しい．すなわち，上の多項式を展開すれば E_0, $E_1,\ldots,E_{50}$ が定まる．しかし，上のように無限和の形で書く方が，一般的取り扱いに役立つ．

このように何らかの無限数列 $\{E_0,E_1,E_2,\ldots\}$ に対して定まる $E_0+E_1x+E_2x^2+\cdots$ というべき級数を，もとの無限数列の**母関数**という．x に数を代入しての収束を考えていないので，このようなべき級数を**形式べき級数**ということもある．

注意 7.1 1, 2, 3 をそれぞれ 1 個以上使った和で自然数 n を表す表し方の数を

E'_n とおくと E'_n はどうなるであろうか？ それは $n-6$ を数 1, 2, 3 のみを使って表したものにさらに 1, 2, 3 を一つずつ加えると考えればよいので，その表し方の数 E'_n は E_{n-6} となり，「1 個以上」というような条件がない場合に帰着される．ただし $n<0$ のときは $E_n=0$ と定めておく．「それぞれある決められた個数以上使う」とした場合も同様に考えればよい．

第 8 章
形式べき級数

8.1　和と積

形式べき級数に対する演算を定義しよう．これにより母関数のような形式べき級数の計算を正しく行うことができる．

定義 8.1　べき級数

$$
\begin{aligned}
f(x) &= a_0 + a_1x + a_2x^2 + a_3x^3 + \cdots + a_nx^n + \cdots, \\
g(x) &= b_0 + b_1x + b_2x^2 + b_3x^3 + \cdots + b_nx^n + \cdots, \\
h(x) &= c_0 + c_1x + c_2x^2 + c_3x^3 + \cdots + c_nx^n + \cdots
\end{aligned}
$$

に対し

$$
\begin{aligned}
f(x) + g(x) = (a_0 + b_0) + (a_1 + b_1)x + (a_2 + b_2)x^2 \\
+ \cdots + (a_n + b_n)x^n + \cdots,
\end{aligned}
$$

$$
\begin{aligned}
f(x)g(x) = a_0b_0 + (a_0b_1 + a_1b_0)x + (a_0b_2 + a_1b_1 + a_2b_0)x^2 \\
+ \cdots + (a_0b_n + a_1b_{n-1} + \cdots + a_nb_0)x^n + \cdots
\end{aligned}
$$

として和と積を定める[1)]．このとき

$$
\begin{aligned}
&f(x) + g(x) = g(x) + f(x), \quad && \bigl(f(x) + g(x)\bigr) + h(x) = f(x) + \bigl(g(x) + h(x)\bigr), \\
&f(x)g(x) = g(x)f(x), && \bigl(f(x)g(x)\bigr)h(x) = f(x)\bigl(g(x)h(x)\bigr),
\end{aligned}
$$

[1)] 数列 $a_0, a_1, \ldots$ は非負整数上の関数と思うことができる．すなわち非負整数 n に対してとる値が a_n と考える．ここでの和と積を連続にした概念が $[0, \infty)$ 上の連続関数 $f(x)$，$g(x)$ に対して定義される．すなわち，和 $f+g$ は $(f+g)(x) = f(x) + g(x)$ によって，積 $f*g$ を $(f*g)(x) = \int_0^x f(t)g(x-t)dt$ によって定義したものである．$f*g = g*f$ であり，また $f \neq 0, g \neq 0$ なら $f*g \neq 0$ が成り立つ．このことから形式べき級数のときのように '分数' を導入しての計算が可能で，それは**ミクシンスキーの演算子法**であって，微分方程式を代数的に解くのに役立つ．

$$f(x)\bigl(g(x)+h(x)\bigr)=f(x)g(x)+f(x)h(x)$$

が成り立つ．a_nx^n を第 n 項，a_n を第 n 項の係数という $(n=0,1,\ldots)$．第 0 項，すなわち数 a_0 のことを $f(0)$ と書くことにする．

また，多項式 $a_2x^2+a_1x+a_0$ は，$a_3=a_4=\cdots=a_n=\cdots=0$ となるべき級数 $a_0+a_1x+a_2x^2+\cdots$ とみなせる．特に数 a_0 は，$a_1=a_2=\cdots=0$ となる特別なべき級数で，数とべき級数の積は，べき級数の係数にその数を掛けることになる．また $-f(x)=(-1)f(x)$, $f(x)-g(x)=f(x)+\bigl(-g(x)\bigr)$ と定める．$f(x)$ と $g(x)$ が多項式ならば，それを形式べき級数とみなして定義した和や積は，多項式の和や積に一致する．

問題 8.2 べき級数

$$\begin{aligned}
f(x)&=1+x+x^2+x^3+\cdots+x^n+\cdots,\\
g(x)&=1-x+x^2-x^3+\cdots+(-1)^nx^n+\cdots,\\
h(x)&=1-x
\end{aligned}$$

に対し，$f(x)^2$, $f(x)g(x)$, $g(x)^2$, $h(x)f(x)$ を計算せよ．

答．$f(x)^2$ の第 n 項の係数は，$a_0=a_1=\cdots=b_0=b_1=\cdots=1$ として

$$a_0b_n+a_1b_{n-1}+\cdots+a_nb_0=\underbrace{1+1+\cdots+1}_{(n+1)\text{ 項}}=n+1$$

となる．よって

$$f(x)^2=1+2x+3x^2+\cdots+(n+1)x^n+\cdots.$$

$f(x)g(x)$ の第 n 項の係数は，$a_m=1$, $b_m=(-1)^m$ $(m=0,1,\ldots)$ より

$$\begin{aligned}
a_0b_n+a_1b_{n-1}+\cdots+a_nb_0&=b_0+b_1+\cdots+b_n\\
&=\underbrace{1-1+1-1+\cdots+(-1)^n}_{(n+1)\text{ 項}}
\end{aligned}$$

であるから n が偶数のとき 1，奇数のとき 0 となる．よって

$$f(x)g(x)=1+x^2+x^4+x^6+x^8+\cdots.$$

同様に，$g(x)^2$ の第 n 項の係数は，$a_m=b_m=(-1)^m$ とおいて

$$a_0b_n + a_1b_{n-1} + \cdots + a_nb_0 = \underbrace{(-1)^n + (-1)^n + \cdots + (-1)^n}_{(n+1)\text{ 項}}$$
$$= (n+1)(-1)^n.$$

よって

$$g(x)^2 = 1 - 2x + 3x^2 - 4x^3 + 5x^4 + \cdots + (-1)^n(n+1)x^n + \cdots.$$

$h(x)f(x)$ の第 n 項の係数は，$n = 0$ のときは 1 であるが，$a_0 = 1$, $a_1 = -1$, $a_m = 0$ $(m \geq 2)$, $b_0 = b_1 = b_2 = \cdots = 1$ とおくことにより，$n \geq 1$ のときは

$$a_0b_n + a_1b_{n-1} + \cdots + a_nb_0 = b_n - b_{n-1} = 0.$$

よって

$$h(x)f(x) = 1.$$

□

注意 8.3 形式べき級数 $f(x)$ を考えることと，その係数の数列 $a_0, a_1, \ldots$ を考えることとは同じである．したがって，第 0 項から始まる数列 $a_0, a_1, \ldots$ と $b_0, b_1, \ldots$ に対して，それらの'和'の数列とある種の'積'の数列を上の定義が定めているといってもよい．すなわち和の数列の第 n 項を $a_n + b_n$ により，積の数列の第 n 項を $a_0b_n + a_1b_{n-1} + \cdots + a_nb_0$ とすることによって定めた．

もう一つ数列 $c_0, c_1, \ldots$ があるとき，3 つの数列の積の第 n 項は $i + j + k = n$ を満たす 3 項の積 $a_ib_jc_k$ をすべて足し合わせて得られる．

一般に，形式べき級数 $f(x)$ と $g(x)$ の積 $f(x)g(x)$ の $(n+1)$ 項目以降の項を 0 とした多項式は，$f(x)$ と $g(x)$ のそれぞれの $(n+1)$ 項目以降の項を 0 とした多項式の積の $(n+1)$ 項目以降の項を打ち切った多項式と等しい．和についても同様である．これは次のように述べることができる．

定義 8.4 ある非負整数 n に対し，形式べき級数

$$f(x) = a_0 + a_1x + a_2x^2 + a_3x^3 + \cdots + a_nx^n + a_{n+1}x^{n+1} + \cdots$$

の n 項目までの和を考えた多項式を $[f(x)]_n$ と表す．すなわち

$$[f(x)]_n = a_0 + a_1x + a_2x^2 + a_3x^3 + \cdots + a_nx^n.$$

このとき，以下のことがわかる[2)]．

2) 一般に $\min\{m_1, m_2, \ldots, m_k\}$ は数 $m_1, \ldots, m_k$ の中の最小のものを意味する．

$$
\begin{aligned}
f(0) &= [f(x)]_0, \\
\big[[f(x)]_m\big]_n &= [f(x)]_{\min\{m,n\}}, \\
[f(x)+g(x)]_n &= [f(x)]_n + [g(x)]_n, \\
[f(x)g(x)]_n &= \big[[f(x)]_m[g(x)]_{m'}\big]_n.
\end{aligned}
\tag{8.1}
$$

ただし m, m' は $m \geq n$, $m' \geq n$ を満たす整数とする．

注意 8.5 形式べき級数 $f(x)$ と $g(x)$ が等しいことは，任意の自然数 n に対して $[f(x)]_n = [g(x)]_n$ が成り立つことと言い換えられ，これを使うと様々な形式べき級数の等式の証明を多項式の場合に帰着させることができる．

たとえば

$$
\begin{aligned}
\big[\big(f(x)g(x)\big)h(x)\big]_n &= \big[[f(x)g(x)]_n[h(x)]_n\big]_n = \big[\big[[f(x)]_n[g(x)]_n\big]_n[h(x)]_n\big]_n \\
&= \big[[f(x)]_n[g(x)]_n[h(x)]_n\big]_n
\end{aligned}
$$

となる．最後の等号は，$[f(x)]_n[g(x)]_n$ と $[h(x)]_n$ に対して (8.1) の最後と 2 番目の等式を使った．$\big[f(x)\big(g(x)h(x)\big)\big]_n$ も同様な変形で同じ形になる．

定理 8.6 i) 形式べき級数 $f(x)$ と $g(x)$ の積が 0 となるのは，$f(x) = 0$ または $g(x) = 0$ のときに限る．

ii) 形式べき級数 $f(x)$ が $f(0) \neq 0$ を満たすとする．このとき $f(x)g(x) = 1$ となる形式べき級数 $g(x)$ がただ一つ存在する[3)]．この $g(x)$ のことを $f(x)^{-1}$ あるいは $\frac{1}{f(x)}$ と表す．

また，べき級数 $h(x)$ に対して $r(x) = g(x)h(x)$ は $f(x)r(x) = h(x)$ を満たす唯一のべき級数である．この $r(x)$ のことを $\dfrac{h(x)}{f(x)}$ と表す．

証明． i) $f(x) \neq 0$, $g(x) \neq 0$ ならば $f(x) = a_m x^m + a_{m+1}x^{m+1} \cdots$, $g(x) = b_n x^n + b_{n+1}x^{n+1} + \cdots$ であって $a_m \neq 0$, $b_n \neq 0$ となる m と n があり，$f(x)g(x) = a_m b_n x^{m+n} + \cdots \neq 0$ となる．よって $f(x)g(x) = 0$ ならば $f(x) = 0$ または $g(x) = 0$ でなければならない．

ii) 定義 8.1 の記号を用いると，$f(x)g(x) = 1$ ということは

[3)] $f(0) = 0$ ならば，$f(x)g(x) = 1$ となる形式べき級数 $g(x)$ が存在しないことは明らか．

$$\begin{aligned} a_0b_0 &= 1, \\ a_0b_1 + a_1b_0 &= 0, \\ a_0b_2 + a_1b_1 + a_2b_0 &= 0, \\ &\cdots \\ a_0b_n + a_1b_{n-1} + \cdots + a_nb_0 &= 0 \quad (n \geq 1) \end{aligned} \tag{8.2}$$

となることである．そこで

$$b_0 = a_0^{-1},\ b_1 = -a_0^{-1}a_1b_0,\ b_2 = -a_0^{-1}(a_1b_1 + a_2b_0), \ldots$$

のように，上の式が成り立つように順に定めて行けばよい．すなわち

$$b_0 = a_0^{-1}, \quad b_n = -a_0^{-1}\sum_{i=1}^{n} a_ib_{n-i} \quad (n \geq 1)$$

によって，数列 $b_0, b_1, \ldots$ がすべて順に帰納的に定まる．上の等式から ($h(x) = 1$ としたときの以下の議論からも)，$g(x)$ はただ一つに定まることがわかる．

$f(x)r(x) = f(x)g(x)h(x) = 1 \cdot h(x) = h(x)$ となる．$r(x)$ の一意性は，以下のようにしてわかる．すなわち，$f(x)r(x) = f(x)s(x) = h(x)$ であるとすると，$f(x)\bigl(r(x) - s(x)\bigr) = 0$ であって $f(x) \neq 0$ であるから $r(x) - s(x) = 0$, すなわち $r(x) = s(x)$ となる． □

注意 8.7 定理の証明からわかるように，$f(x)$ や $h(x)$ の x^n の係数がすべて整数で，しかも $f(0) = 1$ であるなら $\frac{h(x)}{f(x)}$ の x^n の係数もすべて整数となる．

例 8.8 i) 問題 8.2 で $h(x)f(x) = 1$ を示した．すなわち形式べき級数として

$$\frac{1}{1-x} = 1 + x + x^2 + x^3 + \cdots. \tag{8.3}$$

ii) $f(x) = 1 + 2x + 2x^2 + 2x^3 + \cdots$ に対して $\frac{1}{f(x)}$ を計算してみよう．

$$(1 + 2x + 2x^2 + 2x^3 + \cdots)(1 + b_1x + b_2x^2 + b_3x^3 + \cdots) = 1$$

であるから

$$\begin{aligned} b_1 + 2 &= 0, \\ b_2 + 2b_1 + 2 &= 0, \\ b_n + 2(b_{n-1} + b_{n-2} + \cdots + b_1 + 1) &= 0 \quad (n \geq 1) \end{aligned}$$

である．$b_1 = -2, b_2 = 2$ がわかるが，順に求めていくと $b_n = 2(-1)^n$ が得られる．実際このとき，$0 = b_1 + b_2 = b_3 + b_4 = \cdots$ であるから，$b_{n-1} + b_{n-2} + \cdots + b_1$ は n が奇数のときは 0 に，偶数のときは -2 になり，上の関係式が成り立つことがわかる．すなわち

$$\frac{1}{1+2x+2x^2+2x^3+2x^4+\cdots} = 1 - 2x + 2x^2 - 2x^3 + \cdots .$$

注意 8.9 $f(x) = a_m x^m + a_{m+1}x^{m+1} + \cdots$, $h(x) = b_m x^m + b_{m+1}x^{m+1} + \cdots$ の形をしていて，$a_m \neq 0$ であるとしよう．$f(x) = x^m \tilde{f}(x), h(x) = x^m \tilde{h}(x)$ となるべき級数 $\tilde{f}(x)$ と $\tilde{h}(x)$ が定まって $\tilde{f}(0) \neq 0$ を満たす．このとき $r(x) = \frac{\tilde{h}(x)}{\tilde{f}(x)}$ とおくと，$r(x)$ は $h(x) = f(x)r(x)$ を満たすただ一つのべき級数となるので，この $r(x)$ のことも $\frac{h(x)}{f(x)}$ と書くことにする．

定理 8.10 $f(x), g(x), h(x), k(x)$ を形式べき級数とする．$f(0) \neq 0, g(0) \neq 0$ ならば

$$\frac{h(x)}{f(x)} = \frac{h(x)g(x)}{f(x)g(x)}, \tag{8.4}$$

$$\frac{k(x)}{f(x)} \cdot \frac{h(x)}{g(x)} = \frac{k(x)h(x)}{f(x)g(x)}, \tag{8.5}$$

$$\frac{k(x)}{f(x)} + \frac{h(x)}{g(x)} = \frac{g(x)k(x) + f(x)h(x)}{f(x)g(x)}. \tag{8.6}$$

証明. 定理 8.6 ii) より，左辺のべき級数に $(f(x)g(x))$ を掛けると右辺の分子に等しいことをいえばよい．実際，$f(x)$ を単に f と書く表記にすると，積が掛ける順序によらないことから，それぞれ

$$(fg)\frac{h}{f} = \Big(f\frac{h}{f}\Big)g = hg,$$

$$(fg)\Big(\frac{k}{f} \cdot \frac{h}{g}\Big) = \Big(f\frac{k}{f}\Big)\Big(g\frac{h}{g}\Big) = kh,$$

$$(fg)\Big(\frac{k}{f} + \frac{h}{g}\Big) = f \cdot \frac{k}{f} \cdot g + f \cdot \frac{h}{g} \cdot g = kg + fh$$

となる． □

問題 8.11 i) べき級数

$$f(x) = 1 + x + x^3 + x^4 + x^6 + x^7 + x^9 + x^{10} + x^{12} + \cdots$$

に対して $(1-x)f(x)$ および $\frac{1}{f(x)}$ を求めよ．

ii) $g(x) = 1 - 2x$, $h(x) = 1 + x + x^2 + x^3 + x^4$ に対して，べき級数 $\frac{1}{g(x)}$，$\frac{1}{h(x)}$ を求めよ．

8.2 微分と代入

定理 8.12 $f(x) = a_0 + a_1 x + a_2 x^2 + \cdots + a_n x^n + \cdots$ のとき，$f(x)$ の**微分**を

$$f'(x) = a_1 + 2a_2 x + \cdots + n a_n x^{n-1} + \cdots$$

と定義する．また $f'(x)$ は $\frac{d}{dx}f(x)$ と表記してもよい．$g(x)$ も形式べき級数とするとき

$$f'(x) = 0 \ \Rightarrow \ a_1 = a_2 = \cdots = 0, \tag{8.7}$$

$$\frac{d}{dx}\big(f(x) + g(x)\big) = f'(x) + g'(x), \tag{8.8}$$

$$\frac{d}{dx}\big(f(x)g(x)\big) = f'(x)g(x) + f(x)g'(x), \tag{8.9}$$

$$\frac{d}{dx}\frac{g(x)}{f(x)} = \frac{f(x)g'(x) - f'(x)g(x)}{f(x)^2}. \tag{8.10}$$

ただし，(8.10) においては $f(0) \neq 0$ とする．

証明． 最初の主張や次の等式は，定義から容易にわかる．その次の式も f, g が多項式のときには正しいこと，自然数 n に対して $[f']_n = ([f]_{n+1})'$ となることに注意し，定義 8.4 の記号を用いると以下のようになることからわかる．

$$\begin{aligned}
[(fg)']_n &= ([fg]_{n+1})' = \big([[f]_{n+1}[g]_{n+1}]_{n+1}\big)' = \big[([f]_{n+1}[g]_{n+1})'\big]_n \\
&= \big[([f]_{n+1})'[g]_{n+1} + [f]_{n+1}([g]_{n+1})'\big]_n \\
&= \big[[f']_n[g]_{n+1}\big]_n + \big[[f]_{n+1}[g']_n\big]_n = [f'g]_n + [fg']_n = [f'g + fg']_n.
\end{aligned}$$

任意の $n > 0$ に対して上式が成り立つので，$(fg)' = f'g + fg'$ がわかる．

等式 $f \cdot \frac{1}{f} = 1$ の両辺の微分から $f' \cdot \frac{1}{f} + f \cdot (\frac{1}{f})' = 0$ がわかる．よって $f^2 \cdot (\frac{1}{f})' = -f \cdot f' \cdot \frac{1}{f} = -f'$ であるから $(\frac{1}{f})' = -\frac{f'}{f^2}$ である．よって $(\frac{g}{f})' = (g \cdot \frac{1}{f})' = g' \cdot \frac{1}{f} + g(-\frac{f'}{f^2}) = \frac{fg' - f'g}{f^2}$． □

定義 8.13 (合成関数) $f(x)$, $h(x)$ は形式べき級数で，$h(0)=0$ とする．

$$f(x) = a_0 + a_1x + a_2x^2 + \cdots, \quad h(x) = b_1x + b_2x^2 + \cdots$$

に対し

$$f(h(x)) = a_0 + a_1(b_1x + b_2x^2 + \cdots) + a_2(b_1x + b_2x^2 + \cdots)^2 + \cdots$$

によってべき級数の代入 $f(h(x))$ が定義される．すなわち，自然数 n に対して $f_n(x) = [f(x)]_n$, $h_n(x) = [h(x)]_n$ とおくと，$m \geq n$, $m' \geq n$ のとき，多項式の代入 $f_m(h_{m'}(x))$ に対して $[f_m(h_{m'}(x))]_n$ は m や m' にはよらないので，べき級数 $f(h(x))$ の第 n 項の係数を $f_n(h_n(x))$ の第 n 項の係数として定めればよい．特に $f(x)$ に 0 を代入することができて，それは $f(0)$ である．なお，$f(h(x))$ は，$(f \circ h)(x)$ と書いてもよい．

命題 8.14 上の定義において，さらに $g(x)$ も形式べき級数とすると次が成り立つ．

$$(f+g)\circ h = f\circ h + g\circ h, \tag{8.11}$$

$$(f\cdot g)\circ h = (f\circ h)\cdot(g\circ h), \tag{8.12}$$

$$\frac{d}{dx}(f\circ h) = (f'\circ h)\cdot h'. \tag{8.13}$$

証明． 任意の自然数 n に対して

$$\begin{aligned}
[(f+g)\circ h]_n &= \big[[f+g]_n \circ [h]_n\big]_n = \big[([f]_n + [g]_n)\circ [h]_n\big]_n \\
&= \big[[f]_n\circ[h]_n + [g]_n\circ[h]_n\big]_n = \big[[f]_n\circ[h]_n\big]_n + \big[[g]_n\circ[h]_n\big]_n \\
&= [f\circ h]_n + [g\circ h]_n = [f\circ h + g\circ h]_n
\end{aligned}$$

となることから最初の等式がわかる．2 番目の等式は

$$\begin{aligned}
[(fg)\circ h]_n &= \big[[fg]_n\circ[h]_n\big]_n = \Big[\big[[f]_n[g]_n\big]_n\circ[h]_n\Big]_n \\
&= \Big[([f]_n[g]_n)\circ[h]_n\Big]_n = \Big[([f]_n\circ[h]_n)\cdot([g]_n\circ[h]_n)\Big]_n \\
&= \Big[\big[[f]_n\circ[h]_n\big]_n\cdot\big[[g]_n\circ[h]_n\big]_n\Big]_n = \Big[\big[f\circ h\big]_n\cdot\big[g\circ h\big]_n\Big]_n \\
&= [(f\circ h)\cdot(g\circ h)]_n
\end{aligned}$$

からわかり，3 番目の等式は

$$\begin{aligned}
\left[\frac{d}{dx}(f\circ h)\right]_n &= \frac{d}{dx}[f\circ h]_{n+1} = \frac{d}{dx}\big[[f]_{n+1}\circ[h]_{n+1}\big]_{n+1} \\
&= \left[\frac{d}{dx}([f]_{n+1}\circ[h]_{n+1})\right]_n = \big[([f]'_{n+1}\circ[h]_{n+1})\cdot[h]'_{n+1}\big]_n \\
&= \Big[\big[[f]'_{n+1}\circ[h]_{n+1}\big]_n\cdot\big[[h]'_{n+1}\big]_n\Big]_n = \Big[\big[[f']_n\circ[h]_{n+1}\big]_n\cdot[h']_n\Big]_n \\
&= \Big[[f'\circ h]_n\cdot[h']_n\Big]_n = \big[(f'\circ h)\cdot h'\big]_n
\end{aligned}$$

からわかる. □

例 8.15 i) n を正整数とするとき

$$\frac{1-x^n}{1-x} = 1+x+\cdots+x^{n-1}. \tag{8.14}$$

上の左辺は, べき級数の積 $(1-x^n)(1+x+x^2+x^3+\cdots)$ を意味していることに注意. 等式は直接容易に確かめられるが, 以下のようにしてもよい.

定理 8.6 ii) より, べき級数として $(1-x)(1+x+\cdots+x^{n-1}) = 1-x^n$ をいえばよいが, 実際 $(1-x)(1+x+\cdots+x^{n-1}) = (1+x+\cdots+x^{n-1}) - (x+x^2+\cdots+x^n) = 1-x^n$ である.

ii) 例 8.8 とその x を $-x$ に置き換えたものより

$$\frac{1}{1-x} = 1+x+x^2+x^3+\cdots+x^n+\cdots,$$
$$\frac{1}{1+x} = 1-x+x^2-x^3+\cdots+(-1)^n x^n+\cdots$$

となり, 両者の積は, 最初の式の x を x^2 に置き換えたものであるから

$$\begin{aligned}
(1+x+x^2+x^3+\cdots)(1-x+x^2-x^3+\cdots) &= \frac{1}{1-x}\frac{1}{1+x} = \frac{1}{1-x^2} \\
&= 1+x^2+x^4+x^6+\cdots.
\end{aligned}$$

また

$$\begin{aligned}
(1+x+x^2+\cdots)^2 &= \frac{1}{1-x}\frac{1}{1-x} = \frac{d}{dx}\frac{1}{1-x} \\
&= (1+x+x^2+x^3+x^4+\cdots)' \\
&= 1+2x+3x^2+4x^3+\cdots.
\end{aligned}$$

ここで x を $-x$ に置き換えれば

$$(1-x+x^2-x^3+x^4-\cdots)^2 = 1-2x+3x^2-4x^3+5x^4-\cdots.$$

なお，これらは問題 8.2 で計算した例になっている．

例 8.8 ii) の $f(x)=1+2x+2x^2+2x^3+\cdots$ は $f(x)=\frac{2}{1-x}-1=\frac{1+x}{1-x}$ と表せる．$\frac{1+x}{1-x}\cdot\frac{1-x}{1+x}=1$ であるから $\frac{1}{f(x)}=\frac{1-x}{1+x}=f(-x)=1-2x+2x^2-2x^3+\cdots$ がわかる．

iii) $f(x)=1+a_1x+a_2x^2+a_3x^3+\cdots$ のとき，$g(x)=-(a_1x+a_2x^2+a_3x^3+\cdots)$ とおくと．$f(x)=1-g(x)$ である．そこで (8.3) の x に $g(x)$ を代入すると

$$\frac{1}{f(x)}=1+g(x)+g(x)^2+g(x)^3+\cdots \tag{8.15}$$

が得られる．

例 8.16 m を自然数とする．合成関数の微分の公式 (8.13) において，$f(x)$, $h(x)$ をそれぞれ x^m, $f(x)$ に置き換えると

$$\frac{d}{dx}f(x)^m=mf'(x)f(x)^{m-1}. \tag{8.16}$$

$f(0)\neq 0$ とする．このとき $\frac{d}{dx}\frac{1}{f^m}=-\frac{mf^{m-1}\cdot f'}{f^{2m}}=-\frac{mf'}{f^{m+1}}$ となることが (8.10) および (8.4) からわかる．よって $f(0)\neq 0$ のときは，(8.16) は m が負の整数のときも成り立つ．

$f(x)=1-x$ として m を $-m$ で置き換えると

$$\frac{d}{dx}\frac{1}{(1-x)^m}=\frac{m}{(1-x)^{m+1}}$$

となる．このことから[4)]

$$\frac{1}{(1-x)^m}=1+mx+\frac{m(m+1)}{2}x^2+\cdots+\frac{(m+n-1)!}{(m-1)!n!}x^n+\cdots \tag{8.17}$$

となることを，帰納法によって示すことができる．実際，$m=1$ のときは (8.3) であり，$m=k$ のとき上式が正しいと仮定すると，$m=k+1$ のときの $\frac{1}{(1-x)^{k+1}}$ の x^n の係数は，$\frac{1}{(1-x)^k}$ の x^{n+1} の係数の $\frac{n+1}{k}$ 倍となるので，それは

$$\frac{n+1}{k}\cdot\frac{(k+(n+1)-1)!}{(k-1)!(n+1)!}=\frac{((k+1)+n-1)!}{k!n!}$$

4) (8.17) の x^n の係数は，m 種類のものの中から重複を許して n 個を選ぶ組合せの数 ${}_mH_n$ に等しい．

となって $m=k+1$ のときも正しい.

x に cx^ℓ を代入した合成関数を考えれば $(\ell=1,2,3,\ldots)$

$$\begin{aligned}\frac{1}{(1-cx^\ell)^m} &= 1+mcx^\ell+\frac{m(m+1)c^2}{2}x^{2\ell}+\cdots \\ &\quad +\frac{(m+n-1)!c^n}{(m-1)!n!}x^{\ell n}+\cdots\end{aligned} \tag{8.18}$$

が得られる. n を自然数とするとき

$$\begin{cases}(a)_n = a\cdot(a+1)\cdots(a+n-1)=\displaystyle\prod_{k=0}^{n-1}(a+k), \\ (a)_0 = 1\end{cases} \tag{8.19}$$

という記号[5]を用いると

$$\frac{1}{(1-cx^\ell)^m}=\sum_{n=0}^{\infty}\frac{(m)_n}{n!}c^n x^{\ell n}. \tag{8.20}$$

---

[5] 数や式 $f_1, f_2, \ldots, f_m$ の和を $\displaystyle\sum_{k=1}^{m} f_k$ と書き, それらの積を $\displaystyle\prod_{k=1}^{m} f_k$ と書く. m は自然数であるが, $m=0$ のときは, 和は 0 で積は 1 であると考える.

第 9 章
様々な分割の個数についての母関数

例 9.1 自然数 n を 2 と 3 と 5 の数字のみを使って和で表す表し方の個数を F_n とおくと，今までと同様に考えて

$$
\begin{aligned}
&F_0 + F_1 x + F_2 x^2 + \cdots \\
&= (1 + x^2 + x^4 + x^6 + \cdots)(1 + x^3 + x^6 + x^9 + \cdots)(1 + x^5 + x^{10} + \cdots)
\end{aligned}
$$

となる．すなわち，$\{F_n\}$ の母関数は $\frac{1}{1-x^2}\frac{1}{1-x^3}\frac{1}{1-x^5}$ である．

第 7 章の $\frac{1}{1-x}\frac{1}{1-y}\frac{1}{1-z} = (1 + x + x^2 + \cdots)(1 + y + y^2 + \cdots)(1 + z + z^2 + \cdots)$ の展開において，$x = t^2, y = t^3, z = t^5$ とおいて整理した t^n の係数が F_n である．実際は $F_0 = 1, F_1 = 0, F_2 = F_3 = F_4 = 1, F_5 = F_6 = F_7 = 2, \ldots$ となる．

例 9.2 2 を高々 5 個，3 を高々 3 個，5 を高々 2 個使った和で n を表す表し方の個数を G_n とおくと，$\{G_n\}$ の母関数は

$$
G_0 + G_1 x + \cdots = (1 + x^2 + x^4 + \cdots + x^{10})(1 + x^3 + x^6 + x^9)(1 + x^5 + x^{10})
$$

となる．$n \geq 30$ ならば $G_n = 0$ となって，母関数は多項式となる．

例 9.3 3 人から千円札を集めて全部で $n \times$ 千円にする集め方の個数を H_n とおく．3 人の誰からいくら集めたかで区別し，徴収しない人があってもよいものとする．この $\{H_n\}$ の母関数は $\frac{1}{(1-x)^3}$ となる．すなわち第 7 章の展開 $\frac{1}{1-x}\frac{1}{1-y}\frac{1}{1-z}$ で，$y = x, z = x$ とおいたときの x^n の係数が H_n であり，それは $x^i y^j z^k$ という単項式で n 次となるもの (すなわち，$i + j + k = n$ となるもの) の個数に等しい．

$$
\begin{aligned}
\frac{1}{1-x}\frac{1}{1-y}\frac{1}{1-z} &= 1 + (x + y + z) + (x^2 + y^2 + z^2 + xy + yz + zx) \\
&\quad + (x^3 + y^3 + z^3 + x^2 y + x^2 z + xy^2 + y^2 z + xz^2 + yz^2 + xyz) + \cdots \\
&\xrightarrow{y \mapsto x,\ z \mapsto x} 1 + 3x + 6x^2 + 10x^3 + \cdots
\end{aligned}
$$

$$= H_0 + H_1 x + H_2 x^2 + H_3 x^3 + \cdots .$$

3人を m 人にしても同様で，$n \times$ 千円を集める集め方の個数を ${}_mH_n$ とおくと

$$\frac{1}{(1-x)^m} = {}_mH_0 + {}_mH_1 x + {}_mH_2 x^2 + {}_mH_3 x^3 + \cdots \tag{9.1}$$

となる．

ここで，各人は千円札を1枚出すか出さないかのどちらかであるとする．高々 $m \times$ 千円しか集まらないが，$n \times$ 千円を徴収する集め方の個数を ${}_mC_n$ とおくと，その母関数は

$$(1+x)^m = {}_mC_0 + {}_mC_1 x + {}_mC_2 x^2 + \cdots \tag{9.2}$$

となる．3人のときは

$$\begin{aligned}&(1+x)(1+y)(1+z) = 1 + (x+y+z) + (xy+yz+zx) + xyz \\ &\xrightarrow{y\mapsto x,\ z\mapsto x} 1 + 3x + 3x^2 + x^3 = {}_3C_0 + {}_3C_1 x + {}_3C_2 x^2 + {}_3C_3 x^3\end{aligned}$$

に注意．${}_mC_n$ は m 人の中から (徴収する)n 人を選ぶ選び方の個数である．なお，${}_mC_n$ は $n > m$ のときは0となる

${}_mC_n$ は**組合せの数**[1]，${}_mH_n$ は**重複組合せの数**といわれる．9人の中から4人を選ぶ選び方の数が ${}_9C_4$ で，赤，白，黒の3種類の玉を重複を許して10個選ぶ選び方の数が ${}_3H_{10}$ である．

例 9.4 赤玉 m_1 個，白玉 m_2 個，黒玉 m_3 個から n 個の玉を選ぶ選び方の数を K_n とおくと，$\{K_n\}$ の母関数 $1 + K_1 x + K_2 x^2 + \cdots$ は

$$\begin{aligned}&(1 + x + x^2 + \cdots + x^{m_1})(1 + x + x^2 + \cdots + x^{m_2})(1 + x + x^2 + \cdots + x^{m_3}) \\ &= \frac{1 - x^{m_1+1}}{1-x}\frac{1 - x^{m_2+1}}{1-x}\frac{1 - x^{m_3+1}}{1-x}.\end{aligned}$$

例 9.5 m 人の人から品物を集めて n 個のものを選ぶ選び方の数を考える．ここで，i 番目の人からの j 個の品物の選び方が $a_{i,j}$ 通りあるとする ($i = 1, \ldots, m$, $j = 0, 1, 2, \ldots$)．$a_{i,j}$ は0またはそれ以上の整数とする．誰から集めたかも区別すると，n 個のものを得る選び方の個数 R_n の母関数は

$$R_0 + R_1 x + R_2 x^2 + R_3 x^3 + \cdots = \prod_{i=1}^{m} (a_{i,0} + a_{i,1} x + a_{i,2} x^2 + a_{i,3} x^3 + \cdots)$$

---

[1] ${}_mC_n$ は $\binom{m}{n}$ とも書かれる．

で与えられる．

問題 9.6 i) 赤玉 20 個，白玉 30 個，黒玉 40 個から玉を 50 個を選ぶ選び方の数を求めよ．

ii) 50 個でなく，玉を 60 個を選ぶ選び方の数を求めよ．

iii) 3 色の玉がすべて 50 個以上あった場合，50 個を選ぶ選び方の数は？

9.1 漸化式

さて，7 章で扱った E_n の満たす漸化式[2)]を考察してみよう．

$$
\begin{aligned}
f(x) &= 1 + x + x^2 + x^3 + \cdots = A_0 + A_1 x + A_2 x^2 + \cdots, \\
g(x) &= (1 + x^2 + x^4 + x^6 + \cdots) f(x) = B_0 + B_1 x + B_2 x^2 + \cdots, \\
P_3(x) &= (1 + x^3 + x^6 + x^9 + \cdots) g(x) = E_0 + E_1 x + E_2 x^2 + \cdots,
\end{aligned}
$$

とおくと

$$
f(x) = \frac{1}{1-x}, \quad g(x) = \frac{1}{1-x} \cdot \frac{1}{1-x^2}, \quad P_3(x) = \frac{1}{1-x} \cdot \frac{1}{1-x^2} \cdot \frac{1}{1-x^3}
$$

となる．ここで，$g(x)$ の x^n の係数 B_n は，n を数字 1 と 2 のみを使った和で表す表し方 (和の順序は区別しない) の個数となることに注意しておこう．

$$
\begin{aligned}
(1-x^2) g(x) &= f(x), \\
(1-x^3) P_3(x) &= g(x)
\end{aligned}
$$

となるので，両辺の x^n の係数を比較すると

$$
B_0 = A_0,\ B_1 = A_1,\ B_n - B_{n-2} = A_n \quad (n \geq 2), \tag{9.3}
$$

$$
E_0 = B_0,\ E_1 = B_1,\ E_2 = B_2,\ E_n - E_{n-3} = B_n \quad (n \geq 3) \tag{9.4}
$$

が得られる．$A_0 = A_1 = \cdots = A_n = 1$ であることから，上の漸化式より B_n や E_n が順に決まる．

注意 9.7 B_n は n を数字 1 と 2 のみを使った和で表す表し方の個数であるが，1 のみを使う場合は 1 通りで，2 を 1 個以上使って表すには，$n \geq 2$ であって $n-2$

---

2) 数列の漸化式とは，それより前の項から次の項を一通りに定める規則を示す等式のことをいう．

を 1 と 2 のみの和で表したものに 2 を足せばよいので，その表し方の数は B_{n-2} に等しい．これは漸化式 (9.3) を意味する．

E_n は n を 1, 2, 3 のみを使って和で表す表し方の個数であるが，3 を使わない場合は B_n 通りであり，3 を 1 個以上使って表すには，$n \geq 3$ であって，$n-3$ を 1, 2, 3 を使って表し，それにもう 1 個 3 を足せばよいので，その表し方は E_{n-3} 通りである．すなわち (9.4) がわかる．

実際計算すると以下のようになる．

n	0	1	2	3	4	5	6	7	8	9	10	$\cdots$	48	49	50
A_n	1	1	1	1	1	1	1	1	1	1	1	$\cdots$	1	1	1
B_n	1	1	2	2	3	3	4	4	5	5	6	$\cdots$	25	25	26
E_n	1	1	2	3	4	5	7	8	10	12	14	$\cdots$	217	225	234

千円札，2 千円札，5 千円札，1 万円札を取り混ぜて $n \times$ 千円にする組合せの数を E_n とおく．この E_n を考察してみよう．その母関数は

$$E_0 + E_1 x + E_2 x^2 + \cdots = \frac{1}{(1-x)(1-x^2)(1-x^5)(1-x^{10})}$$

で与えられることが今までの考察からわかる．そこで

$$f_1(x) = A_{1,0} + A_{1,1}x + A_{1,2}x^2 + \cdots = \frac{1}{1-x},$$
$$f_2(x) = A_{2,0} + A_{2,1}x + A_{2,2}x^2 + \cdots = \frac{1}{1-x^2} \cdot f_1(x),$$
$$f_3(x) = A_{3,0} + A_{3,1}x + A_{3,2}x^2 + \cdots = \frac{1}{1-x^5} \cdot f_2(x),$$
$$f_4(x) = A_{4,0} + A_{4,1}x + A_{4,2}x^2 + \cdots = \frac{1}{1-x^{10}} \cdot f_3(x)$$

とおき，さらに $j < 0$ のとき $A_{i,j} = 0$ とおくと，以下の漸化式が得られる．

$$A_{1,0} = 1,\ A_{1,j} = A_{1,j-1} \qquad (j \geq 1),$$
$$A_{2,0} = 1,\ A_{2,j} = A_{1,j} + A_{2,j-2} \qquad (j \geq 1),$$
$$A_{3,0} = 1,\ A_{3,j} = A_{2,j} + A_{3,j-5} \qquad (j \geq 1),$$
$$A_{4,0} = 1,\ A_{4,j} = A_{3,j} + A_{4,j-10} \qquad (j \geq 1).$$

$E_n = A_{4,n}$ であるが，$n \leq 31$ のときの $A_{i,n}$ $(i = 1, 2, 3, 4)$ を表にすると

n	0	1	2	3	4	5	6	7	8	9	10	11	12	13
$A_{1,*}$	1	1	1	1	1	1	1	1	1	1	1	1	1	1
$A_{2,*}$	1	1	2	2	3	3	4	4	5	5	6	6	7	7
$A_{3,*}$	1	1	2	2	3	4	5	6	7	8	10	11	13	14
$A_{4,*}$	1	1	2	2	3	4	5	6	7	8	11	12	15	16

n	14	15	16	17	18	19	20	21	22	23	24	25	26	27
$A_{1,*}$	1	1	1	1	1	1	1	1	1	1	1	1	1	1
$A_{2,*}$	8	8	9	9	10	10	11	11	12	12	13	13	14	14
$A_{3,*}$	16	18	20	22	24	26	29	31	34	36	39	42	45	48
$A_{4,*}$	19	22	25	28	31	34	40	43	49	52	58	64	70	76

n	28	29	30	31
$A_{1,*}$	1	1	1	1
$A_{2,*}$	15	15	16	16
$A_{3,*}$	51	54	58	61
$A_{4,*}$	82	88	98	104

自然数 n を m 以下の自然数のみを使った和に分解する分割の仕方の個数を $p_m(n)$ とおく (ただし自然数 m に対して $p_m(0)=1$ と定めておく). このとき以下の関係式が成立する.

$$
\begin{cases}
p_m(0) = 1 & (m \geq 1), \\
p_0(n) = 0 & (n \geq 1), \\
p_m(n) = p_n(n) & (m \geq n \geq 1), \\
p_m(n) = p_m(n-m) + p_{m-1}(n) & (0 < m \leq n).
\end{cases}
$$

最後の等式は母関数からわかるが, 以下のように考えてもよい. すなわち m 以下の自然数による n の分割の個数は, m が現れるときは, その一つを除いた $n-m$ を m 以下の和で書く場合の数 $p_m(n-m)$ で, m が現れない場合は, n を $m-1$ 以下の和で書く場合の数 $p_{m-1}(n)$ になることからわかる.

$p_m(n)$ の $1 \leq m \leq 15$ かつ $0 \leq n \leq 15$ での値を表にすると

$m\backslash n$	0	1	2	3	4	5	6	7	8	9	10	11	12	13	14	15
1	1	1	1	1	1	1	1	1	1	1	1	1	1	1	1	1
2	1	1	2	2	3	3	4	4	5	5	6	6	7	7	8	8
3	1	1	2	3	4	5	7	8	10	12	14	16	19	21	24	27
4	1	1	2	3	5	6	9	11	15	18	23	27	34	39	47	54
5	1	1	2	3	5	7	10	13	18	23	30	37	47	57	70	84
6	1	1	2	3	5	7	11	14	20	26	35	44	58	71	90	110
7	1	1	2	3	5	7	11	15	21	28	38	49	65	82	105	131
8	1	1	2	3	5	7	11	15	22	29	40	52	70	89	116	146
9	1	1	2	3	5	7	11	15	22	30	41	54	73	94	123	157
10	1	1	2	3	5	7	11	15	22	30	42	55	75	97	128	164
11	1	1	2	3	5	7	11	15	22	30	42	56	76	99	131	169
12	1	1	2	3	5	7	11	15	22	30	42	56	77	100	133	172
13	1	1	2	3	5	7	11	15	22	30	42	56	77	101	134	174
14	1	1	2	3	5	7	11	15	22	30	42	56	77	101	135	175
15	1	1	2	3	5	7	11	15	22	30	42	56	77	101	135	176

9.2 コンピュータ・プログラム

コンピュータは前節に挙げたような表を作成するのは，得意である．一般に，自然数 n と $K_1, \ldots, K_n$ と m とを与えて，べき級数

$$\frac{1}{(1-x^{K_1})(1-x^{K_2})\cdots(1-x^{K_n})}$$

の x^j の係数を $0 \leq j \leq m$ の範囲で，この節で述べた方法で計算する BASIC のプログラムを挙げておこう．以下の例は**十進 BASIC**[3]を用いている．結果は

$$\frac{1}{(1-x^{K_1})(1-x^{K_2})\cdots(1-x^{K_i})}$$

の x^j の係数を `A(i,j)` として，それを `i`$=1,\ldots,n$, `j`$=0,\ldots,m$ に対して表示する．

---

[3] `http://hp.vector.co.jp/authors/VA008683/index.htm` で公開されている．MS Windows, MAC, Linux などの版が提供されている．

制限つきの分割数

```
REM 母関数 (1-x^K(1))^-1(1-x^K(2))^-1...(1-x^K(n))^-1
REM 展開の x^m の係数まで
REM n: 積の個数
REM K: べき指数 K(i)  (1 <= i <= n)
REM m: 展開の最大のべき

INPUT PROMPT "積の個数: ": n
IF n<=0 THEN
   PRINT "数がおかしい！ "
   STOP
END IF
DIM K(1 TO n)
FOR i = 1 TO n
   INPUT PROMPT STR$(i)&"番目のべき: ": K(i)
   IF K(I) <= 0 THEN
      PRINT "数がおかしい！ "
      STOP
   END IF
NEXT i
INPUT PROMPT "展開の最大のべき: ": m
IF m <= 0 THEN
   PRINT "数がおかしい！ "
   STOP
END IF
DIM a(1 TO n, 0 TO m)

FOR j=0 TO m STEP K(1)
   LET A(1,j)=1
NEXT j
FOR i=2 TO n
   FOR j=0 TO m
      IF j >= K(i) THEN
         LET A(i,j) = A(i-1,j) + A(i,j-K(i))
      ELSE
         LET A(i,j) = A(i-1,j)
      END IF
   NEXT j
```

```
NEXT i
FOR j=0 TO m
   PRINT j;"(";
   FOR i=1 TO n
      PRINT A(i,j);
   NEXT i
   PRINT ")"
NEXT j
END
```

以下は，このプログラムの実行例で，数字の 3, 1, 2, 3, 50 を順にキー入力した結果である (途中を省略した).

```
積の個数: 3
1 番目のべき: 1
2 番目のべき: 2
3 番目のべき: 3
展開の最大のべき: 50
 0 ( 1  1  1 )
 1 ( 1  1  1 )
 2 ( 1  2  2 )
 3 ( 1  2  3 )
 4 ( 1  3  4 )
 5 ( 1  3  5 )
 6 ( 1  4  7 )
 ................
 48 ( 1  25  217 )
 49 ( 1  25  225 )
 50 ( 1  26  234 )
```

十進 BASIC については，十進 BASIC 付属のヘルプに詳しく解説してあるが，上のプログラムの理解のため，簡単に解説しておく．

(1) BASIC では，アルファベットの大文字と小文字は区別されない．
(2) `REM` で始まる行は，コメント行として無視される．記号 `!` 以下の行末までも同様である．
(3) 1 つの変数は連続するアルファベット (先頭以外の文字は数字やアンダースコア「_」 でもよい) で表され，数値の値が定まっている (初期値は 0).

(4) 和，差，積，商，べき乗は，演算式 `+ - * / ^` で表す．

(5) `LET x = y` は，変数 x に変数 y の値，または数値 y を代入することを意味する．代入前の x の値は破棄される．大文字と小文字は区別されないので，x と X は同じ変数を表すことに注意．
`LET A=A+1` は，変数 A の値を 1 増やすことを意味する．

(6) n が自然数または自然数の値が入った変数のとき，`DIM A(n)` という宣言で，`A(1),...,A(n)` という n 個の**配列変数**が確保される．添え字を持った変数 $a_1, \ldots, a_n$ にあたると考えるとよい．添え字が m から n までのときは，`DIM A(m TO n)` と書く．たとえば `DIM A(0 TO 5)` と宣言すると，変数 `A(0),...,A(5)` の 6 個の変数が確保される．このような添え字付き変数を配列変数という．二重添え字をもった変数 $a_{i,j}$ に対応して，配列の宣言 `A(m,n)` という宣言ができて，このときは `A(i,j)` (1 ≤ i ≤ m, 1 ≤ j ≤ n) という mn 個の変数が確保される．このときも添え字の始まりと終わりを指定することができる．始まりを指定しないと 1 から始まると解釈される．

(7) 文字列は，記号 `" "` で囲って表す．文字列を値とする変数は，変数名の最後に `$` をつけて表す．プログラム中の関数 `STR$(i)` は，変数 i の値を文字列に直す関数．

(8) `IMPUT PROMPT` ⟨文字列⟩ `:x`
は，変数 x の値をキー入力することを表し，その際 ⟨文字列⟩ が表示される．

(9) `PRINT` ⟨文字列，変数，数⟩
文字列，変数，数などが表示される．複数のものを 1 行に続けて表示するときは `;` や `,` で並べて書く．後者はタブにより間の空白が広くとられる．最後に `;` がないと改行される．よって単に `PRINT` とのみ書かれた場合は，改行を意味する．

(10)
```
IF 論理式 THEN
   文 1
ELSE
   文 2
END IF
```
論理式が成立すると文 1 が実行され，成立しないと文 2 が実行される．文 2

の実行が不要なときは，ELSE と文 2 は省略してよい．これらの文 1 と文 2 はそれぞれ複数行あってもよい．

論理式は大小関係や等しいかどうかの比較であることが多い．比較のための $=$, $>$, $<$, $\leq$, $\geq$, $\neq$ は =, >, <, <=, >=, <>と表す．そのほか，これらを OR や AND や NOT でまとめた条件を論理式にしたり，適当に ( ) で囲ってつなげることができる．

文 1 が 1 行のみで文 2 が無い場合は，最初の THEN 以下に文 1 を書いて以下を省略して全体を 1 行にすることができる．

(11) STOP はプログラムの実行の中止を，END のみの 1 行の文はプログラムがここで終わることを意味する．

(12)
```
FOR i = 初期値 TO n STEP k
  文
NEXT i
```
変数 i に初期値を代入し，文の実行を 1 回行うたびに i を k だけ増やしてその値が n を超えるまで何度も文の実行を続ける．STEP k を略すと，増分は 1 と解釈される．増分は負でもよい．たとえば
```
LET SUM = 0
FOR I = 1 TO 100
  SUM = SUM + I
NEXT I
```
とすると，SUM には実行後に $\sum_{i=1}^{100} i$ の値が入ることになる．

このような繰り返しの処理には
```
DO
  ...
LOOP
```
や
```
DO  WHILE 論理式
  ...
LOOP
```
や

```
DO
  ...
LOOP  WHILE 論理式
```

などがある．WHILE 論理式 は，「論理式」が成立する限り書かれた処理を繰り返すことを意味する．この WHILE を UNTIL に変えたものもある．

(13) 上の繰り返し処理を途中で抜け出すときは[4]，それぞれ EXIT FOR または EXIT DO を用いる．

(14) 十進 BASIC には先に述べた STR$(x) の他，平方根を求める関数 SQR(x)，ガウス記号に相当する INT(x)，三角関数 SIN(x) など様々な関数が定義されており，また FOR や OR などのプログラムを制御する特別な文字列がある．これらは**予約語**とよばれていて，変数や配列変数として用いることはできない．

(15) 十進 BASIC では副プログラム (**サブルーチン**) や**関数定義**がサポートされていて，どちらも**引数**を渡すことができる．
それぞれ END で終わるプログラムの内部と外部の場合があって，特に指定しないと，使われる変数は，内部の場合は引数以外はプログラムで共有され，外部の場合は独立にとられる．
これらの副プログラムや関数定義は，**再帰呼び出し**が可能である．再帰呼び出しを使うハノイの塔の例や，関数定義を使う素数判定のプログラムが，本書に挙げてある．

---

[4]繰り返し処理の途中で何らかの条件により，処理の繰り返しを終えるときに使う．

第 10 章
組合せの数

m 個の中から n 個を選ぶ組合せの数 ${}_mC_n$ の母関数は

$$(1+x)^m = {}_mC_0 + {}_mC_1 x + \cdots + {}_mC_n x^n + \cdots \tag{10.1}$$

であった．ここで，$n > m$ あるいは $n < 0$ のとき ${}_mC_n = 0$ と定めておく．

上の式に $(1+x)$ を掛けると

$$\begin{aligned} &{}_{m+1}C_0 + {}_{m+1}C_1 x + \cdots + {}_{m+1}C_n x^n + \cdots \\ &= (1+x)\bigl({}_mC_0 + {}_mC_1 x + \cdots + {}_mC_n x^n + \cdots\bigr) \end{aligned}$$

が得られる．x^n の係数を比較すると[1)]

$$\begin{aligned} {}_{m+1}C_n &= {}_mC_n + {}_mC_{n-1}, \\ {}_mC_0 &= {}_mC_m = 1 \end{aligned} \tag{10.2}$$

が得られ，これから帰納的に ${}_mC_n$ が定まる．実際

$${}_mC_n = \frac{m!}{n!(m-n)!} \tag{10.3}$$

となることがわかる．数学的帰納法で証明しよう．この式は $m=1$ のときは正しい．$m=k$ のときに正しいと仮定すると

$$\begin{aligned} {}_{k+1}C_n = {}_kC_n + {}_kC_{n-1} &= \frac{k!}{n!(k-n)!} + \frac{k!}{(n-1)!(k-n+1)!} \\ &= \frac{k!(k-n+1+n)}{n!(k-n+1)!} = \frac{(k+1)!}{n!(k+1-n)!} \end{aligned}$$

[1)] $m+1$ 個から n 個選ぶ組合せは，$m+1$ 個のうちの最後のものを選ぶかどうかで場合を 2 つに分けると，選んだ場合は最後のものを除いた m 個から $n-1$ 個を選ぶこと，選ばなかった場合は最後のものを除いた m 個から n 個を選ぶことになるので，組合せの個数についての漸化式 (10.2) がわかる．

となって，$m=k+1$ でも正しいので，帰納法によって (10.3) が示される．

容易にわかるように

$$
\begin{aligned}
{}_mC_n &= {}_mC_{m-n}, \\
{}_mC_{n-1} &< {}_mC_n \qquad (2 \leq 2n \leq m).
\end{aligned}
\tag{10.4}
$$

上の不等式は

$$
\frac{{}_mC_n}{{}_mC_{n-1}} = \frac{m!}{n!(m-n)!}\frac{(n-1)!(m-n+1)!}{m!} = \frac{m-n+1}{n} \geq \frac{n+1}{n} > 1
$$

からわかる．

${}_mC_n$ は $(x+y)^m$ の $x^n y^{m-n}$ の係数に等しいことから**二項係数**といわれる．$(x+y)^m$ の展開の x^m の係数，$x^{m-1}y$ の係数，$x^{m-2}y^2$ の係数，$\cdots$，y^m の係数と順に横に $(m+1)$ 個並べたものを行として，中心をそろえて $m=0$ から順に並べていったものを**パスカルの三角形**という．このように並べると，漸化式 (10.2) を用いて二項係数の値が順に求まる．たとえば $(x+y)^3 = x^3+3x^2y+3xy^2+y^3$ の係数を並べた 1 3 3 1 は，以下の $m=10$ までを書いたパスカルの三角形の 4 行目になる．

パスカルの三角形

1
1 1
1 2 1
1 3 3 1
1 4 6 4 1
1 5 10 10 5 1
1 6 15 20 15 6 1
1 7 21 35 35 21 7 1
1 8 28 56 70 56 28 8 1
1 9 36 84 126 126 84 36 9 1
1 10 45 120 210 252 210 120 45 10 1

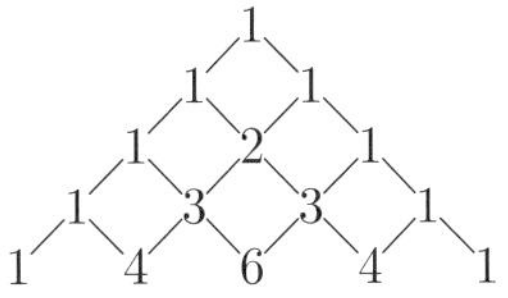

漸化式 (10.2) から，各行の両端の数字は 1 で，両端を除いた部分の数字は，その左上と右上の数字の和となることがわかる．

これは右上図のような道筋を考えたとき，最上部から左下へ，または右下へと一段ずつ下りて，数字の書いてある場所に至る道筋の数でもある．目的の場所に到着する直前はその左上か右上にいて，その直前までの道筋の数の和が，そこまで至る道筋の総数となる．

最上部から左下に k 回，右下に ℓ 回降りて着く場所を考えてみよう．合計 $n = k+\ell$ 個降りる中の左下に降りるのがいつかを k 個任意に指定することで，そこに行き着く道が決まる．$k=2$ で $\ell=3$ であると「右右左右左」といった具合で，$k+\ell=5$ 個のうちから左の $k=2$ 個を選ぶ組合せの数である．それは $(1+x)^{k+\ell}$ の x^k の係数と等しい．左上図より $k=2, \ell=3$ ならばその数は 10 となることがわかる．

母関数の式 (10.1) の x に値を代入すると ${}_mC_n$ についての様々な等式が得られる．たとえば $x=1, x=-1$ とおくと

$$ {}_mC_0 + {}_mC_1 + {}_mC_2 + \cdots + {}_mC_m = 2^m, \tag{10.5} $$

$$ {}_mC_0 - {}_mC_1 + {}_mC_2 - \cdots + (-1)^m {}_mC_m = 0. \tag{10.6} $$

m 個のものから何個か選ぶという場合の数は，1 番目のものを選ぶかどうか，2 番目のものを選ぶかどうか，と決めていくと 2^m 通りある．全部で何個選んだかで分けて考えると，m 個の中から j 個選ぶ組合せの数を $j=0,\ldots,m$ まで合計したものが 2^m になることがわかる．

問題 10.1　(10.6) を漸化式 (10.2) を使って示せ．

m 種類のものの中から重複を許して n 個選ぶ重複組合せの数 ${}_mH_n$ の母関数は

$$ \frac{1}{(1-x)^m} = {}_mH_0 + {}_mH_1 x + {}_mH_2 x^2 + \cdots \tag{10.7} $$

であった．$(1-x)$ を掛けることにより

$$ {}_{m-1}H_0 + {}_{m-1}H_1 x + {}_{m-1}H_2 x^2 + \cdots = (1-x)({}_mH_0 + {}_mH_1 x + {}_mH_2 x^2 + \cdots) $$

が得られるので，両辺の x^n の係数を比べることにより，$n<0$ に対して ${}_mH_n = 0$ とおいて

$$ \begin{aligned} {}_{m+1}H_n &= {}_{m+1}H_{n-1} + {}_mH_n \\ {}_1H_n &= {}_{m+1}H_0 = 1 \end{aligned} \tag{10.8} $$

がわかる[2)]．

若干の記号を定義しておこう．

[2)] この漸化式も ${}_mC_n$ のときと同様に $m+1$ 個のうちの最後のものを選ぶかどうかで場合分けすることによって説明できる．

定義 10.2 非負整数 m に対して

$$x^{\overline{m}} = x(x+1)\cdots(x+m-1) = \prod_{j=0}^{m-1}(x+j) \tag{10.9}$$

とおいて x の**上昇べき**，また

$$x^{\underline{m}} = x(x-1)\cdots(x-m+1) = \prod_{j=0}^{m-1}(x-j) \tag{10.10}$$

とおいて x の**下降べき**とよぶ．$x^{\overline{m}}$ は $(x)_m$ と書かれることもある．

n が m 以上の整数のときは ${}_nP_m = n^{\underline{m}}$ である．また

$$x^{\overline{m}} = (-1)^m(-x)^{\underline{m}} \tag{10.11}$$

に注意．さらに

$$\begin{aligned} n! &= (1)_n = 1^{\overline{n}}, \\ {}_mC_n &= \frac{m!}{n!(m-n)!} = \frac{m^{\underline{n}}}{n!} = \frac{m^{\underline{m-n}}}{(m-n)!}. \end{aligned} \tag{10.12}$$

重複組合せの数は，具体的には

$$\begin{aligned} {}_mH_n &= \frac{(m+n-1)!}{(m-1)!n!} = {}_{m+n-1}C_n = {}_{m+n-1}C_{m-1} \\ &= \frac{m^{\overline{n}}}{n!} = \frac{(n+1)^{\overline{m-1}}}{(m-1)!} \end{aligned} \tag{10.13}$$

となることが数学的帰納法によって関係式 (10.8) から示される．

実際 $m=1$ のときは正しい．$m=k$ のとき正しいと仮定して，$m=k+1$ のときを示す．

そこで $m=k+1$ とする．$n=0$ のときは正しいので，n について帰納法を用いよう．すなわち，$m=k$ のとき，および $m=k+1$，$n=\ell$ のときに正しいと仮定しよう．

(10.8) および帰納法の仮定から

$$\begin{aligned} {}_{k+1}H_{\ell+1} = {}_{k+1}H_\ell + {}_kH_{\ell+1} &= \frac{(k+\ell)!}{k!\ell!} + \frac{(k+\ell)!}{(k-1)!(\ell+1)!} \\ &= \frac{(k+\ell)!(\ell+1+k)}{k!(\ell+1)!} = \frac{(k+\ell+1)!}{k!(\ell+1)!} \end{aligned}$$

であるから $n = \ell + 1$ のときも正しい．$m = k + 1$ のときは，n についての帰納法から正しいことが示された．さらに，m についての帰納法から，(10.13) が示された．

「帰納法」という言い方をしなければ以下のようになる．(10.13) が成り立たないことがあると仮定して矛盾を示せばよい．成り立たない例で (m, n) が最も小さなものを 1 つとる．すると $m > 1, n > 0$ である．「最も小さい」とは (m, n) についての辞書式順序，あるいは $m + n$ の値など，いずれでもよい (今の場合，漸化式でどのように順に決まっていくかを考えればよい)．$m = k + 1, n = \ell + 1$ とおくと，${}_{k+1}H_\ell$ や ${}_kH_{\ell+1}$ では ((m, n) の最小性より) 正しいので，今示した上の計算から ${}_mH_n = {}_{k+1}H_{\ell+1}$ でも正しいことになって，矛盾である．

このような証明の仕方はよく使われ，「数学的帰納法」である[3)]．すなわちそれは，整数のパラメータを持ったある命題を示す場合にあたって，整数のパラメータがある順序で十分小さいときに成り立つことを示し，さらに任意に与えられたパラメータについて，それよりパラメータが小さいときに成立することを仮定して示す，という証明である．

重複組合せの数 ${}_mH_n$

$m \backslash n$	0	1	2	3	4	5	6	7	8	9	10	11	12
1	1	1	1	1	1	1	1	1	1	1	1	1	1
2	1	2	3	4	5	6	7	8	9	10	11	12	13
3	1	3	6	10	15	21	28	36	45	55	66	78	91
4	1	4	10	20	35	56	84	120	165	220	286	364	455
5	1	5	15	35	70	126	210	330	495	715	1001	1365	1820
6	1	6	21	56	126	252	462	792	1287	2002	3003	4368	6188

表の数字が，その左の数字と上の数字の和になっているのは (10.8) に対応している．

[3)] m と n の 2 つの数についての帰納法を用いた．このような帰納法を特に**二重帰納法**という．「$m > 0, n \geq 0$ および $N = m + n$ を満たすすべての自然数 m, n に対して (10.13) が成り立つ」という命題を (P_N) とおけば，普通の数学的帰納法とみなせる．$N = \frac{(m+n-1)(m+n)}{2} + m$ とおいて，自然数 N についての数学的帰納法としてもよい．

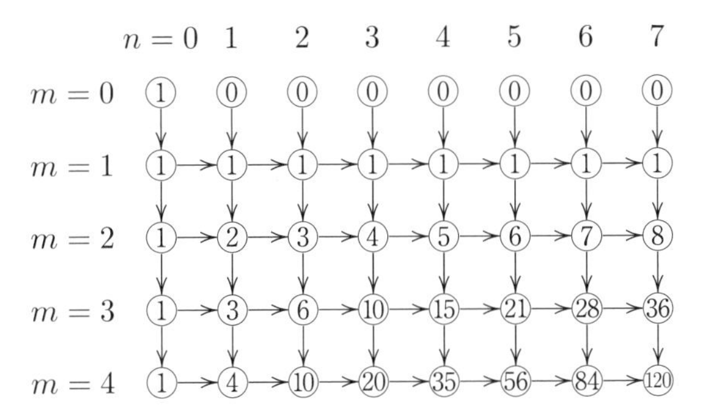

上の表を 45 度時計回りに回転させるとパスカルの三角形になる．このことは ${}_mH_n = {}_{m+n-1}C_n$ という関係 (10.13) に対応している．

$(1+x)^{-m}\cdot(1+x)^m = 1$ および $(1+x)^{-m} = {}_mH_0 - {}_mH_1x + {}_mH_2x^2 - \cdots$ と (10.1) より，x^n の係数をみると，$n = 1, 2, \ldots$ に対して

$$ {}_mC_n\cdot{}_mH_0 - {}_mC_{n-1}\cdot{}_mH_1 + {}_mC_{n-2}\cdot{}_mH_2 + \cdots + (-1)^n{}_mC_0\cdot{}_mH_n = 0 \quad (10.14)$$

がわかる．

問題 10.3 以下の等式を示し，その意味を述べよ．

$$ {}_{m+1}H_n = {}_mH_0 + {}_mH_1 + \cdots + {}_mH_n. $$

問題 10.4 等式 $(1+x)^{m+m'} = (1+x)^m\cdot(1+x)^{m'}$ から組合せの数 ${}_mC_n$ に対する関係式を示し，その意味を述べよ．

また，同様なことを重複組合せの数について行え．

問題 10.5 4×8 の碁盤の目が書かれた右図を考える．左下から右上に黒線の道をたどって行く最短経路は何通りあるか？

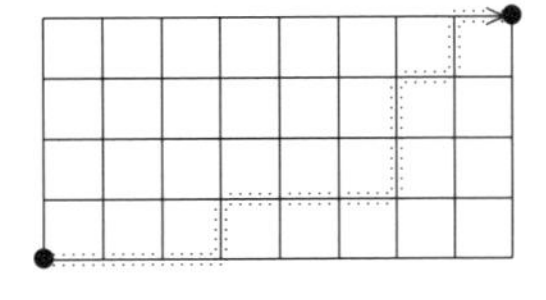

以下のように考えて求めよ．

i) 出発後，いつ上に行くかを指定する．

ii) どの縦の道を使って上に行くかを指定する．

iii) 上の考察から (10.13) を示せ．

注意 10.6 ${}_mH_n$ は $x_1, \ldots, x_m$ の n 次の単項式の個数と等しい．$m = 4, n = 4$ ならば $x_1x_2x_4^2$ や x_3^4 などがその単項式である．それを番号の少ない順番に並べてべきの形を用いず $x_1x_2x_4x_4$ や $x_3x_3x_3x_3$ のように書くと n 個の文字がなら

ぶ．次に文字の番号が変わる境目に $\bullet$ をその差の数だけ入れる．端の番号が x_1 や x_m でないなら，それとの差の数だけ $\bullet$ を入れ，全部で $m-1$ 個の $\bullet$ を入れる．今の例の場合は，それぞれ

$$x_1 \bullet x_2 \bullet\bullet x_4\, x_4 \qquad \bullet\bullet x_3\, x_3\, x_3\, x_3 \bullet$$

となる．最後に文字を $\circ$ に置き換える．今の場合

$$\circ\bullet\circ\bullet\bullet\circ\circ \qquad \bullet\bullet\circ\circ\circ\circ\bullet$$

となって，n 個の $\circ$ と $m-1$ 個の $\bullet$ が並んだ列ができる．逆に m 個の $\circ$ と $n-1$ 個の $\bullet$ が並んだ列の $\circ$ を x_j に置き換えよう．ただし j はそれより左にある $\bullet$ の個数 $+1$ とする．この 1 対 1 対応により m 種のものを重複を許して n 個選ぶ組合せの数は，$m+n-1$ 個の中から n 個を選ぶ組合せの数と等しいことがわかる．これから (10.13) が得られる．

$\circ$ が次の右の交差点まで行き $\bullet$ が次の上の交差点まで行くこととすると，前問の経路に対応する．

10.1　多変数の母関数

${}_mC_n$ や ${}_mH_n$ は $n=0,1,2,\ldots$ という数列が母関数 $(1+x)^m$ や $(1-x)^{-m}$ に対応していた．$m=0,1,2,\ldots$ に対しての数列も同時に考えることにより，2 変数の母関数が考えられる．すなわち

$$\frac{1}{1-y-xy} = \sum_{m=0}^{\infty}\sum_{n=0}^{\infty} {}_mC_n x^n y^m, \tag{10.15}$$

$$\frac{1-x}{1-x-y} = \sum_{m=0}^{\infty}\sum_{n=0}^{\infty} {}_mH_n x^n y^m. \tag{10.16}$$

たとえば (10.15) の $\frac{1}{1-y-xy}$ は，$1-y-xy$ を掛けると 1 になる x と y の 2 変数の形式べき級数という意味であり，これらの等式は

$$\frac{1}{1-y-xy} = \frac{1}{1-(1+x)y} = \sum_{m=0}^{\infty}(1+x)^m y^m,$$

$$\frac{1-x}{1-x-y} = \frac{1}{1-\frac{y}{1-x}} = \sum_{m=0}^{\infty}\frac{y^m}{(1-x)^m}$$

からわかる．さらに

$$\frac{1}{1-x-y} = \sum_{m=0}^{\infty} \frac{y^m}{(1-x)^{m+1}} = \sum_{m=0}^{\infty} \sum_{n=0}^{\infty} {}_{m+1}H_n x^n y^m \tag{10.17}$$

もわかる．一方

$$\frac{1}{1-x-y} = \sum_{k=0}^{\infty} (x+y)^k = \sum_{k=0}^{\infty} \sum_{m+n=k} {}_{m+n}C_n x^n y^m = \sum_{m=0}^{\infty} \sum_{n=0}^{\infty} {}_{m+n}C_n x^n y^m$$

となるので，$x^n y^{m-1}$ の係数から (10.13) の ${}_mH_n = {}_{m+n-1}C_n$ という関係が再び得られた．あるいは (10.17) の x を xy に置き換えると

$$\frac{1}{1-y-xy} = \sum_{k=0}^{\infty} \sum_{\ell=0}^{\infty} {}_{k+1}H_\ell x^\ell y^{k+\ell}$$

となるので，(10.15) と比較して，${}_{k+1}H_\ell = {}_{k+\ell}C_\ell$ が得られる．

第 11 章

定数係数の線形漸化式

11.1　等比数列

初項が a_0 で公比が r の等比数列 $a_0, a_1, a_2, \ldots$ の母関数は

$$a_n = ra_{n-1} \qquad (n \geq 1) \tag{11.1}$$

で定まる．このとき

$$\begin{aligned} f(x) &= a_0 + a_1x + a_2x^2 + a_3x^3 + \cdots + a_nx^n + \cdots \\ rxf(x) &= \quad ra_0x + ra_1x^2 + ra_2x^3 + \cdots + ra_{n-1}x^n + \cdots \end{aligned}$$

であるから $(1-rx)f(x) = f(x) - rxf(x) = a_0$．よって (8.18) より

$$f(x) = \frac{a_0}{1-rx} = a_0 + a_0rx + a_0r^2x^2 + \cdots + a_0r^nx^n + \cdots$$

となるので，一般項について

$$a_n = a_0r^n \qquad (n \geq 0) \tag{11.2}$$

がわかる．

11.2　フィボナッチ数列

フィボナッチ数列は

$$\begin{aligned} &a_0 = a_1 = 1, \\ &a_n = a_{n-1} + a_{n-2} \quad (n \geq 2) \end{aligned} \tag{11.3}$$

で定まる数列で，順に 1, 1, 2, 3, 5, 8, 13, 21, 34, 55, 89, 144, ... となる．

例 11.1 (1) フィボナッチが考えた問題は以下のもので，n ヶ月後のウサギの

つがいの数 a_n がフィボナッチ数列となる[1]．

1 つがいの子ウサギがいる．子ウサギは 1 ヶ月立つと成熟し，さらにもう 1 ヶ月後から毎月 1 つがいの子ウサギを産む．生まれた子ウサギも同様で，1 ヶ月たつと成熟し，さらにもう 1 ヶ月後以降は毎月 1 つがいの子ウサギを産む．ウサギが死ぬことはないものとして，1 年後には何つがいのウサギがいるか？

(2) 階段を上るときに 1 段ずつ上っても，1 段飛ばして 2 段ずつ上っても，それを取り混ぜてもよいとする．n 段の階段の上り方は何通りあるか？

という問題の答も，フィボナッチ数列 a_n で与えられる．

たとえば，5 段の階段の場合，最初のみ 1 段飛ばして 2 段上がり，それ以降 1 段ずつ 3 段上がる上り方を 2111 のように表すと，上がり方は以下のような 8 通りになる．

5 段： 11111　2111　1211　1121　221　1112　212　122

(3) ○ と ● とを合わせて n 個一列に並べる．● が 2 個以上続かない並べ方の数は，フィボナッチ数列の a_{n+1} で与えられる．

○○○○　●○○○　○●○○　○○●○　●○●○　○○○●　●○○●　○●○●

(1) では，ある月に生まれるつがいの数は，親のつがいの数で，それは 2 ヶ月前のつがいの数に等しい．生まれたつがいの数だけ前月より増えることから，漸化式がわかる．

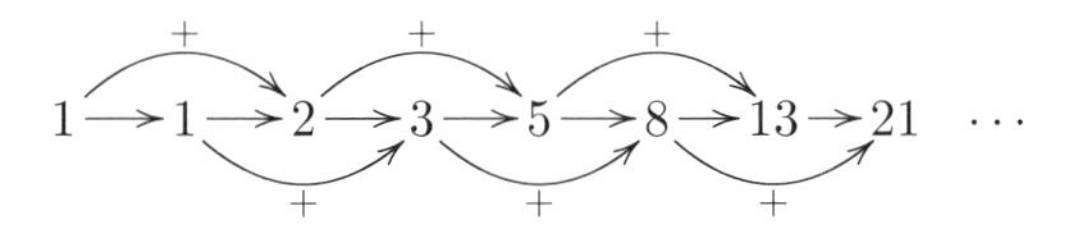

フィボナッチ数列

0	1	2	3	4	5	6	7	8	9	10	11	12	13	14	15	16
1	1	2	3	5	8	13	21	34	55	89	144	233	377	610	987	1597

(2) は，最後に上ったのが 1 段であるか，2 段であるかで 2 つの場合に分けら

[1] イタリアのフィボナッチによる 1202 年出版の「算盤の書」．フィボナッチ数列は古くにはインドの数学書にも記載されていた．

れる (上の 5 段の場合の例では，前半の 5 つと後半の 3 つに分けられる)．前者は残りの $n-1$ 段の階段の上り方だけ種類があり，後者は残りの $n-2$ 段の階段の上り方だけ種類があるので，フィボナッチ数列の漸化式がわかる．$a_0 = a_1 = 1$ であることも明らか．

(3) 並べ方の数を b_n とおく．横に並べたとして，右端が ∘ となる並べ方の場合の数は，それを除いた左の $n-1$ 個の並べ方の場合の数に等しく，右端が • の並べ方は，その左側は ∘ となるので，その 2 つを除いた左側の $n-2$ 個の並べ方の場合の数だけ種類がある．よって漸化式 $b_n = b_{n-1} + b_{n-2}$ が得られる．一方 $b_1 = 2, b_2 = 3$ であるから $b_n = a_{n+1}$ $(n \geq 1)$ である．

フィボナッチ数列の一般項を計算しよう．母関数を

$$f(x) = a_0 + a_1 x + a_2 x^2 + a_3 x^3 + \cdots + a_n x^n + \cdots$$

とおくと

$$\begin{aligned} f(x) &= a_0 + a_1 x + a_2 x^2 + a_3 x^3 + \cdots + a_n x^n + \cdots \\ x f(x) &= \qquad a_0 x + a_1 x^2 + a_2 x^3 + \cdots + a_{n-1} x^n + \cdots \\ x^2 f(x) &= \qquad\qquad a_0 x^2 + a_1 x^3 + \cdots + a_{n-2} x^n + \cdots \end{aligned}$$

となるので，漸化式より

$$(1 - x - x^2) f(x) = a_0 + (a_1 - a_0) x = 1$$

がわかる．$t^2 - t - 1 = 0$ の 2 根を $\alpha = \frac{1+\sqrt{5}}{2}$, $\beta = \frac{1-\sqrt{5}}{2}$ とおくと，母関数は (8.18) より

$$\begin{aligned} f(x) &= \frac{1}{1-x-x^2} = \frac{1}{(1-\alpha x)(1-\beta x)} = \frac{\alpha}{\alpha-\beta}\frac{1}{1-\alpha x} + \frac{\beta}{\beta-\alpha}\frac{1}{1-\beta x} \\ &= \frac{1}{\alpha-\beta}\left((\alpha-\beta) + (\alpha^2-\beta^2)x + (\alpha^3-\beta^3)x^2 + \cdots\right) \end{aligned}$$

となる．よって次の**ビネの公式**を得る[2]．

$$a_n = \frac{\left(\frac{1+\sqrt{5}}{2}\right)^{n+1} - \left(\frac{1-\sqrt{5}}{2}\right)^{n+1}}{\sqrt{5}}. \tag{11.4}$$

---

[2] 1843 年にビネが発表したのでビネの公式と呼ばれるが，オイラー (1765 年) やド・モアブル (1730 年) によってそれ以前に発表されている．

$\frac{\sqrt{5}-1}{2} = 0.6180\cdots$ であるから，a_n は実数 $\frac{1}{\sqrt{5}}\left(\frac{1+\sqrt{5}}{2}\right)^{n+1}$ にもっとも近い整数である．一方 $\frac{1+\sqrt{5}}{2} = 1.6180\cdots$ となる．

11.3 3 項間漸化式

一般に，定数 c_1, c_2 によって

$$a_n = c_1 a_{n-1} + c_2 a_{n-2} \quad (n = 2, 3, 4, \ldots) \tag{11.5}$$

という **3 項間漸化式**で定まる数列 $a_0, a_1, a_2, \ldots$ の母関数を $f(x)$ とおくと，同様な考察で

$$(1 - c_1 x - c_2 x^2) f(x) = a_0 + (a_1 - c_1 a_0) x$$

となるので

$$f(x) = \frac{a_0 + (a_1 - c_1 a_0) x}{1 - c_1 x - c_2 x^2} \tag{11.6}$$

がわかる．

$t^2 - c_1 t - c_2 = 0$ の 2 根を α, β とおく．$c_1 = \alpha + \beta$ に注意しよう．

$\alpha \neq \beta$ のときは

$$\frac{1}{(1-\alpha x)(1-\beta x)} = \frac{\alpha}{\alpha - \beta}\frac{1}{1-\alpha x} + \frac{\beta}{\beta - \alpha}\frac{1}{1-\beta x},$$
$$\frac{x}{(1-\alpha x)(1-\beta x)} = \frac{1}{\alpha - \beta}\frac{1}{1-\alpha x} + \frac{1}{\beta - \alpha}\frac{1}{1-\beta x}$$

であるから

$$\frac{a_0 + (a_1 - c_1 a_0) x}{1 - c_1 x - c_2 x^2} = \frac{a_1 - a_0 \beta}{\alpha - \beta}\frac{1}{1-\alpha x} + \frac{a_1 - a_0 \alpha}{\beta - \alpha}\frac{1}{1-\beta x}$$

となるので，(8.18) より

$$a_n = \frac{a_1 - a_0 \beta}{\alpha - \beta}\alpha^n + \frac{a_1 - a_0 \alpha}{\beta - \alpha}\beta^n.$$

$\alpha = \beta$ のときは

$$\frac{x}{(1-\alpha x)^2} = \frac{1}{\alpha}\frac{1}{(1-\alpha x)^2} - \frac{1}{\alpha}\frac{1}{1-\alpha x}$$

であるから

$$\frac{a_0+(a_1-c_1a_0)x}{(1-\alpha x)^2}=\frac{a_1-a_0\alpha}{\alpha}\frac{1}{(1-\alpha x)^2}-\frac{a_1-2a_0\alpha}{\alpha}\frac{1}{1-\alpha x}$$

となるので，(8.18) より

$$a_n=\frac{a_1-a_0\alpha}{\alpha}(n+1)\alpha^n-\frac{a_1-2a_0\alpha}{\alpha}\alpha^n=(a_1-a_0\alpha)n\alpha^{n-1}+a_0\alpha^n.$$

よって

$$a_n=a_0(1-n)\alpha^n+a_1n\alpha^{n-1}. \tag{11.7}$$

11.4 多項間漸化式

定数 $c_1, c_2, \ldots, c_m$ に対し，より一般の $(m+1)$ **項間漸化式**

$$a_n=c_1a_{n-1}+c_2a_{n-2}+\cdots+c_ma_{n-m} \quad (n\geq m) \tag{11.8}$$

を満たす数列 $a_0, a_1, a_2, \ldots$ は，$a_0, a_1, \ldots, a_{m-1}$ を与えることにより定まる．この数列の母関数を $f(x)$ とおくと

$$\begin{aligned}(1-c_1x-\cdots-c_mx^m)f(x)&=a_0+(a_1-c_1a_0)x+(a_2-c_1a_1-c_2a_0)x^2+\\&\cdots+(a_{m-1}-c_1a_{m-2}-\cdots-c_{m-1}a_0)x^{m-1}\end{aligned} \tag{11.9}$$

が得られる．よって，次の定理が成り立つ．

定理 11.2 漸化式 (11.8) を満たす数列 $a_0,a_1,a_2,\ldots$ は，その母関数 $f(x)$ が，高々 $(m-1)$ 次の多項式 $h(x)$ によって

$$f(x)=\frac{h(x)}{1-c_1x-c_2x^2-\cdots-c_mx^m} \tag{11.10}$$

と表せることで特徴づけられる．

証明. 漸化式 (11.8) を満たす数列 $a_0,a_1,a_2,\ldots$ の母関数が定理の主張の形になることは示した．一方 $(m-1)$ 次以下の多項式 $h(x)$ によって (11.9) で定まる形式べき級数 $f(x)=a_0+a_1x+a_2x^2+\cdots$ に対し，$(1-c_1x-c_2x^2-\cdots-c_mx^m)f(x)$ の x^n の係数は $n\geq m$ のとき 0 となる．それは $n\geq m$ のとき，$a_n-c_1a_{n-1}-c_2a_{n-2}-\cdots-c_ma_{n-m}=0$ となることを意味する． □

多項式 $t^m - c_1 t^{m-1} - \cdots - c_{m-1} t - c_m$ が

$$t^m - c_1 t^{m-1} - \cdots - c_{m-1} t - c_m = \prod_{i=1}^{\ell} (t - \alpha_i)^{m_i}$$

と表せたとしよう[3]．ここで $m_i > 0$ で α_i は互いに異なる 0 以外の数である．$1 - c_1 x - c_2 x^2 - \cdots - c_m x^m = \prod_{i=1}^{\ell} (1 - \alpha_i x)^{m_i}$ となり

$$f(x) = \frac{h(x)}{(1-\alpha_1 x)^{m_1} \cdots (1-\alpha_\ell x)^{m_\ell}} = \sum_{i=1}^{\ell} \sum_{j=1}^{m_i} \frac{c_{i,j}}{(1-\alpha_i x)^j} \tag{11.11}$$

を満たす数 $c_{i,j}$ を求めることにより，(8.18) を用いて a_n を具体的に表すことができる．なお，上の形に直すことを**部分分数展開**するという．

上のように表せたとすると，両辺に $(1-\alpha_\ell x)^{m_\ell}$ を掛けたあと，$x = \frac{1}{\alpha_\ell}$ を代入すると

$$c_{\ell, m_\ell} = h\Big(\frac{1}{\alpha_\ell}\Big) \prod_{i=1}^{\ell-1} \Big(1 - \frac{\alpha_i}{\alpha_\ell}\Big)^{-m_i} \tag{11.12}$$

となることがわかる．そこで c_{ℓ, m_ℓ} をこの式で定め

$$g(x) = h(x) - c_{\ell, m_\ell} \prod_{i=1}^{\ell-1} (1 - \alpha_i x)^{m_i}$$

とおくと，$g(\frac{1}{\alpha_\ell}) = 0$ となるので

$$g(x) = h_1(x)(1 - \alpha_\ell x)$$

となる多項式 $h_1(x)$ が存在し，$h_1(x)$ の次数は高々 $m-2$ である．このとき

$$f(x) = \frac{c_{\ell, m_\ell}}{(1-\alpha_\ell x)^{m_\ell}} + \frac{h_1(x)}{(1-\alpha_\ell x)^{m_\ell - 1} \prod_{i=1}^{\ell-1} (1-\alpha_i x)^{m_i}}$$

となる．以降，同様なことを最後の項に続けて分母の次数を下げていけば，求める式が得られる[4]．

特に $m_1 = m_2 = \cdots = m_\ell = 1$ ならば $m = \ell$ で

---

[3] ここでは証明しないが，**代数学の基本定理**により，必ずこのような複素数 α_i が存在することが保証されている．

[4] 上の議論から部分分数展開 (11.11) が可能なこと，およびその一意性がわかる．

$$\frac{h(x)}{(1-\alpha_1 x)(1-\alpha_2 x)\cdots(1-\alpha_m x)} = \frac{C_1}{1-\alpha_1 x} + \frac{C_2}{1-\alpha_2 x} + \cdots + \frac{C_m}{1-\alpha_m x},$$
$$C_j = \frac{h(\frac{1}{\alpha_j})}{\prod_{i\neq j}(1-\frac{\alpha_i}{\alpha_j})} \quad (j=1,\ldots,m)$$

となることがわかる.

数列 $a_0, a_1, a_2, \ldots$ と定数 c が与えられたとき

$$b_n - cb_{n-1} = a_{n-1} \quad (n=1,2,\ldots) \tag{11.13}$$

を満たす数列 $b_0, b_1, b_2, \ldots$ の母関数 $g(x)$ は, $a_0, a_1, a_2, \ldots$ の母関数 $f(x)$ を用いて

$$(1-cx)g(x) = b_0 + xf(x)$$

と表せることが同様の考察からわかる:

$$\begin{aligned} g(x) &= b_0 + b_1 x + b_2 x^2 + \cdots + b_n x^n + \cdots, \\ cxg(x) &= \phantom{b_0 +{}} cb_0 x + cb_1 x^2 + \cdots + cb_{n-1} x^n + \cdots, \\ xf(x) &= \phantom{b_0 +{}} a_0 x + a_1 x^2 + \cdots + a_{n-1} x^n + \cdots. \end{aligned}$$

特に, $c=1$ で a_n が n によらない定数のときは, $b_0, b_1, b_2, \ldots$ は, 初項が b_0 で公差が a_0 の**等差数列**となり, $f(x) = \frac{a_0}{1-x}$ であるから

$$b_0 + b_1 x + b_2 x^2 + \cdots = \frac{b_0}{1-x} + \frac{a_0 x}{(1-x)^2}$$

であって, (8.18) より

$$b_n = b_0 + na_0 \tag{11.14}$$

がわかる.

多項間の線形漸化式で与えられた数列を求めるプログラムを以下に載せる.

```
!  線形漸化式で与えられる数列
PRINT "k+1 項間漸化式 a(n)=c(1)a(n-1)+c(k)a(n-k)"
INPUT PROMPT " 何項間の漸化式ですか？  ": k
LET k = k-1
DIM a(0 TO k-1)
DIM c(1 to k)
```

```
FOR i=1 TO k
   INPUT PROMPT STR$(i)&" 番目の係数は ":c(i)
NEXT i
FOR i=0 TO k-1
   INPUT PROMPT " 数列の"&STR$(i)&" 番目は ":a(i)
NEXT i
INPUT PROMPT " 何項求めますか？  ":n
FOR i = 0 TO k-1
   PRINT i; a(i)
NEXT i
FOR i = 1 TO n
   LET b = 0
   FOR j = 1 TO k
      LET b = b + c(j)*a(k-j)
   NEXT j
   FOR j = 1 TO k-1
      LET a(j-1) = a(j)
   NEXT j
   LET a(k-1) = b
   PRINT i+k-1;b
NEXT i
END
```

11.5 非斉次関係式

数列 $b_0, b_1, b_2, \ldots$ と定数 $c_1, c_2, \ldots, c_k$ と $a_0, a_1, \ldots, a_{k-1}$ とが与えられたとき，漸化式

$$a_n = c_1 a_{n-1} + c_2 a_{n-2} + \cdots + c_k a_{n-k} + b_{n-k} \quad (n \geq k) \tag{11.15}$$

で定まる数列 $a_0, a_1, a_2, \ldots$ の母関数を求めよう．

$g(x) = b_0 + b_1 x + \cdots$, $f(x) = a_0 + a_1 x + \cdots$ と母関数で表しておくと

$$\begin{aligned}&(1 - c_1 x - c_2 x^2 - \cdots - c_k x^k) f(x)\\ &= a_0 + (a_1 - c_1 a_0)x + \cdots + (a_{k-1} - c_1 a_{k-2} - \cdots - c_{k-1} a_0) x^{k-1} + x^k g(x)\end{aligned}$$

となる．よって以下の結果がわかる．

定理 11.3 漸化式 (11.15) で定まる数列の母関数は以下で与えられる.

$$f(x) = \frac{e_0 + e_1 x + \cdots + e_{k-1}x^{k-1} + x^k \sum_{i=0}^{\infty} b_i x^i}{1 - c_1 x - \cdots - c_k x^k},$$

$$e_0 = a_0,\ e_j = a_j - c_1 a_{j-1} - \cdots - c_j a_0 \qquad (j = 1, 2, \ldots, k-1). \tag{11.16}$$

数列 $a_0, a_1, a_2, \ldots$ に対して

$$b_n = a_{n+1} - a_n \quad (n = 0, 1, 2, \ldots)$$

で定まる数列を, 数列 $a_0, a_1, a_2, \ldots$ の**階差数列**という. 階差数列の階差数列, というように考えていくことができ, その深さに応じた第 m 階差数列 $a_0^{(m)}, a_1^{(m)}, a_2^{(m)}, \ldots$ が定義される. すなわち

$$\begin{aligned} a_n^{(0)} &= a_n && (n = 0, 1, 2, \ldots), \\ a_n^{(m)} &= a_{n+1}^{(m-1)} - a_n^{(m-1)} && (n = 0, 1, 2, \ldots,\ m = 1, 2, \ldots). \end{aligned}$$

第 1 階差数列は $b_0, b_1, b_2, \ldots$ であり, 第 2 階差数列は $b_1 - b_0, b_2 - b_1, b_3 - b_2, \ldots$ で定まる数列となる.

定理 11.4 ある自然数 m に対して, ある数列 $a_0, a_1, a_2, \ldots$ の第 m 階差数列の各項がすべて 0 になったとする. すなわち $a_n^{(m)} = 0$ とする. このとき

$$a_0 + a_1 x + a_2 x^2 + \cdots = \frac{a_0^{(0)}}{1-x} + \frac{a_0^{(1)} x}{(1-x)^2} + \cdots + \frac{a_0^{(m-1)} x^{m-1}}{(1-x)^m}. \tag{11.17}$$

よって

$$a_n = a_0^{(0)} + a_0^{(1)} n + a_0^{(2)} \frac{n(n-1)}{2!} + \cdots + a_0^{(m-1)} \frac{n(n-1)\cdots(n-m+2)}{(m-1)!} \tag{11.18}$$

となって a_n は n についての高々 $(m-1)$ 次多項式となる.

逆に, 一般項が n について高々 $(m-1)$ 次の多項式で表せる数列 $a_0, a_1, a_2, \ldots$ の第 m 階差数列は, すべての項が 0 となる.

また, そのような数列の母関数は, 高々 $(m-1)$ 次の多項式 $h(x)$ によって $\frac{h(x)}{(1-x)^m}$ と表せることで特徴づけられる.

証明. (11.17) は，m についての帰納法でわかる．実際 $m=1$ のときは正しい．帰納法の仮定を $m-1$ 階の階差がすべて 0 になる階差数列 $a_0^{(1)}, a_1^{(1)}, \ldots$ に適用すると

$$a_0^{(1)} + a_1^{(1)}x + \cdots = \frac{a_0^{(1)}}{1-x} + \frac{a_0^{(2)}x}{(1-x)^2} + \cdots + \frac{a_0^{(m-1)}x^{m-2}}{(1-x)^{m-1}}$$

を得るので，$k=1$, $c_1=1$, $b_i=a_i^{(1)}$ とおいて定理 11.3 を適用すれば (11.17) がわかる．

$\frac{x^{j-1}}{(1-x)^j}$ の x^n の係数は，$n \geq j-1$ とすると $\frac{1}{(1-x)^j}$ の x^{n-j+1} の係数であるから，(8.18) より $\frac{n!}{(j-1)!(n-j+1)!} = \frac{n(n-1)\cdots(n-j+2)}{(j-1)!}$ となり，(11.17) から (11.18) がわかる．

$(x+1)^m - x^m$ は x の $m-1$ 次式で，その x^{m-1} の係数は m となる．よって b_n が n の ℓ 次多項式なら，その階差数列の一般項 $c_n = b_{n+1} - b_n$ は $\ell-1$ 次式となる．したがって a_n が n の ℓ 次式なら，それの第 ℓ 階差数列の各項は n によらない定数となり，第 $(\ell+1)$ またはそれ以上の階差数列の各項は 0 となる．よって一般項 a_n が n の高々 $(m-1)$ 次の多項式となっているなら，それの第 m 階差数列は，すべての項が 0 である． □

定理 11.5 (階差の反転公式) 数列 $a_0, a_1, \ldots$ の第 m 階差数列を $a_0^{(m)}, a_1^{(m)}, \ldots$ とすると

$$a_n = \sum_{j=0}^{n} {}_nC_j a_0^{(j)}, \quad a_0^{(n)} = \sum_{j=0}^{n} (-1)^{n-j} {}_nC_j a_j. \tag{11.19}$$

証明. n についての帰納法で示す．$n=0$ のときは $a_0 = a_0^{(0)}$ となって正しい．n まで正しいとすると

$$a_1^{(n)} = \sum_{j=0}^{n} (-1)^{n-j} {}_nC_j a_{j+1}$$

であるから，(10.2) を用いて

$$\begin{aligned} a_0^{(n+1)} &= a_1^{(n)} - a_0^{(n)} \\ &= \sum_{j=0}^{n} (-1)^{n-j} {}_nC_j a_{j+1} - \sum_{j=0}^{n} (-1)^{n-j} {}_nC_j a_j \\ &= {}_nC_n a_{n+1} + \sum_{j=1}^{n} (-1)^{n+1-j} ({}_nC_{j-1} + {}_nC_j) a_j - (-1)^n {}_nC_0 a_0 \end{aligned}$$

$$
\begin{aligned}
&= \sum_{j=0}^{n+1} (-1)^{n+1-j} {}_{n+1}C_j a_j, \\
a_{n+1} &= a_n + a_n^{(1)} \\
&= \sum_{j=0}^{n} {}_nC_j a_0^{(j)} + \sum_{j=0}^{n} {}_nC_j a_0^{(j+1)} \\
&= \sum_{j=0}^{n+1} {}_{n+1}C_j a_0^{(j)}.
\end{aligned}
$$

なお，定理 11.4 を用いて示してもよい (cf. (11.18)). □

11.6 級数

この章の数列 $a_0, a_1, \ldots$ の例では，母関数 $f(x) = a_0 + a_1x + a_2x^2 + \cdots$ は x の有理関数になっている．**無限級数** $\sum_{n=0}^{\infty} a_n = a_0 + a_1 + \cdots$ は収束するか？ 収束するなら，その値は $f(1)$ になるかどうかを考えてみよう．

まず等比数列 (11.1) の場合を考えてみる．有限項までで切った $[f(x)]_n = a_0 + a_1x + \cdots + a_nx^n$ を考えると

$$
\begin{aligned}
[f(x)]_n &= a_0 + a_1x + \cdots + a_nx^n \\
rx[f(x)]_n &= \phantom{a_0 +{}} ra_0x + \cdots + ra_{n-1}x^n + ra_nx^{n+1}
\end{aligned}
$$

であるから

$$
(1-rx)[f(x)]_n = a_0 - ra_nx^{n+1}
$$

となり，この式には $x=1$ が代入できる．よって

$$
(1-r)(a_0 + a_1 + \cdots + a_n) = a_0 - ra_n = a_0 - r^{n+1}a_0
$$

を得る．

$r=1$ あるいは $a_0 = 0$ のときは自明なので，以下 $r \neq 1$ で $a_0 \neq 0$ とする．その場合 $n \to \infty$ で右辺が収束するのは $|r| < 1$ のときに限り，そのとき右辺は a_0 に収束する．すなわちこのとき，無限級数 $\sum_{n=0}^{\infty} a_n = a_0 + a_1 + a_2 + \cdots$ は $f(1) = \frac{a_0}{1-r}$ に収束する．

多項間漸化式の場合も同様なので，3 項間漸化式 (11.5) をもつ数列 $a_0, a_1, \ldots$ を考えてみよう．その母関数 $f(x)$ において

$$
\begin{aligned}
[f(x)]_n &= a_0 + a_1x + a_2x^2 + \cdots + a_nx^n \\
x[f(x)]_n &= a_0x + a_1x^2 + \cdots + a_{n-1}x^n + a_nx^{n+1} \\
x^2[f(x)]_n &= a_0x^2 + \cdots + a_{n-2}x^n + a_{n-1}x^{n+1} + a_nx^{n+2}
\end{aligned}
$$

であるから

$$(1-c_1x-c_2x^2)[f(x)]_n = a_0+(a_1-a_0c_1)x-(a_nc_1+a_{n-1}c_2)x^{n+1}-a_nc_2x^{n+2}.$$

$t^2 - c_1t - c_2 = 0$ の 2 根を α, β とおいたとき，$a_1 = a_0\alpha$ または $a_1 = a_0\beta$ が成り立つなら，$a_0, a_1, \ldots$ は等比数列になる．この場合は既に考察したので，以下 $a_1 \neq a_0\alpha$, $a_1 \neq a_0\beta$ と仮定する．無限級数が収束するなら a_n は $n \to \infty$ で 0 に収束する．よって既に求めた一般項 a_n の結果から $|\alpha| < 1$, $|\beta| < 1$ でなくてはならない．逆にこの場合は，$1 - c_1 - c_2 \neq 0$ であり，$x = 1$ とおいた上の式の左辺は $a_0 + (a_1 - a_0c_1)$ に収束する．よって

$$\sum_{n=0}^{\infty} a_n = \frac{a_0 + (a_1 - a_0c_1)}{1 - c_1 - c_2} \qquad (|\alpha| < 1,\ |\beta| < 1 \text{ のとき}) \tag{11.20}$$

を得る．

多項間漸化式の場合も同様にして $(1 - c_1x - c_2x^2 - \cdots - c_mx^m)[f(x)]_n$ の x^k の係数は，$a_k - c_1a_{k-1} - c_2a_{k-2} - \cdots - c_ma_{k-m}$ となる．ただし，ここでは $k < 0$ または $k > n$ のときには $a_k = 0$ としている．よって

$$
\begin{aligned}
&(1 - c_1x - c_2x^2 - \cdots - c_mx^m)(a_0 + a_1x + a_2x^2 + \cdots + a_nx^n) \\
&= \sum_{i=0}^{m-1}\Bigl(a_i - \sum_{j=1}^{i} a_{i-j}c_j\Bigr)x^i - \sum_{i=1}^{m}\sum_{j=i}^{m} a_{n+i-j}c_jx^{n+i}
\end{aligned} \tag{11.21}
$$

となることより，以下の結果となる．

定理 11.6 数列 $a_0, a_1, a_2, \ldots$ が漸化式 (11.8) を満たすとする．$c_1 + c_2 + \cdots + c_m \neq 1$ ならば，a_n までの級数の和は

$$\sum_{i=0}^{n} a_i = \frac{\displaystyle\sum_{i=0}^{m-1}\Bigl(a_i - \sum_{j=1}^{i} a_{i-j}c_j\Bigr) - \sum_{i=1}^{m}\sum_{j=i}^{m} a_{n+i-j}c_j}{1 - c_1 - c_2 - \cdots - c_m} \tag{11.22}$$

となる．特に $t^m - c_1t^{m-1} - \cdots - c_{m-1}t - c_m = 0$ は絶対値が 1 以上の根を持たないとすると，無限級数 $\sum_{n=0}^{\infty} a_n$ は収束して

$$\sum_{n=0}^{\infty} a_n = \frac{\sum_{i=0}^{m-1}\Bigl(a_i - \sum_{j=1}^{i} a_{i-j}c_j\Bigr)}{1 - c_1 - c_2 - \cdots - c_m} \tag{11.23}$$

となる．ここで $k < 0$ のときは $a_k = 0$ とみなしている．

問題 11.7　以下で定まる数列 $a_0, a_1, a_2, \ldots$ に対して $\sum_{n=0}^{\infty} a_n$ が収束することを示し，その値を求めよ．

$$a_0 = a_1 = a_2 = 1,\ a_n = \frac{1}{2}a_{n-1} + \frac{1}{3}a_{n-2} - \frac{1}{6}a_{n-3} \quad (n = 3, 4, \ldots)$$

注意 11.8　もし

$$|c_1| + |c_2| + \cdots + |c_m| < 1 \tag{11.24}$$

が成り立つならば，$t^m - c_1 t^{m-1} - \cdots - c_{m-1}t - c_m = 0$ は絶対値が 1 以上の根を持たないことに注意しよう．実際 $|t| \geq 1$ ならば

$$\begin{aligned}
|t^m| &> (|c_1| + |c_2| + \cdots + |c_m|)|t^m| \\
&= |c_1||t|^m + |c_2||t|^m + \cdots + |c_m||t|^m \\
&\geq |c_1||t|^{m-1} + |c_2||t|^{m-2} + \cdots + |c_m| \\
&\geq |c_1 t^{m-1} + c_2 t^{m-2} + \cdots + c_m|
\end{aligned}$$

となるので $t^m - c_1 t^{m-1} - c_2 t^{m-2} - \cdots - c_m \neq 0$.

$c_1 + c_2 + \cdots + c_m = 1$ となるとき，有限級数 $a_0 + a_1 + \cdots + a_n$ を求めるにはどうしたらよいであろうか．$g(x) = 1 - c_1 x - c_2 x^2 - \cdots - c_m x^m$ は $x = 1$ を代入すると 0 になるので，$x = 1$ を代入する前の (11.21) の式に戻って考えればよい．

1 が $g(x)$ のちょうど N 重根であったとしよう．$x = 1 + t$ とおくと $g(1+t) = 1 - c_1(1+t) - c_2(1+t)^2 - \cdots - c_m(1+t)^m = A_N t^N + A_{N+1} t^{N+1} + \cdots + A_m t^m$ と表せて $A_N \neq 0$ であることがわかる．よって $A_N(a_0 + a_1 + \cdots + a_n)$ は (11.21) の右辺の x^N の係数に等しいので，(11.21) の両辺を x で N 回微分して $x = 1$ とおくと

$$\begin{aligned}
&- \sum_{i=N}^{m} \bigl(i(i-1)\cdots(i-N+1)c_i\bigr)(a_0 + a_1 + \cdots + a_n) \\
&= \sum_{i=N}^{m-1} i(i-1)\cdots(i-N+1)\Bigl(a_i - \sum_{j=1}^{i} a_{i-j}c_j\Bigr) \\
&\quad - \sum_{i=1}^{m} (n+i)(n+i-1)\cdots(n+i-N+1) \sum_{j=i}^{m} a_{n+i-j}c_j
\end{aligned}$$

となる．$\sum_{i=N}^{m} i(i-1)\cdots(i-N+1)c_i \neq 0$ であるので，以下の定理がわかる．

定理 11.9 $c_1+c_2+\cdots+c_m=1$ とする．多項式 $t^m - c_1 t^{m-1} - \cdots - c_m = 0$ の根 1 の重複度を N とする．

m 個から順に r 個を選んで並べる順列の個数

$$ {}_mP_r = m(m-1)\cdots(m-r+1) = \prod_{j=0}^{r-1}(m-j) $$

の記号を用いると，多項間漸化式 (11.8) を満たす数列の和は

$$ \sum_{j=0}^{n} a_j = \frac{\sum_{i=1}^{m} {}_{n+i}P_N \sum_{j=i}^{m} a_{n+i-j}c_j - \sum_{i=N}^{m-1} {}_iP_N\Big(a_i - \sum_{j=1}^{i} a_{i-j}c_j\Big)}{\sum_{i=N}^{m} {}_iP_N c_i} \tag{11.25} $$

を満たす．

たとえば $a_0, a_1, a_2, \ldots$ が等差数列の場合を考えてみよう．このとき $m=N=2$, $c_1=2$, $c_2=-1$ で $a_n = a_0 + n(a_1-a_0) = na_1 - (n-1)a_0$ となるが

$$ \frac{a_0(1-x)+(a_1-a_0)x}{(1-x)^2} = a_0 + a_1x + a_2x^2 + \cdots $$

であった．上の (11.25) において，${}_2P_2c_2 = -2$ であるから

$$ \begin{aligned} &2(a_0+a_1+\cdots+a_n) \\ &= -\sum_{i=1}^{2}(n+i)(n+i-1)\sum_{j=i}^{2} a_{n+i-j}c_j \\ &= -(n+1)n(a_nc_1+a_{n-1}c_2) - (n+2)(n+1)a_nc_2 \\ &= (n+1)n\big(-2a_0-2n(a_1-a_0)+a_0+(n-1)(a_1-a_0)\big) \\ &\quad + (n+2)(n+1)\big(a_0+n(a_1-a_0)\big) \\ &= (n+1)\big(-n+(n+2)\big)a_0 + (n+1)n\big(-2n+(n-1)+(n+2)\big)(a_1-a_0) \\ &= (n+1)\big(2a_0+n(a_1-a_0)\big) \end{aligned} $$

となって，等差数列の和の公式になる：

$$ \sum_{k=0}^{n} a_k = (n+1)a_0 + \frac{n(n+1)}{2}(a_1-a_0) = \frac{(n+1)(na_1-(n-2)a_0)}{2}. $$

一般項 a_n が n の多項式となる数列の級数を考えてみよう．$\frac{1}{(1-x)^m}$ は重複組合せの数 ${}_mH_n$ の母関数であった．それの階差数列は，(10.8) から簡単にわかり，特に

$$\begin{aligned}{}_mH_0 + {}_mH_1 + \cdots + {}_mH_n &= ({}_{m+1}H_0 - {}_{m+1}H_{-1}) + ({}_{m+1}H_1 - {}_{m+1}H_0) \\ &\quad + \cdots + ({}_{m+1}H_n - {}_{m+1}H_{n-1}) = {}_{m+1}H_n\end{aligned}$$

となって，有限級数の和が再び重複組合せの数で書ける．特に ${}_mH_n$ は n についてちょうど $m-1$ 次の多項式であって，具体的には

$$\begin{aligned}{}_1H_n &= 1, \\ {}_2H_n &= n+1, \\ {}_3H_n &= \frac{(n+1)(n+2)}{2!}, \\ {}_4H_n &= \frac{(n+1)(n+2)(n+3)}{3!}, \\ &\cdots\cdots\end{aligned}$$

となる．よって一般項 a_n が n について m 次の多項式となる数列の有限級数和は

$$a_n = c_m \cdot {}_{m+1}H_n + c_{m-1} \cdot {}_mH_n + \cdots + c_1 \cdot {}_2H_n + c_0 \cdot {}_1H_n \tag{11.26}$$

となる定数 $c_m, \ldots, c_0$ を求めることにより，

$$\sum_{k=0}^{n} a_k = c_m \cdot {}_{m+2}H_n + c_{m-1} \cdot {}_{m+1}H_n + \cdots + c_1 \cdot {}_3H_n + c_0 \cdot {}_2H_n \tag{11.27}$$

で与えられる $m+1$ 次多項式になる．特に n についての多項式として，a_n の m 次の係数が C であるならば，$c_m = m! \cdot C$ となるので[5)]，上の級数は最高次の係数が $\frac{C}{m+1}$ となる n の $m+1$ 次多項式である．

問題 11.10　$r \neq 1$ のとき，等比級数の n 項の和が以下のように与えられることを数学的帰納法によって示せ．

$$a_0 + a_0 r + a_0 r^2 + \cdots + a_0 r^{n-1} = a_0 \frac{r^n - 1}{r - 1}. \tag{11.28}$$

[5)] 同様に，多項式 $a_n - c_m \cdot {}_{m+1}H_n$ の最高次の係数から c_{m-1} がわかる．というように順に $c_m, c_{m-1}, \ldots, c_0$ が計算できる．

問題 11.11 i) 例 11.1 (1) で述べたフィボナッチによるつがいのウサギの例を考える．毎月のえさ代が 1 つがいのウサギにつき千円かかる．最初の 1 年間のえさ代は総計いくらか？

ii) 例 11.1 (1) において，子ウサギは 2 ヶ月後に親になって，それ以降「毎月 2 つがい」の子ウサギを産む，と設定を変えた場合，n ヶ月後のつがいの数を求めよ．

iii) 上の ii) の設定において，2 ヶ月後からその月に生まれたつがいの子ウサギのうちから 1 つがいを別の人に譲ることにした．n ヶ月後のつがいの数を求めよ．

問題 11.12 n 個の碁石を一列に並べるとして，黒が隣り合わない並べ方は何通りあるか？

問題 11.13 (ハノイの塔) 地面に 3 本の棒 A, B, C が立っていて，A には中心に穴の空いた大きさが互いに異なる円盤が n 枚，大きな円盤の上に小さな円盤という順序に重ねてはめられている．

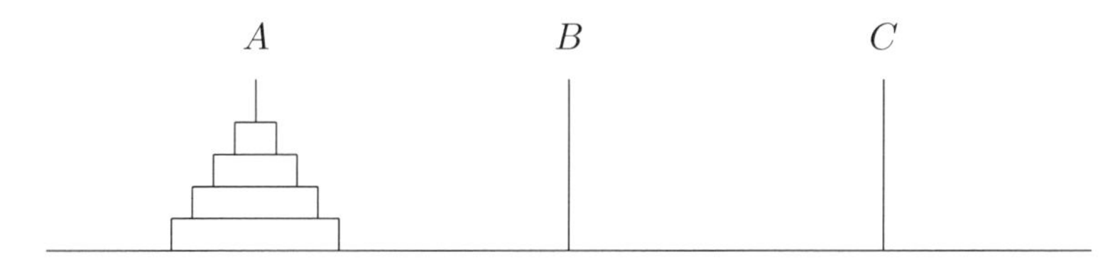

i) 1 回の操作で最上部の円盤 1 枚を外して他の棒にはめることができるが，どの円盤の上にもより大きな円盤を重ねておくことはできないものとする．すべての円盤を B に移すのに必要な移動の最低回数はいくつか？

ii) 円盤は小さい順にそれぞれ 1 トンから n トンの重さがあるとして，k トンの円盤 1 回の移動に $k\times$ 百円かかるものとする．i) の移動にかかる費用はいくらか？

答. i) n 枚のときに必要な最低操作回数を a_n とおく．$a_1 = 1$ であり，$a_0 = 0$ とおく．最大の円盤が A から移される直前は，移す先の棒は空であり，もう一つの棒にはそれ以外の $n-1$ 枚の円盤が順にはめられている状態でなければならない．このような状態にする最短手順は，最大の円盤を除く $n-1$ 枚を A から他の棒に移す最短手順であるから，a_{n-1} 回となる．最大の円盤を B に最後に移したときも，それ以外の円盤はすべて一つの棒にはめられているから，求める状態にするには最短 a_{n-1} 回かかる．よって，$n-1$ 枚の円盤を A から C に a_{n-1} 回の手順で移し，次に最大円盤を A から B に移し，そのあと C から B に a_{n-1} 回の手順で円盤を移すのが最短手順で，全操作回数は $2a_{n-1}+1$ 回となる．最短手順が一意であることもわかる．

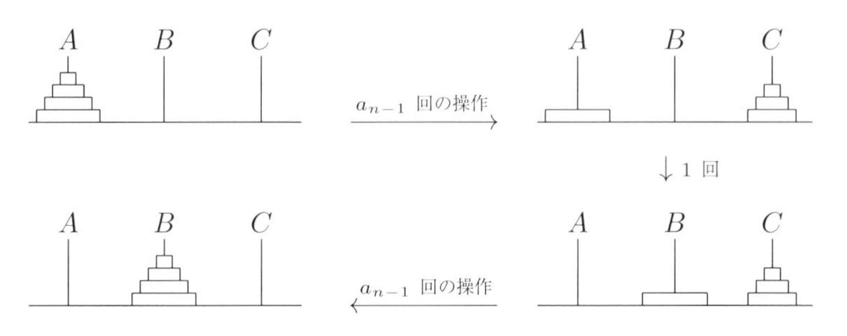

よって

$$a_n = 2a_{n-1} + 1 \qquad (n \geq 1,\ a_0 = 0)$$

がわかる．$f(x) = a_0 + a_1x + a_2x^2 + \cdots$ とおくと

$$(1-2x)f(x) = x + x^2 + x^3 + \cdots = \frac{x}{1-x}$$

であるから

$$f(x) = \frac{x}{(1-2x)(1-x)} = \frac{1}{1-2x} - \frac{1}{1-x}.$$

よって $a_n = 2^n - 1$ となる[6]．

ii) $b_n \times$ 百円かかるとすると，i) のときと同様な考察で，n トンの円盤の移動が $n \times$ 百円かかることにより

$$b_n = 2b_{n-1} + n \quad (n \geq 1,\ b_0 = 0)$$

となり，$g(x) = b_0 + b_1x + b_2x^2 + \cdots$ は

$$(1-2x)g(x) = x + 2x^2 + 3x^3 + \cdots = \frac{x}{(1-x)^2},$$

$$g(x) = \frac{x}{(1-2x)(1-x)^2} = \frac{2}{1-2x} - \frac{1}{(1-x)^2} - \frac{1}{1-x}.$$

よって $b_n = 2^{n+1} - n - 2$. □

---

[6] 図の $n=4$ のときは $a_n = 15$. 木製のハノイの塔のパズルでは $n=8$ のものがあり，このとき $a_n = 255$. 元々の問題では $n=64$ の話が書かれているが，1 秒間に 1 回の操作として $2^{64}-1$ 回の操作には約 5800 億年かかることになる．

十進 BASIC は**再帰呼び出し**[7]ができるので，ハノイの塔の手続きを示すプログラムは容易に書ける[8]．すなわち

> F と D と W の 3 つの棒があって，n 以下の円盤がすべて F にはめられているとき，それを D に移す手続き $h(n,F,D,W)$ を考える．まず $n-1$ 以下の円盤をすべて F から W に移し (この手続きは，D と W を入れ替えた $h(n-1,F,W,D)$ となる)，次に n の円盤を F から D に移し，最後に $n-1$ 以下の円盤をすべて W から D に移す (最後の手続きは，W と F の役割が入れ替わった $h(n-1,W,D,F)$ を行う)．なお $n=1$ のときの手続きは，最小の円盤を 1 回移動するものとなる．

をプログラムに書けばよい．

以下の SUB から END SUB で囲まれたサブルーチンが上の手続きの定義であって，CALL はそのサブルーチンを呼び出す (使う) ことを表す．自分自身を呼び出すことが許されるので，n 枚を移動する手続きには，$n-1$ 枚を移動する手続き (自分自身) を呼び出して使ってよい．最終的に帰着される $n=1$ の場合は，単に 1 枚を移動するだけでよい，ということになる．

```
INPUT PROMPT "ハノイの塔の円盤の枚数は？  ":n
SUB hanoi(n,F$,D$,W$)
   IF n>=2 THEN CALL hanoi(n-1,F$,W$,D$)
   PRINT n;"を ";F$;" から ";D$;" へ"
   IF n>=2 THEN CALL hanoi(n-1,W$,D$,F$)
END SUB
CALL hanoi(n,"A","B","C")
END
```

上のプログラムの実行例は

---

[7]コンピュータのプログラムでは，使われる計算や手続きをひとまとめにしておいて，それを何度か呼び出して使うことが多い．それを**サブルーチン**，あるいは C などでは**関数**とよぶ．普通，何らかのパラメータを渡し，それに基づいて動作するようにして使う．呼ばれたサブルーチンや関数がその中で自分自身を呼び出すことを，再帰呼び出しという．そのようなことが可能なとき，通常はその中で使われる変数は，呼び出された手続き毎にその中だけで有効で，変更しても外には影響を及ぼさない．

[8]再帰呼び出しのプログラムの典型例としてよく挙げられる．

```
ハノイの塔の円盤の枚数は？  3
 1 を A から B へ
 2 を A から C へ
 1 を B から C へ
 3 を A から B へ
 1 を C から A へ
 2 を C から B へ
 1 を A から B へ
```

再帰呼び出しが可能な代表的プログラム言語として C がある．上のプログラムを C で記述すると

```
#include <stdio.h>
void hanoi(int n,char *from,char *dest,char *work)
{
  if(n>=2) hanoi(n-1,from,work,dest);
  printf("%d を %s から %s へ\n",n,from,dest);
  if(n>=2) hanoi(n-1,work,dest,from);
}

int main()
{
  int n;

  printf("ハノイの塔の円盤の枚数は？ \n");
  scanf("%d",&n);
  hanoi(n, "A", "B", "C");
  return 0;
}
```

途中の状態も表示するように変更した十進 BASIC のプログラムを以下に挙げよう．

```
INPUT PROMPT "ハノイの塔の円盤の枚数は？  ":n
DIM A(1 TO n)
LET m = n
LET cc = 0
LET tc = ORD("A")
SUB showhanoi
   FOR k=0 TO 2
```

```
      PRINT "  ";CHR$(tc+k);":";
      FOR j=m TO 1 STEP -1
         IF A(j) = k THEN
            IF m>=10 THEN PRINT " ";
            PRINT CHR$(ORD("0")+j);
         END IF
      NEXT j
   NEXT k
   PRINT
END SUB
SUB hanoi(n,F,D,W)
   IF n>=2 THEN CALL hanoi(n-1,F,W,D)
   LET A(n) = F
   LET cc = cc + 1
   PRINT n;"を ";CHR$(tc+F);" から ";CHR$(tc+D);" へ (";cc;")"
   CALL showhanoi
   IF n>=2 THEN CALL hanoi(n-1,W,D,F)
END SUB
CALL showhanoi
CALL hanoi(n,0,1,2)
END
```

これの実行例は

```
ハノイの塔の円盤の枚数は？  3
  A:321  B:  C:
 1 を A から B へ ( 1 )
  A:32  B:1  C:
 2 を A から C へ ( 2 )
  A:3  B:1  C:2
 1 を B から C へ ( 3 )
  A:3  B:  C:21
 3 を A から B へ ( 4 )
  A:  B:3  C:21
 1 を C から A へ ( 5 )
  A:1  B:3  C:2
 2 を C から B へ ( 6 )
  A:1  B:32  C:
 1 を A から B へ ( 7 )
  A:  B:321  C:
```

第 12 章
整数と素数と無理数

12.1　ユークリッドの互除法

巨大な数の素因数分解を効率よく行うのは困難で，現在使われている公開鍵暗号の多くは，その困難性を原理としている．一方，自然数 m_0 と m_1 の**最大公約数**を求めるには**ユークリッドの互除法**というとても効率のよい方法がある．それは，$m_0 > m_1$ として，「m_0 と m_1 の最大公約数は，m_0 を m_1 で割った余りと m_1 との最大公約数に等しい」という原理に基づいて，小さな数の組に帰着していくことを，割り切れるまで繰り返していく方法である[1]．

m_0 を m_1 で割った商が r_1，余りが m_2 のとき，すなわち

$$m_0 \div m_1 = r_1 \ \cdots \ m_2$$

となることは

$$m_0 = r_1 m_1 + m_2$$

と表せる．この式を見れば m_0 と m_1 が自然数 k の倍数なら m_2 も k の倍数となり，また m_1 と m_2 が k の倍数なら m_0 も k の倍数となることがわかる．よって m_0 と m_1 の公約数の集合と m_1 と m_2 の公約数の集合とは一致するので上に述べた "原理" がわかる．

たとえば $m_0 = 1092$, $m_1 = 481$ としよう．このときは，以下左のように 5 回で完了し，最大公約数 13 を得る．

---

[1] m_0 と m_1 の最大公約数がわかれば，最小公倍数も m_0 と m_1 の積を最大公約数で割ることで求められる．

$$
\begin{array}{llll}
1092 = 2 \times 481 & + \underline{130} & \qquad 13 = 1 \times 8 + 5 \\
481 = 3 \times \underline{130} & + \underline{\underline{91}} & \qquad 8 = 1 \times 5 + 3 \\
\underline{130} = 1 \times \underline{\underline{91}} & + \underline{39} & \qquad 5 = 1 \times 3 + 2 \\
\underline{\underline{91}} = 2 \times \underline{39} & + 13 & \qquad 3 = 1 \times 2 + 1 \\
\underline{39} = 3 \times 13 & & \qquad 2 = 2 \times 1
\end{array}
\tag{12.1}
$$

すなわち

1092 と 481 の最大公約数は，481 と 130 の最大公約数に等しい．

481 と 130 の最大公約数は，130 と 91 の最大公約数に等しい．

130 と 91 の最大公約数は，91 と 39 の最大公約数に等しい．

91 と 39 の最大公約数は，39 と 13 の最大公約数に等しい．

39 は 13 で割り切れるので，39 と 13 の最大公約数は 13 となる．

m_0 と m_1 が大きな数のとき，どの程度の回数の割り算が必要であろうか？ m_1 を m_2 で割った余りを m_3 とする．上の割り算の式において $r_1 \geq 1$, $m_1 > m_2$ であるから $m_0 \geq m_1 + m_2 > 2m_2$, $m_2 < \frac{1}{2}m_0$ であり，同様に $m_3 < \frac{1}{2}m_1$ がわかる．すなわち互除法の割り算を 2 回行うと，2 つの数は共に半分以下になる．

$$
\begin{aligned}
2^{10\ell} &= \underbrace{2^{10} \times 2^{10} \times \cdots \times 2^{10}}_{\ell} = (2^{10})^\ell = 1024^\ell \\
&> 1000^\ell = \underbrace{10^3 \times 10^3 \times \cdots \times 10^3}_{\ell} = 10^{3\ell} \quad (\ell = 1, 2, \ldots)
\end{aligned}
\tag{12.2}
$$

であるから，たとえば $(\frac{1}{2})^{1000} \cdot 10^{300} < 1$ となる．すなわち 300 桁以下の数ならば 2000 回未満の割り算で最大公約数が求まる．現在のコンピュータは，この桁程度の割り算は 1 秒間に何万回 (実際には何億回) も行うことができるので，このような計算は一瞬で終わる．

より正確に割り算の回数を評価してみよう．$m_0 \geq m_1$ として，5 回かかる最小の数の組 (m_0, m_1) は何であろうか．最後の 5 回目の割り切れる割り算の商は 1 ではあり得ないので，2 以上である．最後を除く割り算の商は 1 であり得て，最後に $(2, 1)$ の組となるものが最小である．逆にたどれば，(12.1) の右の形になる．すなわち $(13, 8)$ の組が 5 回必要な数の組で最小のもので，互いに素となる．

5 回を一般にしても同様であって，4 回必要な最小の数の組は $(8, 5)$ であり，n

回必要な数の組の最小のものは，フィボナッチ数列の第 n 項[2)]の a_n を用いると (a_{n+1}, a_n) となることがわかる．

$m \geq a_{k+1}$ を満たす最大の整数を k とすれば k 回以下で終了することがわかった．$k \geq 1$, $(\frac{\sqrt{5}-1}{2})^3 = 0.23606\cdots$ に注意すると，ビネの公式 (11.4) より $\frac{(\frac{1+\sqrt{5}}{2})^{k+2}-0.24}{\sqrt{5}} < a_{k+1}$ がわかるので $k+2 < \frac{\log(\sqrt{5}m+0.24)}{\log\frac{1+\sqrt{5}}{2}}$ となる．すなわち (m, n) に対するユークリッドの互除法の割り算の回数は

$$\left[\frac{\log(\sqrt{5}m+0.24)}{\log\frac{1+\sqrt{5}}{2}}\right] - 2 \tag{12.3}$$

回以下で終了する．

$(\log_{10}\frac{1+\sqrt{5}}{2})^{-1} = 4.78497\cdots$, $\frac{1}{2}\log_{10} 5 = 0.349485\cdots$ であるが，$4.78497 \times 0.349485 - 2 = -0.3277\cdots$ となることを使うと，$m < 10^{\ell}$ $(\ell \geq 1)$ のとき上の式の値は $[4.785\ell - 0.327]$ 以下になる．すなわち，m が ℓ 桁の自然数ならば，ユークリッドの互除法の割り算の回数は

$$[4.785\ell - 0.327] \tag{12.4}$$

回以下で，特に桁数の 5 倍未満となる．$\ell = 1, 2, 3, 4, 5, 6, 7, 8, 9$ のとき確かめてみると，この値はそれぞれ 4, 9, 14, 18, 23, 28, 33, 37, 42 となるので，最良の評価となっていることがわかる[3)]．一方，直前の簡単な考察で得られた 300 桁以下なら 2000 回未満という評価もそれほどかけ離れてはいないことにも注意しておこう．

9 桁の自然数 m の素因数分解を考えてみよう．単純なアルゴリズムは, $2, 3, 5, 7, \ldots$ と順に 2 および 3 以上の奇数で割ってみて割り切れるかどうか調べることである．m が素数であるならば，$\sqrt{m}$ 以下のすべての奇数で割ってみることになり，その回数は $\frac{1}{2}\sqrt{10^{10}} = 50000$ 回近くかかる可能性がある．300 桁もの数になると，回数は $\frac{1}{2}\cdot 10^{150}$ となり，1 秒間に 1 兆回 $(= 10^{12}$ 回$)$ の計算を行うコンピュータを

[2)] 第 0 項から始まり，第 0 項と第 1 項が 1 で，第 2 項が 2 としている．

[3)] コンピュータを使うと容易に計算できる (たとえば 11.4 節の「線形漸化式で与えられる数列」のプログラムを用いる). $a_{15} = 987$, $a_{16} = 1597, \cdots, a_{19} = 6765$, $a_{20} = 10946, \cdots, a_{24} = 75205$, $a_{25} = 121393, \cdots, a_{29} = 832040$, $a_{30} = 1346269, \cdots, a_{34} = 9227465$, $a_{35} = 14930352, \cdots, a_{38} = 63245986$, $a_{39} = 102334155, \cdots, a_{43} = 701408733$, $a_{44} = 1134903170, \cdots$.

使っても $\frac{1}{2}\cdot 10^{138}$ 秒かかる．

$$\begin{aligned}1\,\text{年} &= 3.65\times 10^2\text{日} = 3.65\times 2.4\times 10^3\text{時間} = 3.65\times 2.4\times 3.6\times 10^6\text{秒}\\ &= 3.1536\times 10^7\text{秒}\end{aligned}$$

であるから，それは 10^{130} 年以上という無意味な (実際上不可能な) 年数となり，ユークリッド互除法が効率的なことを表している．

$a_0 = m_0, a_1 = m_1$ とおいて，順に求められる数を a_n とする．すなわち，a_{n-1} が 0 でないとき，a_{n-2} を a_{n-1} で割ったあまりを a_n とする．その商を b_{n-2} とおくと

$$a_{n-2} = b_{n-2}\cdot a_{n-1} + a_n \quad (n \geq 2)$$

となる．a_{n-2} と a_{n-1} の公約数と a_{n-1} と a_n の公約数が一致することに注意しよう．

これを $a_n = 0$ となる n が現れるまで続ければ，a_{n-1} が a_0 と a_1 の最大公約数となる．一方

$$a_k = -b_{k-2}\cdot a_{k-1} + a_{k-2} \tag{12.5}$$

であるから，この漸化式を使って

$$a_{n-1} = k_0 m_0 + k_1 m_1 \tag{12.6}$$

を満たす整数 k_0 と k_1 も求められる．特に m_0 と m_1 が**互いに素**，すなわち 2 以上の公約数を持たないならば，$a_{n-1} = 1$ である．

先ほどの 1092 と 481 の例で計算してみると，先の計算を下からさかのぼって

$$\begin{aligned}13 &= 91 - 2\times 39\\ &= 91 - 2\times(130 - 1\times 91) = 3\times 91 - 2\times 130\\ &= 3\times(481 - 3\times 130) - 2\times 130 = 3\times 481 - 11\times 130\\ &= 3\times 481 - 11\times(1092 - 2\times 481)\\ &= 25\times 481 - 11\times 1092\end{aligned}$$

となる．

行列計算に慣れていれば，行列を使って関係を表示するのがわかりやすいかもしれない．すなわち

$$\begin{pmatrix} a_{n-2} \\ a_{n-1} \end{pmatrix} = \begin{pmatrix} b_{n-2} & 1 \\ 1 & 0 \end{pmatrix} \begin{pmatrix} a_{n-1} \\ a_n \end{pmatrix},$$

$$\begin{aligned} \begin{pmatrix} a_{n-1} \\ a_n \end{pmatrix} &= \begin{pmatrix} 0 & 1 \\ 1 & -b_{n-2} \end{pmatrix} \begin{pmatrix} a_{n-2} \\ a_{n-1} \end{pmatrix} \\ &= \begin{pmatrix} 0 & 1 \\ 1 & -b_{n-2} \end{pmatrix} \begin{pmatrix} 0 & 1 \\ 1 & -b_{n-3} \end{pmatrix} \begin{pmatrix} a_{n-3} \\ a_{n-2} \end{pmatrix} \\ &= \begin{pmatrix} 0 & 1 \\ 1 & -b_{n-2} \end{pmatrix} \begin{pmatrix} 0 & 1 \\ 1 & -b_{n-3} \end{pmatrix} \cdots \begin{pmatrix} 0 & 1 \\ 1 & -b_0 \end{pmatrix} \begin{pmatrix} a_0 \\ a_1 \end{pmatrix}. \end{aligned}$$

最後の行の 2 次正方行列の積の $(1,1)$ 成分と $(1,2)$ 成分が (12.6) の k_0 と k_1 になる．

次にこれらを計算する十進 BASIC プログラムを挙げる．プログラムでは，p を q で割った余りを与える関数 `MOD(p,q)`，$\log_{10} x$ を与える関数 `LOG10(x)`，$[x]$ を与える関数 `INT(x)` を使う．また上の a_k, b_k を，プログラムでは pp$[k]$，qq$[k]$ で表し，$\begin{pmatrix} \mathtt{a} & \mathtt{b} \\ \mathtt{c} & \mathtt{d} \end{pmatrix}$ は上の 2 番目の等式に現れる行列の積に対応している．

ユークリッドの互除法

```
INPUT PROMPT " 一方の数は？  ": m
INPUT PROMPT " もう一つは？  ": n
IF n>m THEN
   LET k = m
   LET m = n
   LET n = k
END IF
IF n < 1 THEN
   PRINT " 数がおかしい！ "
   STOP
END IF
LET mx = INT(LOG10(m)+1)*5+2
DIM pp(0 TO mx)
DIM qq(0 TO mx)
LET pp(0) = m
LET pp(1) = n
```

```
LET k = 1
LET a = 1
LET b = 0
LET c = 0
LET d = 1
DO WHILE(pp(k) > 0)
   LET pp(k+1) = MOD(pp(k-1), pp(k))
   LET qq(k-1) = (pp(k-1)-pp(k+1))/pp(k)
   PRINT USING "--------%":pp(k-1);
   PRINT " =";qq(k-1);"*";pp(k);"+";pp(k+1)
   LET e = a - c*qq(k-1)
   LET f = b - d*qq(k-1)
   LET a = c
   LET b = d
   LET c = e
   LET d = f
   LET k = k + 1
LOOP
PRINT USING "--------%":pp(k-1);
PRINT " = ";a;"*";pp(0);"+ (";b;"*";pp(1);")"
END
```

このプログラムの実行例は

```
はじめの数は？    77639
もう一つの数は？  36278
    77639 = 2 * 36278 + 5083
    36278 = 7 * 5083 + 697
     5083 = 7 * 697 + 204
      697 = 3 * 204 + 85
      204 = 2 * 85 + 34
       85 = 2 * 34 + 17
       34 = 2 * 17 + 0
       17 = -885 * 77639 + ( 1894 * 36278 )
```

注意 12.1 ユークリッドの互除法は，m_0 と m_1 の最大公約数を求める上で効率がよいが，**2 進法**が元になっているコンピュータに便利な方法[4]もある．

---

[4]Brent の改良アルゴリズムという．

(1) m_0 と m_1 を可能な限り 2 のべきで割って，2^m という共通因子を括りだし，少なくとも一方が奇数となるようにする．

(2) 一方のみが偶数なら，奇数を得るまでそれを 2 で割っていく．

(3) 2 つとも奇数とする．2 つが等しいなら，先の 2^m とその数との積が最大公約数．そうでなければ 2 つの数の差と小さい方の数との組に置き換えて上に戻る．

問題 12.2 1092 と 481 を 2 進数に直し，注意 12.1 の方法でこの 2 つの数の最大公約数を求めよ．

問題 12.3 容量 m_0 リットルの容器 A_0 と容量 m_1 リットルの容器 A_1 を使って，1 リットルの水を最短の手順で得たい．m_0 と m_1 は自然数で，$m_0 > m_1 > 1$ としよう．水は容器 B に十分に入っていて，別の $m_0 + m_1$ リットル以上は入る空の容器 C を使ってもよいとする．ただし，容器 B と容器 C の間で，A_0 と A_1 を使って水を移動することのみが可能とする．

答．m_0 と m_1 は互いに素のときのみ可能なので，互いに素とする．

B から C に差し引き A_0 で k_0 回，A_1 で k_1 回移して完了できたとすると

$$1 = k_0 m_0 + k_1 m_1 \tag{12.7}$$

となる．ここで，逆に移動するのは負の回数と数えている．k_0 と k_1 の一方が正で一方が負となる．

たとえば k_0 が負ならば，A_1 の容器で C に水を m_1 リットルずつ移していき，C の容器に m_0 リットル以上貯まれば，A_0 の容器で B に水を戻せばよいので，C の容器の容量は $m_0 + m_1$ リットル以上あればよい．よって同じ容器での移動は一方向のみで足りるので，無駄を省くと，実際は $|k_0| + |k_1|$ 回の操作で可能である．

そこで (12.7) を満たす k_0 と k_1 の中で $|k_0| + |k_1|$ が最小となるものを求めればよい．それには (12.7) を満たす k_0, k_1 がすべてわかればよいであろう．

ユークリッドの互除法で (12.7) の解 k_0, k_1 が一組わかる．別の解

$$1 = k'_0 m_0 + k'_1 m_1 \tag{12.8}$$

があったとすると $k_0 m_0 + k_1 m_1 = k'_0 m_0 + k'_1 m_1$ であるから

$$(k'_0 - k_0) m_0 = (k_1 - k'_1) m_1.$$

m_0 と m_1 は互いに素なので，$k'_0 - k_0 = im_1$, $k_1 - k'_1 = im_0$ となる整数 i があることがわかる．すなわち

$$1 = (k_0 + im_1)m_0 + (k_1 - im_0)m_1 \qquad (i = 0, \pm 1, \pm 2, \ldots)$$

によって，一般の解を与えたことになる．

k'_1 は 0 になり得ないことに注意すると，i を適当にとることによって $|k'_1| < m_0$ を満たす k'_1 の選び方が正負 2 つある．このように選んだとき

$$1 = k'_0 m_0 + k'_1 m_1 \geq |k'_0 m_0| - |k'_1 m_1| \geq |k'_0| m_0 - m_0 m_1 = (|k'_0| - m_1)m_0$$

であるから $|k'_0| \leq m_1$ である．$k'_0 = \pm m_1$ ではないから $|k'_0| < m_1$ となる．よって $|k'_0| < m_1$, $|k'_1| < m_0$ を満たす (12.8) の解が 2 組存在し，それは一つの解がわかれば容易に求まる．この 2 つの解で $|k'_0| + |k'_1|$ の大小を比べれば，求める解が得られる． □

問題 12.4 先ほどの問題で 1 リットルの水を得る問題を考えた．では m リットルの水を最短手順で得るにはどうすればよいか．ただし，$m < m_0$ とする．

答．m が m_0 と m_1 の最大公約数で割り切れなければ無理なので，これを仮定する．そのとき，この 3 つの数を最大公約数で割った場合の手順を考えれば同じなので，m_0 と m_1 が互いに素の場合を考えればよい．

(12.7) の両辺を m 倍すれば

$$m = (mk_0)m_0 + (mk_1)m_1$$

となり，m_0 と m_1 に整数を掛けた和が m となるものは，以下のように表示される．

$$m = (mk_0 + jm_1)m_0 + (mk_1 - jm_0)m_1 \qquad (j = 0, \pm 1, \pm 2, \ldots) \tag{12.9}$$

あとは 1 リットルを作る場合と同様である． □

例 12.5 8 リットルの容器と 5 リットルの容器から 1 リットル，および 4 リットルを得る場合を考えてみよう．ユークリッドの互除法は，商がいつも 1 で

$$8 = 1 \times 5 + \underline{3}$$
$$5 = 1 \times \underline{3} + \underline{\underline{2}}$$

$$\underline{3} = 1 \times \underline{\underline{2}} + 1$$

であるが，下からたどって

$$\begin{aligned}1 &= \underline{3} - 1 \times \underline{\underline{2}} \\ &= \underline{3} - 1 \times (5 - 1 \times \underline{3}) \\ &= 2 \times \underline{3} + (-1) \times 5 \\ &= 2 \times (8 - 1 \times 5) + (-1) \times 5 \\ &= 2 \times 8 + (-3) \times 5\end{aligned}$$

が得られる．よって上で述べた 2 つの解は

$$1 = 2 \times 8 + (-3) \times 5 = (-3) \times 8 + 5 \times 5$$

となるが，前者が 1 リットルを得る最短手順を与える．

両辺の 4 倍を考えると

$$4 = (8 + 5j) \times 8 + (-12 - 8j) \times 5$$

という解ができる．そこで $j = -1$ と -2 から

$$4 = 3 \times 8 + (-4) \times 5 = (-2) \times 8 + 4 \times 5$$

が得られ，後者が最短手順を与える．実際

$$\begin{aligned}&0 \xrightarrow{+8} 8 \xrightarrow{-5} 3 \xrightarrow{+8} 11 \xrightarrow{-5} 6 \xrightarrow{-5} 1, \\ &0 \xrightarrow{+5} 5 \xrightarrow{+5} 10 \xrightarrow{-8} 2 \xrightarrow{+5} 7 \xrightarrow{+5} 12 \xrightarrow{-8} 4\end{aligned} \tag{12.10}$$

が最短手順である．

このような手順を求めるプログラムを以下に挙げておく．

前掲の**ユークリッドの互除法**のプログラムの最終行の END を削って，代わりに以下を付け足せばよい．

```
INPUT PROMPT " いくつを作りますか？ ":nn
IF nn<> 0 AND MOD(nn,pp(k-1)) <> 0 THEN
   PRINT " 作れません！ "
   STOP
END IF
LET a = a*(nn/pp(k-1))
LET b = b*(nn/pp(k-1))
```

```
LET c = nn/pp(0)
LET d = INT((c-a)/pp(1))
LET a = a+d*pp(1)
LET b = b-d*pp(0)
DO WHILE ABS(a)+ABS(b) > ABS(a-pp(1))+ABS(b+pp(0))
   LET a = a - pp(1)
   LET b = b + pp(0)
LOOP
DO WHILE ABS(a)+ABS(b) > ABS(a+pp(1))+ABS(b-pp(0))
   LET a = a + pp(1)
   LET b = b - pp(0)
LOOP
PRINT USING "--------%":nn;
PRINT " = ";a;"*";pp(0);"+ (";b;"*";pp(1);")"
END
```

注意 12.6 問題 12.3，問題 12.4 では，容器 C を使ったが，容器 C を用いなくても，容器 A_0 と A_1 のみの操作でも可能である．容器 A で延べ k 回汲み入れ，容器 A' で k' 回汲み出すと目的の量の水が得られるとしよう．このときは，容器 A で水を汲み出して容器 A' に入れていけばよい．容器 A' が溢れるときは，容器 A' を満杯にして，それを容器 B に戻し，容器 A' を空にした後，容器 A に残った水を容器 A' に移す作業を続ける．容器 A が空になったら，再び容器 A に汲み入れ，同様の作業を行う．容器 A の汲み入れ回数と容器 A' の排出回数が所定の回数に達し，さらに容器 A または容器 A' の一方が空になるまでこの作業を続けると，他方の容器に入っている水が要求された量になる．

A_8 を 8 リットルの容器，A_5 を 5 リットルの容器としよう．1 リットル，および 4 リットルの水を量って得る手順を (12.10) を元に書いてみよう．

1 リットルの水を得る手順は：

(1) A_8 で水を汲み，A_5 に満杯になるように入れる．A_8 に 3 リットル残る．
(2) A_5 の水は戻して，空になった A_5 に A_8 の 3 リットルを移す．
(3) A_8 で水を汲み，A_5 が満杯になるまで入れる．A_8 には 6 リットル残る．
(4) A_5 の水は戻して，空になった A_5 に A_8 の水を満杯になるまで入れる．
(5) A_8 に水が 1 リットル残っている．A_5 の水は戻しておこう．

4 リットルの水を得る手順は：

(1) A_5 で水を汲み，A_8 に移す．A_8 には 5 リットルの水がある．

(2) A_5 で水を汲み，A_8 に満杯になるまで入れる．A_5 に 2 リットル残る．

(3) A_8 の水は戻して，空になった A_8 に A_5 の 2 リットルを移す．

(4) A_5 で水を汲み，A_8 に入れる．A_8 の水は 7 リットルになる．

(5) A_5 で水を汲み，A_8 が満杯になるまで入れる．

(6) A_5 に水が 4 リットル量られている．A_8 の水は戻しておこう．

注意 12.7 (1) 問題 12.4 において，容器 C に水を入れたいが，容器 C に入れた水は戻せないとする．たとえば容器 C の液体を水で薄めるような場合である．また条件 $m < m_0$ もないものとする．

これは以下のようにすればよい．m を m_0 で割った余りを m' とする．注意 12.6 で述べた方法で m' リットルの水を計って C に入れ，さらに何杯か A_0 を使って m_0 リットルの水を足し入れればよい．

(2) 天秤があって，正確に 5kg と 8kg の重さの分銅があったとしよう．これを元に 4kg の砂袋をたくさん作る，というような問題も同様に解決できる．水のときと同じようにして，まず 4kg の砂袋を作り，それを元にたくさんの 4kg の砂袋を作ればよい．

問題 12.8 i) 7906 と 5963 の最大公約数 m を求めよ．また $m = p \times 7906 + q \times 5963$ となる整数 p, q を一組求めよ．

ii) $p \times 27 + q \times 11 = 19$ となる整数 p, q で $|p| + |q|$ が最も小さいものを求めよ．

問題 12.9 m と n を互いに素な 2 以上の自然数とする．m で割った余り r_m と n で割った余り r_n とを $0 \leq r_m < m$，$0 \leq r_n < n$ となるように任意に与えたとき，それを満たす整数 N で $0 \leq N < mn$ となるものがただ一つ存在することを示せ．

問題 12.10 9 で割ると 4 余り，8 で割ると 1 余る正の数を求めよ．

問題 12.11 複数個の自然数とそれらで割った余りとを与えて，それを満たす自然数を得るプログラムを書け．複数個の自然数は互いに素とは限らないことにも注意せよ．

12.2 素数と合同式

まず，素数に関わる次の基本的な結果から始めよう．

定理 12.12 (素因数分解の一意性) 自然数の素因数分解は一意的である．

証明. 一意でないものがあると仮定する．そのような例で最小なものを N とすると

$$
\begin{aligned}
N &= p_1p_2\cdots p_m \qquad && (1 < p_1 \leq p_2 \leq \cdots \leq p_m)\\
&= q_1q_2\cdots q_n && (1 < q_1 \leq q_2 \leq \cdots \leq q_n)
\end{aligned}
$$

と 2 通りに素因数分解される (各 p_i, q_j は素数)．もし $p_1 = q_1$ なら N/p_1 は $p_2\cdots p_m = q_2\cdots q_n$ と 2 通りに素因数分解できることになり，N の最小性に反する．よって $p_1 > q_1$ と仮定して一般性を失わない．

p_1 は q_1 の倍数でないから $p_1 - q_1 = r_1\cdots r_k$ (各 r_i は素数) と素因数分解しても，素因子 q_1 は現れない (現れたら p_1 が q_1 の倍数になることは容易)．そこで $N' = N - q_1p_2\cdots p_m$ とおくと $N' = r_1\cdots r_kp_2\cdots p_m$ は N' の素因数分解であるが，因子に q_1 は現れない．一方 $N' = q_1(q_2\cdots q_n - p_2\cdots p_m)$ であるから，$(q_2\cdots q_n - p_2\cdots p_m)$ の素因数分解と q_1 の積は N' の素因数分解であって，素因子 q_1 をもつ．N' は 2 通りに素因数分解できることになり，N の最小性に反する． □

注意 12.13 素因数分解の一意性は自明なことではない．たとえば大きな 3 つの異なる素数 p_1 と p_2 と p_3 があったと考えてみよう．すると p_1p_2 が p_3 で割れないことは自明でないので証明されるべき事柄である．

『分数ができない大学生』[5]という本が評判になったことがあった．分母と分子に共通の約数がある分数は，それで割っていけば既約分数に到達する．割り方によらずに同じ既約分数に到達することは「誰でも知っている」？ が，それがどうしてなのかは高校までに習うことには入っていない．普通は大学の数学科に入って初めて習うことになる．

これらは，素因数分解の一意性からわかることであるが，たとえば最初に述べたことは，ユークリッドの互除法からもわかる．すなわち

---

[5] 1999 年に東洋経済新報社から発行された岡部恒治・戸瀬信之・西村和雄編の本．

$$m_2p_2 + m_3p_3 = 1$$

となる整数 m_2 と m_3 が存在することを使う．実際，もし $p_1p_2 = qp_3$ となる整数 q があったとすると，$m_2qp_3 = m_2p_1p_2 = p_1(1-m_3p_3)$ であるから $p_1 = (m_2q + m_3p_1)p_3$ となって，p_1 と p_3 が異なる素数ということに矛盾する．

2 つの自然数とその素因数分解

$$m = p_1^{e_1}p_2^{e_2}\cdots p_k^{e_k}, \qquad n = p_1^{f_1}p_2^{f_2}\cdots p_k^{f_k}$$

が与えられたとする．ここで p_j は $p_1 < p_2 < \cdots < p_k$ となる素数で，e_j, f_j は非負整数である．このとき mn の素因数分解は $p_1^{e_1+f_1}p_2^{e_2+f_2}\cdots p_k^{e_k+f_k}$ である．素因数分解の一意性から，m が n で割り切れるための必要十分条件は $e_j \geq f_j$ $(1 \leq j \leq k)$ であることもわかる．特に e_j と f_j のうちの小さい方を g_j, 大きい方を h_j とおくと，m と n の最大公約数と最小公倍数は，それぞれ

$$p_1^{g_1}p_2^{g_2}\cdots p_k^{g_k}, \qquad p_1^{h_1}p_2^{h_2}\cdots p_k^{h_k}$$

であることもわかる．このことから次の結果もわかる．

定理 12.14 自然数 a, b, c があって，a と c が互いに素で，ab が c で割り切れるならば，b が c で割り切れる．

証明． 上の定理において，ユークリッドの互除法から $1 = ma + nc$ となる整数 m と n があることがわかり

$$ab = kc \implies (mk + nb)c = mab + b(1 - ma) = b. \qquad \square$$

現在広く用いられている RSA 暗号などでは，まず，大きな桁，たとえば 100 桁以上の素数を複数選んでくることが基礎となる，それには，ある大きな数の近くの数を順に素数かどうか調べて素数を見つけることになる．その判定の基礎となるのが次のフェルマーの小定理である．

定理 12.15 (フェルマーの小定理) 素数 p と $1 \leq a < p$ を満たす整数 a に対し，$a^{p-1} - 1$ は p の倍数となる．

証明． i) 二項定理

$$(1+x)^p = 1 + {}_pC_1x + {}_pC_2x^2 + \cdots + {}_pC_{p-1}x^{p-1} + x^p$$

において，二項係数

$$ {}_pC_j = \frac{p!}{j!(p-j)!} = \frac{p(p-1)\cdots(p-j+1)}{j(j-1)\cdots 1} $$

は整数であるが，$1 \leq j \leq p-1$ のとき，分母は素数 p と素な数の積だから p を素因子にもたない．一方，分子は p を素因子とするので，二項係数は p の倍数であることがわかる．よって，$x = a$ を代入すると $(1+a)^p - a^p - 1$ は p の倍数であることが示される．

これを用いて，$a^p - a$ が p の倍数であることを帰納法で示そう．まず $a = 1$ のときは正しい．$a^p - a$ が p の倍数としよう．すると

$$ (a+1)^p - (a+1) = \big((1+a)^p - a^p - 1\big) + (a^p - a) $$

であるから $(a+1)^p - (a+1)$ も p の倍数である．よって帰納法で示された．

$a^p - a = a(a^{p-1} - 1)$ は素数 p で割り切れるが，a は p で割り切れないので，$a^{p-1} - 1$ が p で割り切れる．

ii) 別の証明を挙げよう．

$$ a^{p-1}(p-1)! = 1a \times 2a \times \cdots \times (p-1)a $$

であるが，$(p-1)$ 個の自然数 $1a, 2a, \ldots, (p-1)a$ を p で割った余りはすべて異なるので[6]，$p-1$ 個の余りには $1, 2, \ldots, p-1$ が一回ずつ出てくる．よって $(p-1)!$ を p で割った余りと $a^{p-1}(p-1)!$ を p で割った余りは等しい．したがって $(a^{p-1}-1)(p-1)!$ は p の倍数となるので，$a^{p-1} - 1$ が p で割り切れる． □

この証明は，次のウィルソンの定理と関係している．

iii) 問題 12.41 で，さらに別の証明を示した．

定理 12.16 (ウィルソンの定理) p が素数ならば $(p-1)! + 1$ は p で割り切れる．

証明. $p = 2$ ならば定理は明らかなので，$p > 2$ とする．$1 \leq q \leq p-1$ に対して $rq - 1$ が p の倍数となる，すなわち $rq + sp = 1$ を満たす整数 s が存在するような r は $\{1, 2, \ldots, p-1\}$ の中にただ 1 つあることを前節で示した．

---

[6] $1 \leq i < j \leq p-1$ とすると $j - i$ も a も素数 p で割れないので $ja - ia = (j-i)a$ は p で割れない．よって ia を p で割った余りと ja を p で割った余りは異なる．

もし $r=q$ ならば $r^2-1=(r+1)(r-1)$ が p の倍数なので，r は 1 または $p-1$ であることがわかる．このことから，$\{1,2,\ldots,p-1\}$ のうち，1 と $p-1$ を除いた $p-3$ 個は，その積から 1 を引いたものが p の倍数となるペアの $\frac{p-3}{2}$ 組に分かれることがわかる．

たとえば $p=11$ のときのペアは：　① 2 3⟷4 5 6 7⟷8 9 ⑩

よって $(p-2)!$ を p で割った余りは 1 となり，$(p-1)!+1$ は p の倍数となる． □

注意 12.17 上の証明から，p が素数ならば $(p-2)!-1$ は p で割り切れることがわかる．

問題 12.18 p が素数でない 2 以上の自然数なら，$(p-1)!+1$ は p の倍数でないことを示せ．

例 12.19 (フェルマーテスト) p が素数ならばフェルマーの小定理より，p より小さな自然数 a に対し，a^{p-1} を p で割った余りは 1 になるはずである．余りが 1 でなければ p は素数でない，すなわち**合成数**であることがわかる．

自然数 a に対して a^{p-1} を p で割った余りが 1 になるとき，p は底 a についてフェルマーテストにパスしたという．このフェルマーテストにパスした合成数を，底 a に対する**偽素数**という．p が自然数 a および b についてフェルマーテストにパスすれば，ab に対してもパスするので，フェルマーテストは素数の a に対してのみ考えればよい．

10 進数で表示されたとても大きな数 a, b があったとしよう．$a \geq b$ としておく．$a+b, a-b, ab$ の最下桁の数字がなんであるかを知るのはやさしい．実際それは a, b の最下桁の数字からわかる．たとえば

$$\begin{aligned} *\cdots*7 &+ *\cdots*9 = *\cdots*6, \\ *\cdots*7 &- *\cdots*9 = *\cdots*8, \\ *\cdots*7 &\times *\cdots*9 = *\cdots*3 \end{aligned}$$

となることを知っている．10 で割った余りが最下桁の数であるので，その余りの数の和，差，積から 10 で割った余りがわかる，ということになっている．

これは 10 に限らず任意の自然数 n に対して正しい．すなわち，a と b を n で

割った余りを $\bar{a}, \bar{b}$ とおくと，$a \pm b$ や ab と，対応する $\bar{a} \pm \bar{b}, \bar{a}\bar{b}$ との差は n の倍数になるので，$a \pm b$ や ab を n で割った余りを知るには $\bar{a} \pm \bar{b}$ や $\bar{a}\bar{b}$ を知ればわかる．

すなわち $a = rn + \bar{a}$, $b = sn + \bar{b}$ と整数 r, s を使って表しておけば

$$\begin{aligned} a \pm b &= (r \pm s)n + (\bar{a} \pm \bar{b}), \\ ab &= (rsn + s\bar{a} + r\bar{b})n + \bar{a}\bar{b} \end{aligned}$$

となるからである．

便利な記号を導入しよう．整数 a と b に対して，$a - b$ が自然数 n の倍数になるとき

$$a \equiv b \mod n$$

と表す．a と b が自然数であれば，「a を n で割った余りが b を n で割った余りに等しい」ということに他ならない．この $\equiv$ を使った式を**合同式**という．

たとえば，2 つの自然数の和を 7 で割った余りは，その 2 つの自然数を 7 で割った余りの和を 7 で割った余りとなるので，$0, 1, 2, 3, 4, 5, 6$ に対してその和を 7 で割った余りの表を作っておけば，それから計算できる．すなわち mod 7 での和の表である．積の場合も同様である．

mod 7 における和

	0	1	2	3	4	5	6
0	0	1	2	3	4	5	6
1	1	2	3	4	5	6	0
2	2	3	4	5	6	0	1
3	3	4	5	6	0	1	2
4	4	5	6	0	1	2	3
5	5	6	0	1	2	3	4
6	6	0	1	2	3	4	5

mod 7 における積

	0	1	2	3	4	5	6
0	0	0	0	0	0	0	0
1	0	1	2	3	4	5	6
2	0	2	4	6	1	3	5
3	0	3	6	2	5	1	4
4	0	4	1	5	2	6	3
5	0	5	3	1	6	4	2
6	0	6	5	4	3	2	1

問題 12.20 自然数 p を与えたとき，$0, 1, \ldots, p-1$ に対して，それらの数字のみを使った mod p における和と積の表を考える．和の表では各行 (または各列) にこれらの数字が各 1 回ずつ現れることを示せ．また，p が素数ならば，0 の行と列とを除いた $(p-1) \times (p-1)$ の積の表の各行 (または各列) には，$1, 2, \ldots, p-1$

の数字が各 1 回ずつ現れる (すなわち，$1, 2, \ldots, p-1$ の並べ替えになっている) ことを示せ.

上の mod 7 の積の表から $2 \cdot 4 \equiv 3 \cdot 5 \equiv 1 \mod 7$ がわかる．よって

$$1 \cdot 2 \cdot 3 \cdot 4 \cdot 5 \cdot 6 = 1 \cdot (2 \cdot 4) \cdot (3 \cdot 5) \cdot 6 \equiv 1 \cdot 1 \cdot 1 \cdot (-1) = -1 \mod 7$$

というのがウィルソンの定理であった (その証明も参照).

フェルマーの小定理は，素数 7 の場合を考えると

$$a^6 \equiv 1 \mod 7 \qquad (a = 1, 2, \ldots, 6)$$

というものであった．$a^n \equiv 1 \mod 7$ となる最小の自然数 n を求めてみると

a	1	2	3	4	5	6
n	1	3	6	3	6	2

となる．$6^2 \equiv 1 \mod 7$ は $6 \equiv -1 \mod 7$ から，$3^6 \equiv 1 \mod 7$ は $3^3 \equiv -1 \mod 7$ からわかる．このことは，この節で扱うミラー・ラビンの素数判定法と関連している.

定義 12.21 (原始根) 一般に，素数 p および p と互いに素な整数 a に対して $a^q \equiv 1 \mod p$ となる最小の自然数 q を，p を法とする a の**位数**といい，$\mathrm{idx}_p(a)$ と書く．$\mathrm{idx}_p(a) = p-1$ となるとき，a は p を法とする**原始根**であるという[7].

p を素数，a を p の倍数ではない整数とし，$r = \mathrm{idx}_p(a)$ とおく.

$a^n \equiv 1 \mod p$ であったとする．$n = kr + n'$ となる非負整数 k と n' を $0 \leq n' < r$ となるように選ぶと $1 \equiv a^{kr+n'} = (a^r)^k \cdot a^{n'} \equiv a^{n'} \mod p$ であるから $n' = 0$ がわかる．したがって n は $\mathrm{idx}_p(a)$ の倍数である.

フェルマーの小定理から $a^{p-1} \equiv 1 \mod p$ であるから，$\mathrm{idx}_p(a)$ は $p-1$ の約数であることもわかる.

また $1, a, a^2, \ldots, a^{r-1}$ を p で割った余りはすべて異なることに注意しよう.

$$a^k \equiv a^\ell \mod p \text{ かつ } 0 \leq k \leq \ell \leq r-1$$

であったとすると $a^k(a^{\ell-k} - 1) \equiv 0 \mod p$ より，$a^{\ell-k} \equiv 1 \mod p$ がわかり，

---

[7] 原始根が存在することは定理 12.24 で示される.

$\ell = k$ となるからである．特に a が p を法とする原始根ならば，$a^1, a^2, \ldots, a^{p-1}$ を p で割った余りはすべて異なるので，$1, 2, \ldots, p-1$ がすべて 1 回ずつ現れることがわかる．たとえば 3 は 7 を法とする原始根で

$$
\begin{aligned}
&3^1 = 3, && 3^2 \equiv 2 \mod 7, && 3^3 \equiv 6 \mod 7, \\
&3^4 \equiv 4 \mod 7, && 3^5 \equiv 5 \mod 7, && 3^6 \equiv 1 \mod 7.
\end{aligned}
$$

定理 12.22 p は素数，a, b, n は自然数，m は非負整数で a と b は p の倍数でないとする．

i) $a^n \equiv a^m \mod p \implies m \equiv n \mod \mathrm{idx}_p(a)$.

ii) $\mathrm{idx}_p(a)$ と n の最大公約数を N とすると

$$\mathrm{idx}_p(a^n) = \frac{1}{N}\mathrm{idx}_p(a).$$

iii) $\mathrm{idx}_p(a)$ と $\mathrm{idx}_p(b)$ が互いに素であるなら

$$\mathrm{idx}_p(ab) = \mathrm{idx}_p(a) \cdot \mathrm{idx}_p(b)$$

証明. $r = \mathrm{idx}_p(a)$, $s = \mathrm{idx}_p(b)$ おく．

i) $n \geq m$ としてよい．$a^n \equiv a^m \mod p \Rightarrow a^m(a^{n-m} - 1) \equiv 0 \mod p$ であるが，a と p は互いに素なので，$a^{n-m} - 1 \equiv 0 \mod p$ となる．$a^{n-m} \equiv 1 \mod p$ のとき $n - m$ が $\mathrm{idx}_p(a)$ の倍数になることは既に示した．

ii) $kn = \ell r + N$ となる自然数 k, ℓ が存在する．このとき $\left(a^n\right)^q \equiv 1 \mod p$ ならば，$1 \equiv a^{knq} = a^{(\ell r + N)q} \equiv a^{Nq} \mod p$. よって Nq は r の倍数，すなわち q は $\frac{r}{N}$ の倍数となる．一方，$\left(a^n\right)^{\frac{r}{N}} = a^{\frac{nr}{N}} = \left(a^r\right)^{\frac{n}{N}} \equiv 1 \mod p$ であるから ii) がわかる．

iii) $(ab)^q \equiv 1 \mod p$ とする．$1 \equiv (ab)^{qs} \equiv a^{qs} \mod p$ であるから qs は r の倍数である．一方 r と s は互いに素であるから，q は r の倍数．同様に q は s の倍数でもあるので，q は rs の倍数．一方 $(ab)^{rs} = (a^r)^s \cdot (b^s)^r \equiv 1 \mod p$. よって iii) が成り立つ． □

原始根の存在を示すため，まず次の定理を示す．

定理 12.23 p を素数，$f(x) = a_n x^n + a_{n-1}x^{n-1} + \cdots + a_0$ を整数係数の n 次多項式とする．$X_p = \{0, 1, \ldots, p-1\}$ とおくと，$a_n \not\equiv 0 \mod p$ ならば

$$\#\{x \in X_p \mid f(x) \equiv 0 \mod p\} \leq n.$$

証明. $n=1$ とする．$a_1 \not\equiv 0 \mod p$ なので，$ba_1 \equiv 1 \mod p$ となる整数 b が存在し，$a_1x+a_0 \equiv 0 \mod p$ ならば $a_1(x+ba_0) \equiv 0 \mod p$ なので $x+ba_0 \equiv 0 \mod p$，すなわち $x \equiv -ba_0 \mod p$ となるので定理が成り立つ．

$n=k$ のとき成り立っているとして $n=k+1$ のときを考える．$f(c) \equiv 0 \mod p$ となる $c \in X_p$ が存在する場合を考えればよい．このとき $f(x)$ の $x-c$ による割り算を行って

$$\begin{aligned} f(x) &= a_{k+1}x^{k+1} + \cdots + a_0 = (x-c)g(x) + d, \\ g(x) &= a'_kx^k + a'_{k-1}x^{k-1} + \cdots + a'_0, \quad a'_k = a_{k+1} \end{aligned}$$

と表せる．$g(x)$ は整数係数の多項式で，d も整数となる．$f(c) \equiv 0 \mod p$ であるから，$d \equiv 0 \mod p$ となる．よって，$x \in X_p$ に対して

$$f(x) \equiv 0 \mod p \iff x \equiv c \mod p \text{ または } g(x) \equiv 0 \mod p.$$

$g(x)$ は k 次多項式なので帰納法の仮定が使え，帰納法により定理がわかる． □

定理 12.24 任意の素数 p に対し，p を法とする原始根が存在する．1 以上で p 未満の原始根の個数は $p-1$ と互いに素な $p-1$ 以下の自然数の個数，すなわち**オイラー関数**の値 $\varphi(p-1)$(cf. 問題 15.6) に等しい．

証明. 定理 12.23 の記号を用いる．$p>2$ としてよい．p を法とする位数が最も大きくなる X_p の元を a とし，$r = \mathrm{idx}_p(a)$ とおく．

$r < p-1$ であったと仮定する．定理 12.23 より $\#\{x \in X_p \mid x^r - 1 \equiv 0 \mod p\} \leq r < \#X_p$ であるから $b^r \not\equiv 1 \mod p$ となる $b \in X_p$ が存在する．$s = \mathrm{idx}_p(b)$ とおくと，s は r の約数ではない．

rs の約数となる素数を $p_1, \ldots, p_k$ とし，素因数分解 $r = p_1^{n_1} \cdots p_k^{n_k}$, $s = p_1^{m_1} \cdots p_k^{m_k}$ を考える．さらに $r' = \prod_{n_i \geq m_i} p_i^{n_i}$, $s' = \prod_{m_i > n_i} p_i^{m_i}$ とおくと，r' と s' は互いに素で，$r's'$ は r と s の最小公倍数となり，$r's' > r$ を満たす．

$a' = a^{\frac{r}{r'}}$, $b' = b^{\frac{s}{s'}}$ とおくと，p を法とする位数はそれぞれ r', s' となり，$a'b'$ の位数は $r's'$ となることが定理 12.22 からわかる．r は位数の最大値であったからこれは矛盾である．

よって $r = p-1$ であることがわかる．

a を原始根とすると，$a^1, a^2, \ldots, a^{p-1}$ を p で割った余りはすべて互いに異な

り，1 から $p-1$ までの自然数がすべて現れるので，その中で位数が $p-1$ のものが定理に述べた原始根に対応する．定理 12.22 ii) より，a^r の位数が $p-1$ となる必要十分条件は，$p-1$ と r が互いに素であることがわかる． □

原始根はたくさんあるので，小さな数で原始根が見つかることが多い．素数を 3 から小さい順に調べて，最小原始根がそれまでに現れたどの最小原始根より大きくなるものを調べると，以下のようになる．

素数 p と最小原始根 ζ

p	ζ	p	ζ	p	ζ	p	ζ
3	2	409	21	110881	69	45024841	111
7	3	2161	23	760321	73	90441961	113
23	5	5881	31	5109721	94	184254841	127
41	6	36721	37	17551561	97	324013369	137
71	7	55441	38	29418841	101	831143041	151
191	19	71761	44	33358081	107	1685283601	164

上の表の次に $(p,\zeta)=(6064561441,179),(7111268641,194)$ の 2 つが 100 億 $=10^{10}$ 以下で現れる．

$p_0=2, p_1=3, p_2=5, p_3=7,\ldots$ と素数を順に並べ（p_n は n 番目の奇素数），p_n の最小原始根を ζ_n とおく．$\zeta_n=\zeta$ となる n がどのくらいあるかを表にすると，以下のようになる[8]．

最小原始根 ζ をもつ素数の個数

$n\backslash\zeta$	2	3	5	6	7
$\leq 10^4$	3750	2300	1432	566	696
$\leq 10^5$	37470	22643	13910	5568	6962
$\leq 10^6$	374024	226709	139057	56124	68782
$\leq 10^7$	3739851	2265700	1390701	559371	687706
$\leq 10^8$	37395252	22661138	13906491	5587265	6871217

[8] アルティン予想は $\zeta=2,3,5$ などのとき $\lim_{n\to\infty}\dfrac{\#\{k \mid \zeta\text{が } p_k \text{ の原始根，} 1\leq k\leq n\}}{n}=\prod_{n=0}^{\infty}\dfrac{1}{1-\frac{1}{p_n(p_n-1)}}=0.3739558136\cdots$ となることを主張するが，未解決であり，2 を原始根とする素数が無限にあるかどうかもわかっていない．

なお $p_{10^8} = 2038074761$.

原始根を用いて，以下の定理が得られる．

定理 12.25 (平方剰余) p を奇素数[9)]，ζ を p を法とした原始根とすると，整数 a について以下の条件 (a は p を法とする**平方剰余**であるという) は同値[10)].

(1) 整数 x についての合同式 $x^2 \equiv a \mod p$ は解をもつ．

(2) a は p を法として $0, 1, \zeta^2, \zeta^4, \ldots, \zeta^{2p-4}$ のいずれかに等しい．

(3) **オイラーの基準：** $a^{\frac{p-1}{2}} \equiv 0$ または $1 \mod p$.

証明. p を法として，自然数は $0, 1, \zeta, \zeta^2, \ldots, \zeta^{p-2}$ のいずれかに等しい．$\zeta^{p-1} \equiv 1 \mod p$ であるので，自然数の平方は p を法として $0, 1, \zeta^2, \zeta^4 \ldots, \zeta^{2p-4}$ のいずれかであることに注意すれば (1) と (2) が同値であることがわかる．

$0 \equiv \zeta^{p-1} - 1 = (\zeta^{\frac{p-1}{2}} - 1)(\zeta^{\frac{p-1}{2}} + 1)$ であって $\zeta^{\frac{p-1}{2}} \not\equiv 1 \mod p$ であるから，$\zeta^{\frac{p-1}{2}} \equiv -1 \mod p$ がわかる．よって自然数 m が奇数であるとき，またそのときに限って $\left(\zeta^m\right)^{\frac{p-1}{2}} = \left(\zeta^{\frac{p-1}{2}}\right)^m \equiv -1 \mod p$ となる．よって (3) との同値性もわかる． □

問題 12.26 $\#\{x \in \{0, 1, 2, \ldots, p-1\} \mid x^2 \equiv a \mod p\} > 2$ を満たす互いに素な自然数 a と p の例を挙げよ．

問題 12.27 (平方剰余の相互法則の第一補充法則) p を奇素数とするとき，$n^2 + 1$ が p で割り切れるような整数 n が存在するため必要十分条件は $p \equiv 1 \mod 4$ であることを示せ．

問題 12.28 $a^{p-1} \equiv 1 \mod p$ というフェルマーの小定理を $p = 17$, $a = 2, 3, 5, 7, 11, 13$ について計算によって確かめよ．

問題 12.29 素数 3, 5, 7, 11, 13, 17 を法とする原始根をそれぞれすべて求め，それぞれ最小の正の原始根について，対応する素数を法としたべきの表を作れ．

問題 12.30 前出の問題 6.3 を mod 13 による計算を使って示せ．

---

9) 奇数の素数，すなわち 3 以上の素数のこと．

10) ここで $a^{\frac{p-1}{2}} \equiv 0, 1, -1 \mod p$ の 3 通りあるが，それぞれに応じて $\left(\frac{a}{p}\right) = 0, 1, -1$ と書く．これをルジャンドルの**平方剰余記号**という．

問題 12.31　i)　$4x \equiv 5 \mod 11$ かつ $5x \equiv 6 \mod 13$ を満たす整数 x をすべて求めよ.

ii)　$6x + 15y + 20z = 7$ を満たす整数の組 (x, y, z) を一つ求めよ.

問題 12.32　自然数 a と (素数とは限らない) 自然数 p が互いに素ならば

$$a^{\varphi(p)} \equiv 1 \mod p$$

であることを示せ. ここで $\varphi(p)$ は p と互いに素な p 以下の自然数の個数 (**オイラー関数**という). なお, この結果もオイラーによる. (ヒント：p と互いに素な p 以下の自然数をすべて掛け合わせたものと $a^{\varphi(p)}$ の積を考え, 定理 12.15 の証明の 2 つめ ii) にならうとよい).

問題 12.33　奇素数 p と自然数 a と n が与えられていて, n と $p-1$ とは互いに素とする. このとき合同方程式

$$x^n \equiv a \mod p$$

は必ず整数解をもつことを示せ.

問題 12.34　奇素数 p と p で割り切れない自然数 a が与えられたとする. 合同式 $x^n \equiv a \mod p$ が整数解をもつための必要十分条件は, n と $p-1$ の最大公約数を d とおいたとき, 以下が成り立つことである

$$a^{\frac{p-1}{d}} \equiv 1 \mod p.$$

問題 12.35　a, b, c は整数, p は奇素数で $a \not\equiv 0 \mod p$ を満たすとする. 2 次の合同方程式

$$ax^2 + bx + c \equiv 0 \mod p$$

が解をもつための必要十分条件は, $D = b^2 - 4ac$ とおいたとき D が平方剰余であることで, このとき $d^2 \equiv D \mod p$ となる整数 d の一つを $\sqrt{D}$ とおくと, 上の方程式の解は

$$x \equiv \frac{p+1}{2} a^*(-b \pm \sqrt{D}) \mod p$$

となる. ただし a^* は $aa^* \equiv 1 \mod p$ を満たす整数とする.

12.3 素数判定

mod の記号を用いると，たとえば

$$
\begin{aligned}
7^2 &= 49 \equiv 5 \mod 11,\\
7^4 &= (7^2)^2 \equiv 5^2 = 25 \equiv 3 \mod 11,\\
7^8 &= (7^4)^2 \equiv 3^2 = 9 \mod 11,\\
7^{16} &= (7^8)^2 \equiv 9^2 = 81 \equiv 4 \mod 11,\\
7^{32} &= (7^{16})^2 \equiv 4^2 = 16 \equiv 5 \mod 11,\\
7^{10} &= 7^{8+2} \equiv 9 \cdot 5 = 45 \equiv 1 \mod 11,\\
7^{49} &= 7^{32+16+1} \equiv 5 \cdot 4 \cdot 7 = 20 \cdot 7 \equiv 9 \cdot 7 = 63 \equiv 8 \mod 11
\end{aligned}
$$

といった具合に計算できるので，フェルマーテストで現れる「大きな数 q に対して a^q を n で割った余りを求める」計算には有効である．最後から 2 行目はフェルマーの小定理に対応している．最後の例でも 7^{49} を実際に計算する必要はない[11)]．

上の例からわかるように，大きな数 q に対して $a^q \mod n$ を計算するには $a \mod n$, $a^2 \mod n$, $a^4 \mod n$, $a^8 \mod n, \ldots$ というように $a^{(2^k)} \mod n$ を $k = 0, 1, 2, 3, \ldots$ と $2^k \leq q$ に対して計算しておき，それらのいくつかの積を計算すればよい．

このためには q を 2 進法で表しておけば都合がよい．q が 2 進法で m 桁ならば，$k = 0, \ldots, m-1$ まで n を法として $a^{(2^k)}$ を計算し，そのあとの積は 2 進法の表記に現れる 1 に応じた $a^{(2^k)}$ の積を n を法として計算すればよい．全体では a を n で割った余りの計算の他に，n 未満の自然数 2 つの積を n で割った余りの計算を，高々 $2(m-1)$ 回行えばよい．上の例では $49 = 2^5 + 2^4 + 2^0$ なので 2 進法では 110001 となっていることに注意しよう．

前に示した (12.2) から，10 進法で 3ℓ 桁以下の数 q は $10^{3\ell}$ より小さいので，2 進法では 10ℓ 桁以下となる．よって $a^q \mod n$ の上記の計算で必要な 2 つの数の積の計算の回数は，高々 $20\ell - 2$ 回以下である．たとえば，$a^{1000000} \mod n$ で必要な積の計算回数は，38 回以下となる．桁が大きくてもコンピュータにとってはやさしい計算回数となる (q が 300 桁でも 2000 回未満)．

大きな自然数 p に対して p が素数かどうかを知りたいとしよう．たとえば，フェ

---

11) この例では，フェルマーの小定理から $7^{10} \equiv 1 \mod 11$ がわかるので $7^{49} = (7^{10})^4 \cdot 7^8 \cdot 7 \equiv 1 \cdot 9 \cdot 7 = 63 \equiv 8 \mod 11$ と計算できる．

ルマーテストで $2^{p-1} \equiv 1 \mod p$ を確かめる．これが成り立たなければ p は合成数であるが，成り立っても素数である保証はない．さらに別の p 以下の素数 a を使ったフェルマーテストで $a^{p-1} \equiv 1 \mod p$ が確かめられても，素数である可能性は高くなるであろうが，同様である．

n が合成数で素数 a がその約数であったとすると，n は a を底とするフェルマーテストにはパスしない．合成数であるが，その約数以外のすべての底に対してフェルマーの判定法では，偽素数と判断されてしまう数があり，その数を**カーマイケル数**，あるいは**絶対偽素数**という．

カーマイケル数を小さい方から並べると

$$561, 1105, 1729, 2465, 2821, 6601, 8911, 10585, 15841, 29341, \ldots$$

となり，無数にあることが知られている．

しかしながら，十分大きな数，たとえば桁数が何百というような数に対し，それが素数かどうか，コンピュータを用いて，即座に，ほぼ確実に判断したい．すなわち，たとえば数個の底を用いてほぼ確実に判断したい，というときにフェルマーテストをより精密化した，以下に述べるミラー・ラビン法が有効である．

p は奇数としてよいので，$p-1=2q$ とおける．このとき

$$a^{p-1}-1=(a^q)(a^q)-1=(a^q-1)(a^q+1)$$

となるので，もし p が素数なら $a^{p-1}-1$ が p で割り切れるのみならず，a^q-1 または a^q+1 が p で割り切れなければならない．$a^{p-1}=a^{2q}$ であるので，これは確かめやすい条件である．もし q が偶数で $a^q \equiv 1 \mod p$ ならば，同様に $a^{\frac{q}{2}}-1$ または $a^{\frac{q}{2}}+1$ が p で割り切れなくてはならない．これを進めていくと，ミラー・ラビンの素数判定法が得られる．

ミラー・ラビンの素数判定法

素数かどうかを判定したい自然数 p を

$$p-1=2^m q$$

と表しておく．ただし，p, q は奇数とする．a を p 未満の素数とする．

$$(a^q)^{2^j} \equiv 1 \text{ または } -1 \mod p$$

を $j=0,1,\ldots,m-1$ に対して順に確かめ，成立する j があればそこで打ち切

る．そのときの上の値が -1 であるか，あるいは $j=0$ であるならば，p は底 a を用いたミラー・ラビンの素数判定法にパスしたという．この素数判定にパスしないなら，p は合成数であることがわかる．なお，a, p が自然数のとき $a \equiv -1 \mod p$ は，a を p で割った余りが $p-1$ ということと同じである．底 a に対するミラー・ラビンによる素数判定法で合成数と判断できなかった合成数は，底 a に対する**強偽素数**という．

注意 12.36 ミラー・ラビン素数判定法はとても優秀で，$2, 3, 5, 7$ を底とする強偽素数，すなわち $2, 3, 5, 7$ のいずれの底でも強偽素数と判断される数は，$25000000000 = 250$ 億以下にはただ一つ $3215031751 = 151 \cdot 751 \cdot 28351$ しか存在しないことが知られている[12]．

以下にミラー・ラビン素数判定のプログラムを載せる．

`nthmodp(x,n,p)` は，自然数 x, n, p に対して x^n を p で割った余りを求める関数，また `rabin(x,p)` は x を底とするミラー・ラビンの素数判定法で自然数 p が素数かどうかを判定する関数で，合成数と判定されれば 0，そうでなければ 1 を返す．

以下のプログラムでは，自然数 m と t と n とを与えて，m 以上の素数を小さい順に t 個求める．ミラー・ラビンの素数判定の底に使う底の素数は，$2, 3, 5, 7, 11, \ldots$ から小さい順に n 個使う．素数の 2 で判定できなかった場合は，その数と何番目の底で判定できたかも表示する．

プログラム最初の `OPTION ARITHMETIC RATIONAL` で桁数の制限をなくしている．次節の RSA 暗号では，100 桁以上の素数が実際に使われる．

```
! ミラー・ラビン素数判定
OPTION ARITHMETIC RATIONAL
DECLARE EXTERNAL FUNCTION NTHMODP
DECLARE EXTERNAL FUNCTION RABIN
DATA 2,3,5,7,11,13,17,19,23,29,31,37,41,43,53,59
DATA 61,67,71,73,83,89,97

INPUT PROMPT "テストする最小の自然数: ":m
```

---

[12] 4759123140 以下ならば，$2, 7, 61$ の底のテストで十分であり，341550071728320 以下ならば，$2, 3, 5, 7, 11, 13, 17$ の底のテストで十分となることがわかっている．

```
INPUT PROMPT "求めたい素数の個数     : ":t
INPUT PROMPT "テストに用いる底の個数: ":n
DIM pr(0 TO n-1)
IF MOD(m,2)=0 THEN LET m = m + 1
FOR i = 0 TO n-1
   READ pr(i)
NEXT i

IF m < 3 THEN
   PRINT 2;
   LET m = 3
   LET t = t-1
END IF
IF MOD(m,2)=0 THEN LET m = m + 1

FOR k = 1 TO t
   DO
      FOR i = 0 TO n-1
         IF pr(i) < m AND rabin(pr(i),m) = 0 THEN EXIT FOR
      NEXT i
      IF i = n THEN
         PRINT m;
         LET m = m + 2
         EXIT DO
      ELSE
         IF i > 0 THEN PRINT "(";i;m;")";
         LET m = m + 2
      END IF
   LOOP
NEXT k
END

! x を底とする p のミラー・ラビン素数判定
EXTERNAL FUNCTION RABIN(x,p)
OPTION ARITHMETIC RATIONAL
let m = 0
let q = p-1
DO
```

```
   LET w = MOD(q,2)
   IF w <> 0 THEN EXIT DO
   LET m = m + 1
   LET q = q/2
LOOP
LET n = m
!    p-1 = 2^n*q
LET z = nthmodp(x,q,p)
DO WHILE m > 0
   IF z = 1 OR z = p-1 THEN EXIT DO
   LET m = m-1
   LET z = MOD(z*z, p)
LOOP
LET rabin = 1
IF m < n AND (m = 0 or z = 1) THEN LET rabin = 0
END FUNCTION

! x^n を p で割った余りを計算する
EXTERNAL FUNCTION NTHMODP(x,n,p)
OPTION ARITHMETIC RATIONAL
LET z = 1
DO
   LET w = MOD(n,2)
   IF w = 1 THEN LET z = MOD(z*x,p)
   LET n = (n-w)/2
   IF n <= 0 THEN EXIT DO
   LET x = MOD(x*x,p)
LOOP
LET nthmodp = z
END FUNCTION
```

上のプログラムにおける READ は，DATA で与えたデータを順に読んで変数に入れる．また，x^n を p で割った余りを与える外部関数 NTHMODP(x,n,p) と，底を p として x に対するミラー・ラビンの素数判定を行う外部関数 RABIN(x,p) を定義して用いている．後者では，合成数と判断されれば 0 を，そうでなければ 1 を返す．

以下は実行例で，10^{25} 以上の素数を小さい方から 2 個求めた．判定には底と

して $2,3,5,7,11$ を用いたが，2 のみで十分であったことを示している．また，$2,3,5,7$ に対する強偽素数 3215031751 の場合の実行例も挙げた．

```
テストする最小の自然数: 1000000000000000000000000
求めたい素数の個数    : 2
テストに用いる底の個数: 5
 1000000000000000000000013   1000000000000000000000223

テストする最小の自然数: 3215031700
求めたい素数の個数    : 3
テストに用いる底の個数: 5
 3215031733   3215031749 ( 4   3215031751 ) 3215031767
```

このプログラムで 100 桁の素数を小さい方から順に求めると

$$10^{99}+289,\ 10^{99}+303,\ 10^{99}+711,\ 10^{99}+1287,\ 10^{99}+2191,\ldots$$

が得られる．1000 桁では小さい方から

$$10^{999}+7,\ 10^{999}+663,\ 10^{999}+2121,\ 10^{999}+2593,\ 10^{999}+3561,\ldots$$

が得られる．桁が大きいので，結果の入出力をわかりやすくするため，プログラムの m の入力の部分を

```
INPUT PROMPT "テストする桁数は: ":m
LET mo = 10^(m-1)
let m = mo
```

に，また PRINT m を PRINT m-mo に変更するとよい．

12.4 共通鍵暗号と公開鍵暗号

暗号とは数字や文を適当な方法で別の数字や文字列に変換してしまい，変換されたものから元が読み取れないようにするものである．たとえば，ある人 A が別の人 B に文を送るときに，元の文 (**平文**という) を暗号化して送る，すなわち暗号文にして送ることによって，それが第三者に見られても元の文がわからないようにしたい，というような用途に使われる．ネットワークを通じてのクレジットカードの取引で，パスワードや暗証番号を送るような場合も暗号化が必要である．

たとえば

I accept it.

という平文を暗号文にすることを考えてみよう．

元の文で使われる文字は，文字のコード表

上\下	0	1	2	3	4	5	6	7	8	9	A	B	C	D	E	F
20		!	"	#	$	%	&	’	(	)	*	+	,	-	.	/
30	0	1	2	3	4	5	6	7	8	9	:	;	<	=	>	?
40	@	A	B	C	D	E	F	G	H	I	J	K	L	M	N	O
50	P	Q	R	S	T	U	V	W	X	Y	Z	[	\	]	^	_
60		a	b	c	d	e	f	g	h	i	j	k	l	m	n	o
70	p	q	r	s	t	u	v	w	x	y	z	{	|	}	‾	

にあるとしよう．この表は ASCII とよばれる最も基本的な文字コード表で，アルファベットなどの文字に標準的に順に 32 から 127 までの番号 (文字コード) が割り振られている．文字コードは通常 16 進法で書かれ，10 進法の $10, \ldots, 15$ の数字は A,...,F または a,...,f で表して，16 進数の桁一つが一つの文字となるようにする．そのようにすると 10 進法の 32 から 127 は，16 進法で 20 から 7F までとなる．16 進法の数字であることを明記するため，20H, 7FH と表記することもある．コンピュータでは基本的に 2 進法が用いられ，すべてのデータが 0 と 1 の並びで表される．それを 4 桁ずつ区切ると 16 進数との変換が見やすい．20H と 7FH は，2 進法では 100000, 1111111 となる． 20H は ASCII コード表では「空白」を表す．文字「a」のコードは 61H であるがその前の 60H や 7F は通常使われないので，$(127-31)-2=94$ 種類の文字で文章ができているとする．

「I accept it.」は，16 進の文字コードに変換すると

49, 20, 61, 63, 63, 65, 70, 74, 20, 69, 74, 2E

となる．使われる文字 94 種にはコード順に 0 から 93 の番号をつける．たとえば「番号 n の文字を番号 $n+3 \mod 94$ の文字に置き換える」というのも一つの暗号化である[13)]．そうすると，暗号文は

---

13) アルファベット 26 文字のみが使われる平文に対して，アルファベット順に文字に 0 から 25 までの番号をつけて，番号 n の文字を番号 $n+13 \mod 26$ の文字に置き換える，という暗号化が使われたことがあった．これは暗号化と復元とが同じ操作となる．

L#dffhsw#lw1

となって，内容がわからなくなる．ただ，このような単純な方法では，たとえ時々コードをずらす数 3 を変えたとしても，第三者に解読される可能性は高いと考えられる．

94 文字から 94 文字の変換表を作って A と B とで持っていればどうであろうか？ 94! 通りの変換表の可能性があるので，暗号を破るのは難しそうに思える．しかしその場合でも，何度も文のやりとりがあったり，長大な文ならば，出現文字数や可能性の多い文字の並びなどから，変換表が推測される恐れがある．

一方，文字コードのずらしを，A と B の両者のみがわかる方法で先頭文字から順に不規則に変えていけば解読は困難になるであろう．それには**疑似乱数**を使うことができる．たとえば，疑似乱数を作るには簡単な**線形合同法**[14)]がある．実際に使われているある例

$$
\begin{aligned}
&b_{n+1} \equiv b_n \times 214013 + 2531011 \mod 2^{31} \quad (0 \le b_n < 2^{31}) \\
&a_{n+1} = [b_n/2^{15}]
\end{aligned}
\tag{12.11}
$$

では，疑似乱数生成の**種**にあたる b_0 を定めると，$a_1, a_2, \ldots$ が 0 から $2^{15} - 1 = 32767$ までの整数の値をとる疑似乱数の列が生成され，それの周期は 2^{31} という大きな数であることがわかっている．A と B のみが種 b_0 を知っているとして，平文の n 文字目の文字のコードを $a_n \mod 94$ だけずらすことにすれば，第三者による暗号文解読は困難であろう．

文字コード変換表を使う暗号化や上の乱数を使う暗号化は文字コードの変換表や疑似乱数発生の種の b_0 が A と B 以外に知られないようにしなければならない．これらは暗号における**秘密鍵**あるいは**共通鍵**とよばれるものにあたる．安全性を高めるには，暗号文毎に共通鍵を変更する，などの配慮が必要であろう．

このような共通鍵暗号はいくらでも解読困難な方法が作れるが，送り手 A と受け手 B とで共有しなければならない暗号化の方法と共通鍵とが漏れる危険があ

---

14)線形合同法はコンピュータでの疑似乱数発生に広く用いられているが，乱数として扱うには問題点が多いので注意する必要がある．たとえば，元々は b_n を乱数列としていたが，そうすると偶奇が交互に現れるなどの性質があり，ある種の周期性が生じる．上記では上位のビットを選ぶことにより (すなわち $[b_n/2^{15}]$ として)，周期性の影響を少なくしている．1996〜1998 年に開発された松本眞と西村拓士によるメルセンヌ・ツイスター法はよりよい疑似乱数を生成でき，十進 BASIC でも用いられている．

る．たとえば，インターネットの通信販売の店からある品物を購入するため，クレジットカードの番号などの情報を送る場合を考えてみよう．通信販売の店にとって，購入者は不特定多数の中にいる初めての顧客の可能性があり，また必要な通信を暗号化するための共通鍵の転送が傍受されてしまう危険がある．

このような用途に有効な方法が**公開鍵**暗号である．それは暗号化に必要な鍵とその解読に必要な鍵とが異なっている暗号化の方法である．暗号化の方法と暗号化するための鍵とがわかれば，解読が可能なようであるが，解読のための鍵 (秘密鍵) を知らなければ，膨大な計算量になって現実的には解読不可能，という暗号化が現在広く用いられている暗号である．先の通信販売の例では，販売店は暗号化の方法と暗号化のための鍵は公開し，それを使った暗号文を購入者が販売店に送るとするなら，その内容が漏れても，解読できるのは秘密鍵を持っている販売店のみ，ということになる．このとき，暗号化のためのキーは**公開鍵**という．

これは大きな数に対し，それが素数かどうかのチェックや素数を法とする演算に比べて，合成数であった場合の素因数分解が困難なことを用いる．実用上は 100 桁以上の数を用いる．

エラトステネスの篩（ふるい）の操作からわかるように，自然数の中での素数の密度は，数が大きくなるほど薄くなっていくことがわかる．**素数定理**[15)]によると，n 番目の素数を p_n とするならば

$$\lim_{n\to\infty} \frac{p_n}{n\log n} = 1 \tag{12.12}$$

となることが知られている．10 進法での桁 k が大きくなると大体 $2.3k$ 個に一つ程度の素数が存在することが，この素数定理から得られる[16)]．奇数のみ調べれば，大体 k 個につき 1 つあるということになる．

RSA 暗号[17)]．たとえば，ミラー・ラビンの素数判定法で 10^{100} と 2×10^{100} の間の 2 つの異なる素数 p と q とを選び，$r=pq$, $s=(p-1)(q-1)$ とおく．s と素な 10^{200} 以下の数を一つとり，それを t とする．またユークリッドの互除法で

$$dt \equiv 1 \mod s$$

---

15) 1896 年にド・ラ・ヴァレー・プーサンとジャック・アダマールがそれぞれ独立に証明した．

16) $\log 10 = 2.30259$ に注意．

17) 1977 年に Rivest, Shamir, Adleman によって開発された．2000 年 9 月に特許が切れ，以降誰でも使えるようになった．

となる自然数 d を求めておく．すなわち $dt - ks = 1$ という自然数 k がある．

r より小さな自然数 n の暗号化 $\phi(n)$ は r 未満の自然数で

$$\phi(n) \equiv n^t \mod r \tag{12.13}$$

により定める．

n を p 未満の正整数とする．フェルマーの小定理より，$n^{p-1} \equiv 1 \mod p$ となって $n^s - 1 \equiv 0 \mod p$ がわかり，同様に $n^s - 1 \equiv 0 \mod q$ となり，

$$n^s \equiv 1 \mod r$$

を得る．よって

$$\phi(n)^d \equiv \left(n^t\right)^d = n^{dt} = n^{1+ks} \equiv n \mod r \tag{12.14}$$

となるので，$\phi(n)^d \mod r$ を計算することにより n が復元できる．

(1) 受け手 B は，r と t を公開鍵として A に知らせる．
(2) A は暗号化関数 (12.13) の ϕ を使って，平文を暗号文に変換して B に送る．
(3) B は解読法，すなわち ϕ の逆関数 (12.14) がわかるので暗号文を平文に戻すことができる．

使われる文字のコードが 10^4 以下の正整数ならば，50 文字が 10^{200} 以下の一つの正整数に変換されるので，50 文字毎に区切って対応する数字を ϕ で変換し，再び文字に戻す，というような方法で暗号化できる．文字数が平文より増える可能性があるが問題ない．実際は，コンピュータ内部のデータは 0 か 1 が並んでいるものなので，文字と数字などの区別はなく，データをどのように読むかで，数字や文字に対応している．

受け手 B は，p, q, s, d などのデータは自分だけのものとし，他に漏らさない．公開鍵の合成数 r を $r = pq$ と素因数分解することは，現在のコンピュータでは不可能といってよいくらいに p, q の桁数を大きくとっておく[18)]．「r から素因数分解 $r = pq$ を得ることができないと，s や d を得ることも不可能といってよいので，暗号化の原理と暗号化に必要な r, t と暗号文を知っても，もとの平文を得る

[18)] 200 桁の数 r を pq と分解するために単純に 100 桁以下の奇数で順に割って確かめるとすると，10^{99} 回以上かかる．1 秒間に 1 兆 $= 10^{12}$ 回確かめられたとしても，10^{87} 秒かかり，それは 10^{79} 年以上である．

ことができない」という原理に基づいている.

共通鍵暗号の方が平文への解読が容易に行えるので，公開鍵暗号との併用が便利である．たとえば疑似乱数を使う共通鍵暗号で暗号文を送る前に公開鍵暗号で疑似乱数の種の数字を送る，などとすればよい.

12.5 鳩の巣原理と無理数

m_0 と m_1 が互いに素な 2 以上の整数としよう．$0 \leq m < m_0$ を満たす任意の整数 m に対して

$$m = k_0 m_0 + k_1 m_1$$

を満たす整数 k_0 と k_1 が存在すること，および，そのような整数 k_0 と k_1 は $0 \leq k_1 < m_0$ の範囲でただ一つ存在することが今までの考察でわかった.

問題 12.3 を再度考えてみよう．m_1 リットルの容器 A_1 で k_1 回汲み入れ，m_0 リットルの容器 A_0 で k_0 回汲み出せば m リットルの水が得られる.

m リットルの水をこのような手順で得られることがわかっているので，答の k_1 を知らなくても A_1 で汲み入れ，水の容量が m_0 リットル以上になったときに A_0 で汲み出す，ということを続けていれば，いつかは，ただし A_1 での汲み入れが m_0 回に達するより以前には，m リットルの水が得られるということになる．m リットルに最初に達したときを逃すと，次に m リットルを得るには，さらに A_1 での汲み入れが m_0 回，A_0 での汲み出しが m_1 回必要となる.

A_1 での汲み入れが k 回に達し，A_0 の汲み出しも終了した時点で a_k リットルの容量が得られているとしよう．a_k は km_1 を m_0 で割った余りとなる．すなわち

$$km_1 = \ell m_0 + a_k \qquad (0 \leq a_k < m_0)$$

を満たす正整数 ℓ がある．$a_{k+m_0} = a_k$ となるので，以前の議論をいったん忘れて $a_0, \ldots, a_{m_0-1}$ を調べてみる.

$a_k = a_{k'}$ かつ $0 \leq k \leq k' \leq m_0 - 1$ としよう．$k'm_1 = \ell' m_0 + a_{k'}$ と表せるので，$(k'-k)m_1 = (\ell' - \ell)m_0$ となる．一方 m_0 と m_1 は互いに素であるから $k'-k$ は m_0 の倍数でなければならず，これは $k' = k$ を意味する.

よって m_0 個の $a_0, \ldots, a_{m_0-1}$ はすべて異なっている．$0 \leq m \leq m_0 - 1$ となる整数 m を選んだとき，これらのうちのどれかが m に等しくなることは次の鳩の

巣原理からわかる．すなわち m_0 個の $a_0, \ldots, a_{m_0-1}$ が m 以外の 0 から $m_0 - 1$ までの整数ならば，どれか 2 つが同じ数になる，ということになる．

よって m に等しい a_k が存在しなくてはならないことがわかる．ユークリッドの互除法は，この k を具体的に計算する効率のよい方法を与えていることになる．

命題 12.37 (鳩の巣原理[19]) n 人が m 種類のものの中から各人一種類ずつ選ぶとする．$n > m$ ならば同じものを選ぶ人が出てくる．

鳩が n 羽いて m 個の巣に入るとき，$n > m$ なら鳩が 2 羽以上入る巣がある，という原理である．

今までの議論から m_0 と m_1 が有理数のときは，それらの容量の容器を使って，どのような容量が作り出せるかわかった[20]．

たとえば $m_0 = 1$，$m_1 = \sqrt{2}$ のときどうなるかを考察しよう．まず $\sqrt{2}$ が有理数でないことは以下の議論からわかる．

注意 12.38 ($\sqrt{2}$ が有理数でないことの証明) $\sqrt{2} = \frac{p}{q}$ となる正整数 p と q の例があったとしよう．すなわち

$$p^2 = 2q^2$$

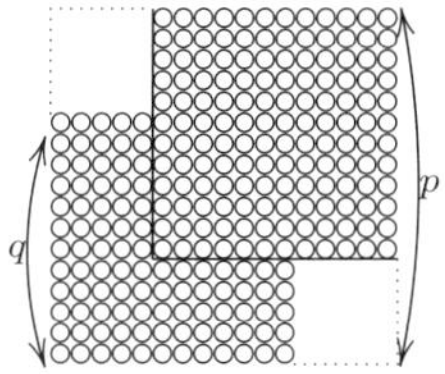

となる正整数 p と q が存在するということである．この関係が成り立つ最も小さな正整数 p と q を選んで考えてみる．

辺が q 個となる正方形状に碁石を並べたもの 2 つをくずして並べ替えると，正方形が 1 つできるということになる．$p^2 = 2q^2$ 個の碁石を用意して，$p \times p$ 個の碁石がちょうど置ける大きな碁盤の目の上に並べてみる．左下隅と右上隅に一辺が q の正方形の形に置くと上図のようになり，中央の正方形の部分が重なる．重なった碁石を左上と右下の空いた正方形の部分に移せば，全体を敷き詰めることができる．すなわち，中央の重なった正方形の部分の個数が左上の空きの正方形

[19] ディリクレの部屋割り原理ともいう．

[20] 分数ならば分母を払って考えればよい．

に置ける個数の 2 倍になる．新たな例が見つかり，これは $2q^2 = p^2$ となる正整数 p と q の中で，p を最小になるように選んでいたことに反する．

容量 m_1 の容器 A_1 で汲み入れ，容量 m_0 の容器 A_0 での汲み出しと汲み入れを考える．ある容量が得られれば A_0 を使ってそれと整数差の容量は達成可能なので，0 と 1 の間のどのような容量 m が達成可能か，が問題となる．

$m = \frac{1}{2}$ は達成不可能である．実際，もし達成できたとすると $\frac{1}{2} = k_0 + k_1\sqrt{2}$ となるが，これは $\sqrt{2} = \frac{1-2k_0}{2k_1}$ を意味して $\sqrt{2}$ が有理数でないことに反する．

しかしながら，0.5 にいくらでも近い値にできることがいえる．たとえば，整数 k_0 と k_1 をうまく選べば $k_0 + k_1\sqrt{2}$ を 0.4999 以上で 0.5001 以下にできる．ということである．実際に証明する前に，コンピュータのプログラムで確かめてみる．

誤差	0.01	0.001	0.0001	0.00001	0.000001	0.0000001
k_1	35	204	1189	40391	235416	1372105
値	0.4975	0.49957	0.499926	0.4999978	0.499999626	0.499999942

```
INPUT PROMPT "0 と 1 の間の値  ":r
INPUT PROMPT " 許容誤差の値  ":e
IF e < 0.0000001 OR r <= 0 OR r >= 1 THEN
   PRINT " 不適切な値！ "
   STOP
END IF
LET a = sqr(2)
LET v = 0
LET n = 0
DO
   LET n = n + 1
   LET v = v + a
   LET v = v - INT(v)
LOOP WHILE ABS(v-r) > e
PRINT n;v
END
```

定理 12.39 m_1 を無理数とする．任意の実数 r と正数 ε が与えられたとする．このとき

$$|k_0 + k_1 m_1 - r| < \varepsilon$$

を満たす整数 k_0 と k_1 が存在する．ここで $k_1 > 0$ とすることもできる．

証明. $0 < r < 1$ としてよい，整数 k に対し，km_1 の小数部分を a_k とおく．すなわち

$$a_k = km_1 - [km_1].$$

$|a_k - r| < \varepsilon$ となる正整数 k が存在することを示せばよい．$[km_1] = n_k$ とおこう．n_k は整数である．

まず $k \leq k'$ で $a_k = a_{k'}$ であったとしよう．すると $km_1 = a_k + n_k, k'm_1 = a_{k'} + n_{k'}$ であるから $(k' - k)m_1 = n_{k'} - n_k$ となるが，m_1 は無理数であるから $k' = k$ がわかる．すなわち $a_0, a_1, a_2, \ldots, a_n, \ldots$ という数列には，同じ数が出現することはない．

正整数 N を $\frac{1}{N} < \varepsilon$ となるように大きくとる．$[0,1)$ 区間を N 等分すると，j 番目の区間は $[\frac{j-1}{N}, \frac{j}{N})$ となる $(j = 1, \ldots, N)$．a_k はどれかの区間の中に入る．鳩の巣原理より，$a_0, \ldots, a_N$ のうちには，N 個のうちのある区間の中に 2 つ入るものが出てくる．たとえば $k < k'$ として，a_k と $a_{k'}$ が同じ区間に入ったとすれば

$$0 < |a_{k'} - a_k| < \frac{1}{N} < \varepsilon$$

となる．そこで $k'' = k' - k$ とおくと

$$a_{k'} - a_k = k''m_1 - (n_{k'} - n_k)$$

である．よって $0 < a_{k'} - a_k < \varepsilon$ のときは

$$\ell k''m_1 - \ell(n_{k'} - n_k) = \ell(a_{k'} - a_k)$$

に，$0 < a_k - a_{k'} < \varepsilon$ のときは

$$\ell k''m_1 - \ell(n_{k'} - n_k) + 1 = 1 - \ell(a_k - a_{k'})$$

に注意しよう．よって適当に正整数 ℓ を選べば $|a_{\ell k''} - r| < \varepsilon$ になる． □

実際には，$a_1, a_2, \ldots, a_k$ は $[0,1)$ の中に同じ程度に分布することが知られている．たとえば $f(x)$ を $[0,1]$ 上の連続関数とすれば

$$\int_0^1 f(x)dx = \lim_{n\to\infty} \frac{1}{n} \sum_{k=1}^{n} f(a_k)$$

が成り立つ[21)].

xy 平面で $0 < x < 1, 0 < y < 1$ の中の図形 V を考えよう．$\chi_V(x,y)$ を (x,y) が V に属するとき 1，そうでないとき 0 と定めた 2 変数関数とする (V の**特性関数**という).

$$\chi_V(x,y) = \begin{cases} 1 & (x,y) \in V, \\ 0 & (x,y) \notin V. \end{cases}$$

a_k を $k\sqrt{2}$ の小数部分，b_k を $k\sqrt{3}$ の小数部分とする．このとき V の面積は

$$\lim_{n\to\infty} \frac{1}{n} \sum_{k=1}^{n} \chi_V(a_k, b_k)$$

と等しいと考えられる．実際に円

$$V = \left\{(x,y) \middle| \left(x-\frac{1}{2}\right)^2 + \left(y-\frac{1}{2}\right)^2 < \frac{1}{4}\right\}$$

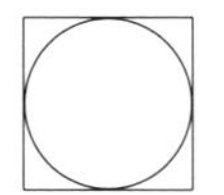

に対しコンピュータで実験してみた結果の 4 倍 (ヒットした割合の 4 倍) を書くと以下の通りになった.

回数	10	20	100	1000	10000	100000	1000000	10000000
ヒット	9	16	78	787	7855	78515	785342	7853894
値	3.6	3.2	3.12	3.148	3.142	3.1406	3.141368	3.1415576

「ヒット」は，n 個の点を順に取ったとき，領域内部であった回数である.

これは，**モンテカルロ法**に属する計算法である．なお実際の面積は

$$\frac{\pi}{4} = \frac{1}{4}(3.141592653589\cdots) = 0.785398163\cdots$$

であるので，それに外接する正方形の約 78.54% を占めている．正方形内に無作為に点をとっていくと，多くの点のうち 78.54% が円の内部に来るはず，という

[21)] 証明を省略するが，たとえば次のような方針で示すことができる．$f(x) = \cos\frac{nx}{2\pi}$ や $\sin\frac{nx}{2\pi}$ $(n = 0,1,2,\ldots)$ のときにまず示す．このことから $\sum_{k=0}^{n} a_k \cos\frac{kx}{2\pi} + \sum_{k=1}^{n} b_k \sin\frac{kx}{2\pi}$ のとき正しいことがわかり，$f(x)$ をこのような有限フーリエ級数で近似することにより示す.

考えが元になっている．

モンテカルロ法による円周率の計算

```
INPUT PROMPT " 回数を指定してください ":n
LET a = SQR(2)
LET b = SQR(3)
LET ai = 0
LET bi = 0
FOR i = 1 TO n
   LET ai = ai + a
   LET ai = ai - INT(ai)
   LET bi = bi + b
   LET bi = bi - INT(bi)
   LET v = (ai-0.5)^2+(bi-0.5)^2-0.25
   IF v < o THEN LET c = c+1
NEXT i
PRINT n;c/n
END
```

r を無理数とする．r は分母と分子が整数の分数 $\frac{p}{q}$ としては表せないが，分母を大きくとれば r に近い分数がある．実際 q を正にとったとして p をうまく選べば

$$\left|r-\frac{p}{q}\right|<\frac{1}{2q}$$

ととれることは明らかであろう．

分母の方もうまくとるとよりよい近似分数が得られることが鳩の巣原理からわかる．すなわち，正整数 N に対して $0, r, 2r, \ldots, Nr$ の小数部分の $N+1$ 個のうちのある 2 つが，$[0,1)$ を N 等分したある区間の中に入ってしまう．それを $q'r$ と $q''r$ とする．$0 \leq q' < q'' \leq N$ としてよい．このとき $|q''r - q'r - p| < \frac{1}{N}$ となる整数 p が存在するので $q = q'' - q'$ とおくと

$$\left|r-\frac{p}{q}\right|<\frac{1}{qN}\leq\frac{1}{q^2} \tag{12.15}$$

となって，よりよい評価が得られる．実際以下が成り立つ．

定理 12.40　任意の無理数 r に対し

$$\left|r-\frac{p}{q}\right|<\frac{1}{q^2} \tag{12.16}$$

を満たす有理数 $\frac{p}{q}$ が無限に存在する.

証明. 任意に与えた正整数 m より大きな分母をもつ有理数 $\frac{p}{q}$ で (12.16) を満たすものがあることをいえばよい. r は正としてよい.

分母が m 以下の有理数 $\frac{p}{q}$ に対して $|r-\frac{p}{q}|>\frac{1}{N}$ となるように正整数 N を十分大きくとると, 定理の直前に示したことから, 有理数 $\frac{p}{q}$ で $|r-\frac{p}{q}|<\frac{1}{qN}$ および $1\le q\le N$ を満たすものが存在することがわかる. このとき $q>m$ であって, (12.16) が成り立つ. □

問題 12.41 p を素数とし, $X=\{1,\ldots,p-1\}$ とおいて $n\in\mathbb{Z}$ に対して $\overline{n}\in\{0,1,\ldots,p-1\}$ を $n\equiv\overline{n}\mod p$ となるように定める.

$a\in X$ に対して, 以下を示せ.

i) $\overline{1},\overline{a},\overline{a^2},\overline{a^3},\ldots$ に対して鳩の巣原理を適用することにより, $a^r\equiv 1\mod p$ となる正整数 $r\in X$ が存在することがわかる.

この r で最小のものを q とおく.

ii) $b\in X$ に対して $C_b=\{\overline{a^nb}\mid n=0,1,2,\ldots\}$ とおくと, $\#C_b=q$ となる. また $C_b\cap C_{b'}\neq\emptyset$ ならば $C_b=C_{b'}$ が成立する.

iii) q は $p-1$ の約数となる. よって, フェルマーの小定理が得られる.

12.6 無理数と連分数

$\sqrt{2}$ は無理数なので分数では表せず, その値は $\sqrt{2}=1.41421356\cdots$ のように循環しない小数で表される. 近似値として 1.4 などの値が使われる. より精密には 1.414 を使うこともあるであろう. 有限小数は有理数であるが, $\sqrt{2}$ を分数で近似することを考えてみよう. たとえば π には $\frac{22}{7}=3.1428\cdots$ という近似分数がよく使われる.

$\sqrt{2}=1.41421356\cdots$ であるからまずその整数部分 1 が近似値で誤差は $0.41421356\cdots$ となる. その誤差の逆数を計算すると $2.4142135\cdots$ となった. すなわち

$$\sqrt{2}=1+0.41421356\cdots=1+\frac{1}{2.4142135\cdots}=1+\frac{1}{2+0.4142135\cdots}$$

となるので, 後者の分母をその整数部分 2 でおきかえると $1+\frac{1}{2}=\frac{3}{2}=1.5$ となって，より $\sqrt{2}$ に近い分数が得られた．切り捨てた項 $0.4142135\cdots$ の逆数をとると，その整数部分はやはり 2 となり

$$1+\frac{1}{2+\frac{1}{2}}=1+\frac{2}{5}=\frac{7}{5}=1.4$$

となってより $\sqrt{2}$ により近い値になる．この操作を続けていくとどうなるであろうか．上でよく見ると，$\sqrt{2}$ の小数部分が再び現れているようなので，同じことの繰り返しになりそうである，

すなわち $\sqrt{2}$ の小数部分の逆数の小数部分は $\sqrt{2}$ の小数部分と同じで，整数部分は 2 となることを確かめればよいが，それは

$$\frac{1}{\sqrt{2}-1}=\frac{\sqrt{2}+1}{(\sqrt{2}-1)(\sqrt{2}+1)}=2+(\sqrt{2}-1)$$

から明らかである．よって

$$1,\ 1+\frac{1}{2},\ 1+\frac{1}{2+\frac{1}{2}},\ 1+\frac{1}{2+\frac{1}{2+\frac{1}{2}}},\ 1+\frac{1}{2+\frac{1}{2+\frac{1}{2+\frac{1}{2}}}},\ldots$$

このように分数の分母が再び分数になっている，という形が上のように何重か連なっている分数を**連分数**という．上の連分数の一般項を普通の分数の形で求めてみよう．最初が 1 で 2 項目が $1+\frac{1}{2}$ であった．n 項目が $1+\frac{b_n}{a_n}$ と書けたとすると $n+1$ 項目は

$$1+\frac{1}{2+\frac{b_n}{a_n}}=1+\frac{a_n}{2a_n+b_n}$$

となるので，$n\geq 1$ のとき

$$\begin{cases} a_n=2a_{n-1}+b_{n-1} & (a_0=0) \\ b_n=a_{n-1} & (b_0=1) \end{cases}$$

という漸化式を得る．よって n 項目は

$$\begin{aligned} &\frac{a_n+a_{n-1}}{a_n} \quad (n\geq 1), \\ &a_n=2a_{n-1}+a_{n-2} \quad (n\geq 2),\ a_1=1,\ a_0=0 \end{aligned} \tag{12.17}$$

と表せる．数列 $a_1,a_2,a_3,\ldots$ と数列 $a_1+a_0,a_2+a_1,a_3+a_2,\ldots$ は，上の漸化式より

	1	2	3	4	5	6	7	8	9	10	11	12
a_n	1	2	5	12	29	70	169	408	985	2378	5741	13860
$a_n + a_{n-1}$	1	3	7	17	41	99	239	577	1393	3363	8119	19601

となる．たとえば 6, 7 項目では

$$\frac{99}{70} = 1.414285\cdots, \quad \frac{239}{169} = 1.414201\cdots$$

となってよい近似分数となっている．

母関数 $f(x) = a_0 + a_1x + a_2x^2 + \cdots$ は

$$(1-2x-x^2)f(x) = x$$

を満たすので

$$f(x) = \frac{x}{1-2x-x^2} = \frac{1}{2\sqrt{2}}\frac{1}{1-(1+\sqrt{2})x} - \frac{1}{2\sqrt{2}}\frac{1}{1-(1-\sqrt{2})x}$$

となって，一般項

$$a_n = \frac{(1+\sqrt{2})^n - (1-\sqrt{2})^n}{2\sqrt{2}}$$

がわかる．

注意 12.38 にあるように $2q^2 = p^2$ を満たす正整数 p, q は存在しない．しかしながら $\frac{a_n+a_{n-1}}{a_n}$ は $\sqrt{2}$ に近いので $2a_n^2 - (a_n + a_{n-1})^2$ は 0 ではないが，その絶対値は大きくないと考えられる．その値は上の表から

$$2\cdot 1^2 - 1^2 = 1,\ 2\cdot 2^2 - 3^2 = -1,\ 2\cdot 5^2 - 7^2 = 1,\ 2\cdot 12^2 - 17^2 = -1, \ldots$$

となるので，順に $1, -1, 1, -1, \ldots$ となりそうである．実際

$$\begin{aligned}(a_n + a_{n-1})^2 - 2a_n^2 &= -a_n(a_n - 2a_{n-1}) + a_{n-1}^2 \\ &= -(2a_{n-1} + a_{n-2})a_{n-2} + a_{n-1}^2 \\ &= -\left((a_{n-1} + a_{n-2})^2 - 2a_{n-1}^2\right) \\ &= (-1)^{n-1}((a_1 + a_0)^2 - 2a_1^2) \\ &= (-1)^{n-1}(1-2) = (-1)^n\end{aligned}$$

となる．

一方，正整数 x, y が $y^2 - 2x^2 = \pm 1$ を満たすなら，$0 < x \leq y < 2x$ であって

$$(2x-y)^2-2(y-x)^2=-(y^2-2x^2)=\mp 1,\ 0\le y-x,\ 0<2x-y\le y$$

となるから，より小さな非負整数の組 (x,y) で $|y^2-2x^2|=1$ を満たすものが得られる．これを続けると最後は $x=y$ の場合，すなわち $x=y=1$ で $y^2-2x^2=-1$ に行き着く．また $y-x=a_{n-1}$, $2x-y=a_{n-1}+a_{n-2}$ とおくと $x=2a_{n-1}+a_{n-2}$, $y=x+a_{n-1}$ となるので，逆にたどれば $a_n=2a_{n-1}+a_{n-2}$ $(n\ge 2)$, $a_0=0$, $a_1=1$ として定まる a_n を用いると適当な整数 n に対して $x=a_n$, $y=a_n+a_{n-1}$ となることがわかる．

したがって以下が示された．

命題 12.42 (12.17) で定まる $a_0,a_1,a_2,\ldots$ と $k=1,2,3,\ldots$ に対し，$(x,y)=(a_{2k},a_{2k}+a_{2k-1})$，および $(x,y)=(a_{2k-1},a_{2k-1}+a_{2k-2})$ は，それぞれ方程式

$$y^2-2x^2=1 \tag{12.18}$$

および

$$y^2-2x^2=-1 \tag{12.19}$$

のすべての正整数解を与える．

以上から得られた (12.18) の解 (x,y) を小さい方から書くと

$$(2,3),\ (12,17),\ (70,99),\ (408,577),\ (2378,3363),\ (13860,19601),\ldots$$

となっている．

問題 12.43 $y^2-2x^2=\pm 1$ の正の最小整数解は $1^2-2\cdot 1^2=-1$ で与えられる．二項展開によって，正整数の組 (x_k,y_k) を

$$(1+\sqrt{2})^k=y_k+x_k\sqrt{2} \qquad (k=1,2,\ldots)$$

によって定義すると，(x_k,y_k) $(k=1,2,\ldots)$ は，方程式 $y^2-2x^2=\pm 1$ の正整数解をすべて与えることを示せ．

これを示すには，$(1-\sqrt{2})^k=y_k-x_k\sqrt{2}$，および $(1-\sqrt{2})^k(1+\sqrt{2})^k=(-1)^k$ となることを使うとよい．

今までと同様な考察を $\sqrt{3}$ について行ってみよう．連分数での近似のため，整数部分を引き去った小数部分の逆数を考えていくと

$\sqrt{2}$ $\xrightarrow{(*-1)^{-1}}$ $\frac{1}{\sqrt{2}-1}=\sqrt{2}+1$ $\circlearrowleft (*-2)^{-1}$

$\sqrt{3}$ $\xrightarrow{(*-1)^{-1}}$ $\frac{1}{\sqrt{3}-1}=\frac{\sqrt{3}+1}{2}$ $\xrightarrow{(*-1)^{-1}}$ $\frac{2}{\sqrt{3}-1}=\sqrt{3}+1$ $\xrightarrow{(*-2)^{-1}}$ $\frac{1}{\sqrt{3}-1}=\frac{\sqrt{3}+1}{2}$

であるから，$\sqrt{3}$ は連分数によって

$$a_0,\, a_0+\frac{1}{a_1},\, a_0+\frac{1}{a_1+\frac{1}{a_2}},\dots,a_0+\frac{1}{a_1+\frac{1}{a_2+\frac{1}{a_3+\cdots}}},\dots \tag{12.20}$$

と近似分数で表していくことができて

$$1,\ 1+\frac{1}{1},\ 1+\frac{1}{1+\frac{1}{2}},\ 1+\frac{1}{1+\frac{1}{2+\frac{1}{1}}},\ 1+\frac{1}{1+\frac{1}{2+\frac{1}{1+\frac{1}{2}}}},\dots$$

となる．$a_0,a_1,a_2,\dots$ は，$1,1,2,1,2,1,2,1,2,\dots$ となって 2 項目から $1,2$ が循環する．$\sqrt{3}$ の連分数での近似で a_n の項までをとったものを $\frac{p_n}{q_n}$ とおき，さらに $\frac{p_n}{q_n}=1+\frac{r_n}{q_n}$ とおくと，上の考察から

$$\frac{r_n}{q_n}=\frac{1}{1+\frac{1}{2+\frac{r_{n-2}}{q_{n-2}}}}=\frac{1}{1+\frac{q_{n-2}}{2q_{n-2}+r_{n-2}}}=\frac{r_{n-2}+2q_{n-2}}{r_{n-2}+3q_{n-2}},$$

$$\frac{p_n}{q_n}=1+\frac{r_n}{q_n}=\frac{2r_{n-2}+5q_{n-2}}{r_{n-2}+3q_{n-2}}=\frac{2p_{n-2}+3q_{n-2}}{p_{n-2}+2q_{n-2}}$$

がわかる．よって

$$\begin{cases} p_n=2p_{n-2}+3q_{n-2} \\ q_n=p_{n-2}+2q_{n-2} \end{cases},\quad \begin{cases} p_{n-2}=2p_n-3q_n \\ q_{n-2}=-p_n+2q_n \end{cases} \tag{12.21}$$

および

$$p_n^2-3q_n^2=p_{n-2}^2-3q_{n-2}^2 \tag{12.22}$$

となる．$(p_0,q_0)=(1,1)$, $(p_1,q_1)=(2,1)$ である．

問題 12.44 (12.21) および (12.22) より，$p^2=3q^2$ あるいは $3q^2-p^2=1$ を満たす正整数 (p,q) が存在しないことを示せ．また，$y^2-3x^2=1$ を満たす正整数の組 (x,y) をすべて求めよ．

問題 12.45 m は整数で $-10 \leq m \leq 10$ とする．$y^2 - 2x^2 = m$ を満たす非負整数の組 (x, y) をすべて求めよ．

円周率 $\pi = 3.1415926535\cdots$ を連分数によって $a_0 + \frac{1}{a_1}$, $a_0 + \frac{1}{a_1 + \frac{1}{a_2}}, \ldots, a_0 + \frac{1}{a_1 + \frac{1}{a_2 + \frac{1}{a_3 + \cdots}}}$ と表していくと，$a_0, a_1, a_2, \ldots$ は

$$3, 7, 15, 1, 292, 1, 1, 1, 2, 1, 3, 1, 14, \ldots$$

となるが，正整数 $a_0, a_1, a_2, \ldots$ はいかなる周期でも巡回しないことが知られている．分母が大きい 15 や 292 の前までで切ってできる近似分数は

$$3 + \frac{1}{7} = \frac{22}{7} = 3.14285\cdots, \quad 3 + \frac{1}{7 + \frac{1}{15 + \frac{1}{1}}} = \frac{355}{113} = 3.14159292\cdots$$

となる[22]．実数をこのように連分数の列で表して近似していくことを，一般に**連分数展開**という．

正整数 a_0, a_1 で表せる有理数 $r = \frac{a_0}{a_1}$ の連分数展開を考えてみよう．整数部分 b_0 は

$$a_0 = b_0 \cdot a_1 + a_2 \quad (0 \leq a_2 < a_1)$$

すなわち

$$\frac{a_0}{a_1} = b_0 + \frac{a_2}{a_1}, \quad b_0 = \left[\frac{a_0}{a_1}\right]$$

で定まる．分数 $\frac{a_2}{a_1}$ の逆数 $\frac{a_1}{a_2}$ の整数部分を b_1 とおいて，以下帰納的に定義していくと

$$a_{n-2} = b_{n-2} \cdot a_{n-1} + a_n \quad (0 \leq a_n < a_{n-1})^{23)}$$

すなわち

$$\frac{a_{n-2}}{a_{n-1}} = b_{n-2} + \frac{a_n}{a_{n-1}}, \quad b_{n-2} = \left[\frac{a_{n-2}}{a_{n-1}}\right]$$

となり，最後に $a_n = 0$ となって有限回で終了する．これはユークリッドの互除法に対応している．連分数の分母には，互除法で現れる割り算の商が順に出てく

---

[22] アルキメデスは $\frac{22}{7}$ を，中国の祖冲之 (480 年頃) やヨーロッパのメチウスは $\frac{355}{113}$ を，和算家の有馬頼僮 (1714–1783) は $\frac{5419351}{1725033}$ や $\frac{428224593349304}{136308121570117}$ という近似分数を与えた．

[23] これは $\begin{pmatrix} a_{n-2} \\ a_{n-1} \end{pmatrix} = \begin{pmatrix} b_{n-2} & 1 \\ 1 & 0 \end{pmatrix} \begin{pmatrix} a_{n-1} \\ a_n \end{pmatrix}$ と表せる．

る．たとえば互除法のところで述べた 1092 と 481 の組の場合は

$$\frac{1092}{481} = 2 + \frac{1}{3 + \frac{1}{1 + \frac{1}{2 + \frac{1}{3}}}}$$

となる．右辺を普通の分数に直すと

$$2 + \frac{1}{3 + \frac{1}{1 + \frac{1}{2 + \frac{1}{3}}}} = 2 + \frac{1}{3 + \frac{1}{1 + \frac{3}{7}}} = 2 + \frac{1}{3 + \frac{7}{10}} = 2 + \frac{10}{37} = \frac{84}{37}$$

となって $\frac{1092}{481}$ を既約分数に約分したものが得られる．これを小数に直すと

$$\frac{84}{37} = 2.270270270\cdots$$

と数字の列 270 が繰り返し現れる循環小数となる．

$\frac{84}{37}$ を小数で表したときの「概数 2.2703 から分数 $\frac{84}{37}$ を得ることができるか？」という問題を考えてみよう．$\frac{22703}{10000}$ などを考えれば，当然不可能なことがわかる．しかしながら，たとえば分母が 50 以下であることを知っていたとしよう．そのような分数 2 つの差は，分母が 50^2 以下の分数で表せるから，その差は $\frac{1}{2500} = 0.0004$ 以上ある．よって値が 2.2700 と 2.2706 の間にあって分母が 50 以下の分数は $\frac{84}{37}$ のみでるあることがわかる．それを求めるには，連分数展開を使うとよい．

実際にやってみよう (電卓などを使うとよい)．

$$\frac{1}{2.2703 - 2} = 3.69959\cdots$$
$$\frac{1}{3.6996 - 3} = 1.42938\cdots$$
$$\frac{1}{1.4294 - 1} = 2.32883\cdots$$
$$\frac{1}{2.3288 - 2} = 3.04136\cdots$$
$$\frac{1}{3.0414 - 3} = 24.1545\cdots$$

となっていくが，適当なところ (繰り返しの回数を考慮しながら，値が整数に近いところ，あるいは値がとても大きくなる直前) で打ち切って確かめればよいであろう．実際，上では最後の行の直前で止めれば正解が得られる．

これを実現する十進 BASIC のプログラム例を示そう．

```
!  連分数による有理数の推測
INPUT PROMPT " 小数を入力して下さい          ":x0
INPUT PROMPT " 打ち切り回数を入力して下さい ":n
LET a = 1
LET b = 0
LET c = 0
LET d = 1
LET x = x0
DO WHILE n > 0
   LET y = INT(x)
   LET e = a
   LET a = a*y + b
   LET b = e
   LET e = c
   LET c = c*y + d
   LET d = e
   PRINT a;"/";c;"=";a/c;"   誤差:";x0-a/c
   IF x = y THEN EXIT DO
   LET x = 1/(x-y)
   LET n = n-1
LOOP
END
```

ここで $\begin{pmatrix} \mathtt{a} & \mathtt{b} \\ \mathtt{c} & \mathtt{d} \end{pmatrix}$ は,

$$\begin{pmatrix} a_0 \\ a_1 \end{pmatrix} = \begin{pmatrix} b_0 & 1 \\ 1 & 0 \end{pmatrix} \begin{pmatrix} a_1 \\ a_2 \end{pmatrix} = \begin{pmatrix} b_0 & 1 \\ 1 & 0 \end{pmatrix} \begin{pmatrix} b_1 & 1 \\ 1 & 0 \end{pmatrix} \cdots \begin{pmatrix} b_{n-2} & 1 \\ 1 & 0 \end{pmatrix} \begin{pmatrix} a_{n-1} \\ a_n \end{pmatrix}$$

に現れる 2 次正方行列の積を表していて, $\frac{\mathtt{a}}{\mathtt{c}}$ が小数を近似する分数となる.

先の例の場合の実行結果は

```
小数を入力して下さい             2.2703
繰り返し回数を入力して下さい 10
2 / 1 = 2    誤差: .2703
7 / 3 = 2.33333333333333    誤差:-6.30333333333333E-2
9 / 4 = 2.25    誤差: .0203
25 / 11 = 2.27272727272727    誤差:-2.42727272727273E-3
84 / 37 = 2.27027027027027    誤差: 2.972972972973E-5
```

```
2041 / 899 = 2.27030033370412     誤差:-3.33704115684093E-7
6207 / 2734 = 2.27029992684711     誤差: 7.315288954E-8
8248 / 3633 = 2.27030002752546     誤差:-2.75254610514726E-8
14455 / 6367 = 2.27029998429402     誤差: 1.570598398E-8
22703 / 10000 = 2.2703     誤差: 0
```

問題 12.46 数学のテストを行い，平均点を計算した (小数点以下 5 桁目を四捨五入した) ところ 75.1233 となった．試験は 100 点満点で，点数は整数である．受験者は 100 人以下であることがわかっている．受験者は何人であったか？

注意 12.47 以下の事実が知られている．

i) 正の実数 r の連分数展開が有限で終わるための必要十分条件は，r が有理数となることである．また連分数展開が巡回無限連分数になるための必要十分条件は $\sqrt{m}$ が整数とはならないある正整数 m と，$t \neq 0$ を満たす有理数 s, t によって，$r = s + t\sqrt{m}$ と表せることである．

ii) 無理数 r の連分数展開を途中で切ったときにできる近似有理数列は (12.16) を満たす．さらにその近似有理数列の連続する 2 つのうちの一方は

$$\left| r - \frac{p}{q} \right| < \frac{1}{2q^2} \tag{12.23}$$

を満たす．よって上式を満たす有理数 $\frac{p}{q}$ は無限個ある．

iii) $\sqrt{m}$ が整数とはならない正整数 m が与えられたとき，正整数 x, y に対する方程式

$$y^2 - mx^2 = \pm 1$$

を**ペル方程式**という．ペル方程式は無限個の解をもつが，それは連分数展開を用いて定義した $\sqrt{m}$ の近似有理数列 $\frac{y_n}{x_n}$ の中にすべて存在する．

注意 12.48 任意の正整数 p, q に対し

$$\left| \sqrt{2} - \frac{p}{q} \right| > \frac{1}{3q^2} \tag{12.24}$$

が成り立つ (cf. (12.23))．

実際，成り立たない p, q があったとすると，$q \geq 2$ で

$$1 \leq \left| 2q^2 - p^2 \right| = \left| \left(\sqrt{2}q - p\right)\left(\sqrt{2}q + p\right) \right|$$

$$
\begin{aligned}
&= \left| q^2 \left(\sqrt{2} - \frac{p}{q} \right) \right| \cdot \left| 2\sqrt{2} - \left(\sqrt{2} - \frac{p}{q} \right) \right| \\
&\leq \frac{1}{3} \left(2\sqrt{2} + \frac{1}{3q^2} \right) \leq \frac{2\sqrt{2}}{3} + \frac{1}{9 \cdot 4} < 1
\end{aligned}
$$

となって矛盾する．よって (12.24) が成り立つ．

第 13 章 分割数

13.1 母関数表示

正整数 n を正整数の和で表す表し方の個数を**分割数**といい，$p(n)$ と書く．今までと同様，和で表したときの順序は区別しないものとする．これはサイズ n のヤング図形の個数にもなっている．$p(0)=1$ および $n<0$ のとき $p(n)=0$ と定義する．$p(6)=11$ であることは最初に考察したが，$p(0),p(1),p(2),\ldots$ は $1,1,2,3,5,7,11,15,22,30,42,\ldots$ となっている．大きな n では $p(100)=190569292$, $p(200)=3972999029388$ となる．

$\{p(n)\}$ の母関数はどうなるであろうか．たとえば，$p(100)$ を考えてみよう．m を 100 またはそれ以上の数にとっておけば，$p(100)$ は 100 を m 以下の数の和への表し方の数であるから

$$\prod_{k=1}^{m}\frac{1}{1-x^k}=\prod_{k=1}^{m}(1+x^k+x^{2k}+x^{3k}+\cdots)$$

の x^{100} の係数であって，その係数は 100 以上の数 m に依存しない[1]．よって

$$p(0)+p(1)x+\cdots+p(n)x^n=\left[\prod_{k=1}^{m}\frac{1}{1-x^k}\right]_n \qquad (m\geq n).$$

これは任意の正整数 n に対して正しいので[2]，右辺で $p(0),p(1),\ldots,p(n)$ は定まり

$$p(0)+p(1)x+p(2)x^2+\cdots=\prod_{k=1}^{\infty}\frac{1}{1-x^k} \tag{13.1}$$

と表すことができる．すなわち，$n\leq 100$ に対する x^n の係数には，右辺の‘無限

[1] m 個の積 $c_1\cdot c_2\cdots c_m$ のことを $\prod_{k=1}^{m}c_k$ と書く．

[2] $\left[\prod_{k=1}^{m}[\frac{1}{1-x^k}]_n\right]_n$ にも等しい．

積' の $k > 100$ の項は影響しないので，それは $1 \leq k \leq 100$ に対する有限個の積からわかる．形式べき級数の積の計算についても，x^n の係数は有限和の多項式の積からわかるのと同様である．

ヤング図形全体の集合を $\mathcal{Y}$ とおく．ヤング図形 $Y \in \mathcal{Y}$ のサイズを $|Y|$ と書く．箱の数が 0 のとき，すなわち空集合 $\emptyset$ もヤング図形に含める．よって $\emptyset \in \mathcal{Y}$ で $|\emptyset| = 0$ とする．ヤング図形と数の分割との対応より

$$\sum_{n=0}^{\infty} p(n)x^n = \sum_{Y \in \mathcal{Y}} x^{|Y|} \tag{13.2}$$

と表せることに注意しよう．

13.2 五角数公式

正整数 n を異なる正整数の和で表すことを考えよう．

$$n = n_1 + n_2 + \cdots + n_\ell \qquad (n_1 > n_2 > \cdots > n_\ell > 0).$$

ヤング図形では，サイズが n で各行の箱の個数が上から真に減少しているものに対応している．その全体を $\mathcal{Y}'$ とする．ここでも $\emptyset \in \mathcal{Y}'$ とみなす．正整数 n を異なる正整数の和で表す表し方の個数を $p'(n)$ とおくと $\{p'(n)\}$ の母関数は

$$\prod_{k=1}^{\infty} (1 + x^k) = \sum_{Y \in \mathcal{Y}'} x^{|Y|}$$

となる．

定理 13.1 正整数 n を異なる数の和で表す表し方の数と，奇数の和で表す表し方の数は等しい．すなわち，次の母関数の等式が成り立つ．

$$\prod_{k=1}^{\infty} (1 + x^k) = \prod_{k=1}^{\infty} \frac{1}{1 - x^{2k-1}}. \tag{13.3}$$

証明． n を正整数とすると

$$\left[\prod_{k=1}^{\infty}(1+x^k)\right]_n = \left[\prod_{k=1}^{2n}(1+x^k)\right]_n = \left[\prod_{k=1}^{2n}\frac{1-x^{2k}}{1-x^k}\right]_n$$
$$= \left[\frac{\prod_{k=1}^{n}(1-x^{2k})}{\prod_{k=1}^{2n}(1-x^k)}\right]_n = \left[\prod_{k=1}^{n}\frac{1}{1-x^{2k-1}}\right]_n$$
$$= \left[\prod_{k=1}^{\infty}\frac{1}{1-x^{2k-1}}\right]_n$$

であるから，定理が得られる[3)]. □

別証. n を奇数のみに分割したとき，奇数 $2k+1$ が n_k 個あったとする．n_k を 2 進法で $\sum_{i\geq 0}\varepsilon_{k,i}2^i$ と表す．$\varepsilon_{k,i}$ は 0 または 1 である．このとき

$$n = \sum_{k\geq 0}\sum_{i\geq 0}\varepsilon_{k,i}2^i(2k+1)$$

となるので，これは異なる数への分割 (n は $\varepsilon_{k,i}=1$ を満たす自然数 $2^i(2k+1)$ の和となる) を与える．逆の対応も同じように得られる． □

例 13.2 6 を異なる数の和で表すのは

$$6 \quad 5+1 \quad 4+2 \quad 3+2+1$$

の 4 通りあり，奇数の和で表すのも

$$5+1 \quad 3+3 \quad 3+1+1+1 \quad 1+1+1+1+1+1$$

の 4 通りある．証明の後者の対応を書くと

$$\begin{aligned} 6 = 2\cdot 3 &\quad\longleftrightarrow\quad 3+3 \\ 5+1 = 1\cdot 5 + 1\cdot 1 &\quad\longleftrightarrow\quad 5+1 \\ 4+2 = (2^2+2^1)\cdot 1 &\quad\longleftrightarrow\quad 1+1+1+1+1+1 \\ 3+2+1 = 1\cdot 3 + (2+1)\cdot 1 &\quad\longleftrightarrow\quad 3+1+1+1 \end{aligned}$$

上の結果は $1-x^{2k}=(1-x^k)(1+x^k)$ という関係式に基づいている．それを一般化して 2 以上の整数 p に対する

---

3) $[\ ]_n$ は $[\ ]_{2n}$ としてもよい．

$$1 - x^{pk} = (1 - x^k)(1 + x^k + x^{2k} + \cdots + x^{(p-1)k})$$

という等式を使うと

$$\left[\prod_{k=1}^{pn}(1 + x^k + x^{2k} + \cdots + x^{(p-1)k})\right]_n = \left[\prod_{k=1}^{pn}\frac{1 - x^{pk}}{1 - x^k}\right]_n$$

$$= \left[\frac{\prod_{k=1}^{n}(1 - x^{pk})}{\prod_{k=1}^{pn}(1 - x^k)}\right]_n = \left[\frac{1}{\prod_{k=0}^{n-1}\prod_{j=1}^{p-1}(1 - x^{pk+j})}\right]_n$$

であるから，$p = 2$ のときと同様に

$$\prod_{k=1}^{\infty}(1 + x^k + x^{2k} + \cdots + x^{(p-1)k}) = \prod_{k=0}^{\infty}\prod_{j=1}^{p-1}\frac{1}{(1 - x^{pk+j})}. \tag{13.4}$$

この等式の x^n の係数から以下の定理がわかる．

定理 13.3　p を 2 以上の整数とする．正整数 n の分割で次の (1) の性質を満たすものの個数と (2) の性質をみたすものの個数は等しい．

(1)　同じ数が p 個以上現れない．

(2)　p で割り切れる数は現れない．

問題 13.4　定理 13.1 の別証と同様な方法で上の定理を示せ．

例 13.5　上の定理で $n = 6, p = 3$ とすると

(1) は 6 の分割で同じ数は 2 個まで

$$6 \quad 5+1 \quad 4+2 \quad 3+3 \quad 4+1+1 \quad 3+2+1 \quad 2+2+1+1$$

(2) は 6 の分割で 3 で割り切れる数は使わない

5+1　4+2　4+1+1　2+2+2　2+2+1+1　2+1+1+1+1　1+1+1+1+1+1

で，共に 7 通りとなる．

ヤング図形 Y の行数を $\ell(Y)$ で表すと，それは $n = |Y|$ をいくつに分割したかを表す．分割の個数の偶奇を考えることにより，次の等式がわかる．

$$\prod_{k=1}^{\infty}(1 - x^k) = \sum_{Y \in \mathcal{Y}'}(-1)^{\ell(Y)}x^{|Y|} \tag{13.5}$$

定理 13.6 (オイラーの五角数定理) 上の形式べき級数は具体的に求まって[4])

$$\begin{aligned}\prod_{k=1}^{\infty}(1-x^k) &= 1+\sum_{\ell=1}^{\infty}(-1)^{\ell}x^{\frac{(3\ell+1)\ell}{2}}+\sum_{\ell=1}^{\infty}(-1)^{\ell}x^{\frac{(3\ell-1)\ell}{2}} \\ &= \sum_{k=-\infty}^{\infty}(-1)^k x^{\frac{k(3k-1)}{2}}\end{aligned} \tag{13.6}$$

となり，x^n の係数は 0, ±1 のいずれかである．

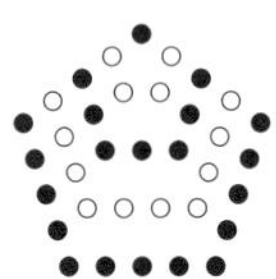

注意 13.7 上に現れる数 $\frac{k(3k-1)}{2}$ は，一辺にちょうど k 個の碁石を置ける正五角形を，上図のように埋め尽くす碁石の総数で，五角数という (四角数は k^2).

証明. $\emptyset \neq Y \in \mathcal{Y}'$ が分割 $n = n_1 + \cdots + n_\ell (n_1 > n_2 > \cdots > n_\ell > 0)$ に対応しているとする．このとき $b(Y) = n_\ell$ とおき，また $n_k = n_1 - k + 1$ を満たす最大の k $(1 \leq k \leq \ell)$ を $s(Y)$ とおく．

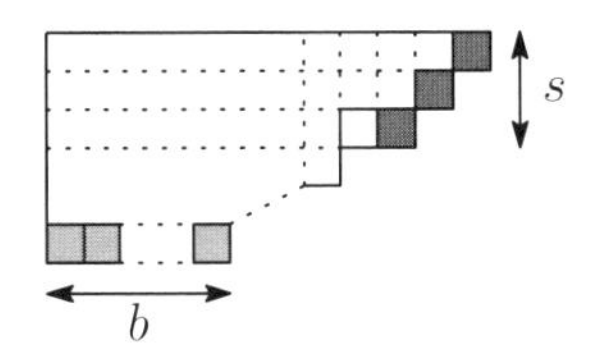

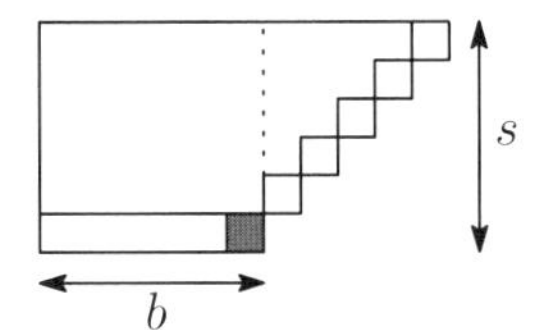

$b(Y) > s(Y)$ のとき．$s(Y) < \ell(Y)$ ならば，各 $n_1, \ldots, n_{s(Y)}$ を 1 減らし，$s(Y)$ 個の箱で，新たに第 $\ell+1$ 列を作ることによって得られるヤング図形を Y' とおくと

$$|Y| = |Y'|,\ Y' \in \mathcal{Y}',\ \ell(Y') = \ell(Y)+1,\ b(Y') = s(Y) \leq s(Y'). \tag{13.7}$$

$s(Y) = \ell(Y)$ のときは，同様の操作を行ったとき，$b(Y) > s(Y)+1$ のときのみが $Y' \in \mathcal{Y}'$ となり，(13.7) を満たす．

$b(Y) \leq s(Y)$ のとき．$s(Y) < \ell(Y)$ ならば第 ℓ 列の $b(Y)$ 個の箱を，第 1 列か

---

[4]) オイラー (Euler) の五角数定理は，より一般のヤコビ (Jacobi) の三重積公式

$$\sum_{m=-\infty}^{\infty} q^{m^2} w^m = \prod_{m=1}^{\infty}(1-q^{2m})(1+q^{2m-1}w)(1+q^{2m-1}w^{-1})$$

において，$w = -x^{\frac{1}{2}}$, $q = x^{\frac{3}{2}}$ を代入すると得られる．

ら第 $b(Y)$ 列までに一つずつ移す．こうして得られるヤング図形を Y'' とおくと

$$|Y| = |Y''|,\ Y'' \in \mathcal{Y}',\ \ell(Y'') = \ell(Y) - 1,\ b(Y'') > b(Y) = s(Y''). \qquad (13.8)$$

$s(Y) = \ell(Y)$ のときは，$b(Y) < s(Y)$ のときのみこの操作が可能で，やはり (13.8) を満たす．

上の 2 つの操作は，互いに逆の操作で，

i) $Y = \emptyset$

ii) $s(Y) = \ell(Y) = b(Y) - 1$

　　このときは，$|Y| = \ell(Y)^2 + \frac{(\ell(Y)+1)\ell(Y)}{2} = \frac{(3\ell(Y)+1)\ell(Y)}{2}$

iii) $s(Y) = \ell(Y) = b(Y)$

　　このときは，$|Y| = \frac{(3\ell(Y)+1)\ell(Y)}{2} - \ell(Y) = \frac{(3\ell(Y)-1)\ell(Y)}{2}$

を満たす $Y \in \mathcal{Y}'$ をすべて除いた $\mathcal{Y}'$ の元は両者の操作で移り合うものが 2 つずつ組になっている．その 2 つの箱の数は同じで，長さ $\ell(Y)$ の差が 1 なので，(13.5) の最後の式における和でキャンセルされ，残るのは上の i) ii) iii) の Y に対応するもののみなので

$$\sum_{Y \in \mathcal{Y}'} (-1)^{\ell(Y)} x^{|Y|} = 1 + \sum_{\ell=1}^{\infty} (-1)^{\ell} x^{\frac{(3\ell+1)\ell}{2}} + \sum_{\ell=1}^{\infty} (-1)^{\ell} x^{\frac{(3\ell-1)\ell}{2}}$$

となる．

$$\frac{(3\ell+1)\ell}{2} - \frac{(3\ell'-1)\ell'}{2} = \frac{3(\ell^2 - \ell'^2) + (\ell+\ell')}{2} = \frac{(\ell+\ell')(3(\ell-\ell')+1)}{2}$$

であるから ℓ, ℓ' が正整数のときに 0 にはなり得ない．よってべき級数 (13.5) の x^n の係数は $0, \pm 1$ のいずれかになる． □

問題 13.8 定理の五角数の図のように一辺に k 個の碁石を置いて正 n 角形を作ったときの碁石の総数を n 角数というが，その数を求めよ ($n = 3, 4, 5, \ldots$)．なお，四角数は k^2 となり 6 章で扱った．

注意 13.9 正整数 n を偶数個の相異なる数の和に分ける分け方の個数を $p'_e(n)$，奇数個の相異なる数の和に分ける分け方の個数を $p'_o(n)$ とおくと，(13.5) は $\{p'_e(n) - p'_o(e)\}$ の母関数である．よって

$$p'_e(n) - p'_o(n) = \begin{cases} 0 & (n = \frac{k(3k-1)}{2} \text{ を満たす整数 } k \text{ がない}) \\ (-1)^k & (n = \frac{k(3k-1)}{2} \text{ を満たす整数 } k \text{ がある}). \end{cases}$$

定理 13.10 $n \geq 1$ に対し

$$\sum_{k=-\infty}^{\infty} (-1)^k p\Big(n - \frac{k(3k-1)}{2}\Big) = 0 \tag{13.9}$$

が成り立つ．すなわち

$$\begin{aligned} p(n) = p(n-1) + p(n-2) - p(n-5) - p(n-7) + p(n-12) + p(n-15) \\ - p(n-22) - p(n-26) + p(n-35) + p(n-40) - \cdots . \end{aligned}$$

ここで，$k = 1, -1, 2, -2, 3, -3, \ldots$ のとき，$\frac{k(3k-1)}{2}$ は，$1, 2, 5, 7, 12, 15, \ldots$ となることに注意．

証明. べき級数の等式

$$\prod_{k=1}^{\infty} (1 - x^k) \cdot \prod_{k=1}^{\infty} \frac{1}{1 - x^k} = 1$$

において，前定理と表示 (13.1) を使って x^n の係数を求めれば，ただちに定理がわかる． □

上の定理で得られた $p(n)$ の漸化式は，$p(n)$ を順に求めていくのに用いることができる．十進 BASIC でそれを実行するプログラムを挙げておく．

分割数の計算

```
INPUT PROMPT " いくつまで分割数を計算しますか？  ":n
IF n<0 THEN
   PRINT " 数がおかしい！ "
   STOP
END IF
DIM p(0 TO n)
LET p(0)=1
FOR k=1 TO n
   LET i = 1
   LET j = 1
   LET s = 1
   DO WHILE j <= k
      LET p(k) = p(k) + s*p(k-j)
      IF j+i <= k THEN
         LET p(k) = p(k) + s*p(k-j-i)
```

```
      END IF
      LET i = i+1
      LET s = -s
      LET j = i*(3*i-1)/2
   LOOP
   PRINT USING "-----%:": k;
   PRINT p(k)
NEXT k
END
```

十進 BASIC のツールバーで「オプション → 数値 → 十進 1000 桁」を選んでから上のプログラムを実行し，1000 を入力したときの結果は，以下のようになる(途中の行は省略した).

```
いくつまで分割数を計算しますか？  1000
    1: 1
    2: 2
    3: 3
    4: 5
    5: 7
    6: 11
.........
  998: 22230015769169865076825741905555
  999: 23127843459154899464880444632250
 1000: 24061467864032622473692149727991
```

13.3 分割数の評価

分割数の母関数 (13.1) は，$0 \leq x < 1$ という実数に対して収束して $[0,1)$ 上の関数を定義していることを示そう.

$h(y) = -\log(1-y)$ という関数を $[0, \frac{1}{2}]$ 上で考えると，$h(0) = 0$，および $1 \leq -\frac{d}{dy}\log(1-y) = \frac{1}{1-y} \leq 2$ を満たすので，平均値の定理から $y \leq -\log(1-y) \leq 2y$ となる．$0 \leq x < 1$ となる実数 x を一つとる．これに対して m を十分大きくとると $0 \leq x^m \leq \frac{1}{2}$ となる．このとき

$$0 \leq \log \prod_{k=m}^{N} \frac{1}{1-x^k} \leq \sum_{k=m}^{N} 2x^k = \frac{2(x^m - x^{N+1})}{1-x} \leq \frac{1}{1-x}.$$

$\prod_{k=m}^{N} \frac{1}{1-x^k}$ は N について単調増加で上から $e^{\frac{1}{1-x}}$ で押さえられているので，ある正の実数に収束する．よって $f(x) = \sum_{n=0}^{\infty} p(n)x^n$ は $[0,1)$ 上で収束して単調増加関数となる．

(13.1) より，$0 < x < 1$ を満たす実数 x に対し

$$p(n) < \left(\frac{1}{x}\right)^n \prod_{k=1}^{\infty} \frac{1}{1-x^k} \tag{13.10}$$

が成り立ち，両辺の対数をとって n で割ると

$$\frac{\log p(n)}{n} < -\log x + \frac{1}{n} \prod_{k=1}^{\infty} \frac{1}{1-x^k}$$

となる．右辺は $n \to \infty$ のとき $-\log x$ に収束するので，n を十分大きくとれば $\frac{\log p(n)}{n} \leq -\log x$ となることがわかる．x は $0 < x < 1$ を満たす任意の実数であって $x \to 1$ のとき $\log x$ は 0 に収束するので，

$$\lim_{n\to\infty} \frac{\log p(n)}{n} = 0.$$

したがって $r > 1$ を任意に与えても，n を十分大きく選べば以下の評価が成り立つことがわかる．

$$p(n) < r^n.$$

一方，組合せの数 ${}_{2n}C_n$ は，$\frac{2^{2n}}{2n+1} \leq {}_{2n}C_n \leq 2^{2n}$ を満たすので[5)]

$$\lim_{n\to\infty} \frac{\log {}_{2n}C_n}{n} = \log 4$$

となり，${}_{2n}C_n$ は n が増えていくとき $p(n)$ に比べてはるかに大きく増大する．

スターリングの公式

$$n! \sim \sqrt{2\pi n} \cdot n^n e^{-n} \qquad (n \to \infty) \tag{13.11}$$

を使うと，より正確な評価が得られる

$${}_{2n}C_n \sim \frac{\sqrt{4\pi n} \cdot 2^{2n} n^{2n} e^{-2n}}{2\pi n \cdot n^{2n} e^{-2n}} = \frac{4^n}{\sqrt{\pi n}}.$$

$n \to \infty$ のときの良い $p(n)$ の評価を得るには，(13.10) で n に応じて x をう

---

5) $\{{}_{2n}C_m \mid m = 0, \ldots, 2n\}$ の中で最大なものが ${}_{2n}C_n$ であることと (10.5) からわかる．

まくとれば良いと考えられる．$x = e^{-t}$ とおいて

$$f(t) = \prod_{k=1}^{\infty}(1 - e^{-kt})$$

という関数の $(0 <) t \to 0$ の様子を調べることが重要になる．さて，$0 \leq y < 1$ のとき

$$-\log(1-y) = y + \frac{y^2}{2} + \frac{y^3}{3} + \frac{y^4}{4} + \cdots \tag{13.12}$$

となることを使うと (これは，$\frac{1}{1-s} = 1 + s + s^2 + s^3 + \cdots$ を 0 から y まで積分すればわかる)，

$$\begin{aligned}
-\log f(t) &= \sum_{k=1}^{\infty}\left(e^{-kt} + \frac{e^{-2kt}}{2} + \frac{e^{-3kt}}{3} + \cdots\right) \\
&= \sum_{k=1}^{\infty}\sum_{\ell=1}^{\infty}\frac{e^{-k\ell t}}{\ell} = \sum_{\ell=1}^{\infty}\frac{e^{-\ell t}}{\ell(1-e^{-\ell t})} = \sum_{\ell=1}^{\infty}\frac{1}{\ell(e^{\ell t}-1)} \\
&< \sum_{\ell=1}^{\infty}\frac{1}{\ell^2 t} = \frac{\pi^2}{6t}.
\end{aligned}$$

ここで，$e^{\ell t} - 1 > \ell t$ $(t > 0)$，および $\frac{\pi^2}{6} = 1 + \frac{1}{2^2} + \frac{1}{3^2} + \cdots$ を使った[6)]．よって

$$p(n) = e^{nt}e^{-\log f(t)} < \exp\left(nt + \frac{\pi^2}{6t}\right)$$

を得る．さらに $t = \frac{\pi}{\sqrt{6n}}$ ととると

$$p(n) < \exp\left(\pi\sqrt{\frac{2n}{3}}\right)$$

が得られる．実際には Hardy-Ramanujan(1918 年) により

$$p(n) \sim \frac{1}{4\sqrt{3}n}\exp\left(\pi\sqrt{\frac{2n}{3}}\right) \qquad (n \to \infty) \tag{13.13}$$

が証明されている．

[6)] Euler による証明は $(\mathrm{Arcsin}\,x)' = \frac{1}{\sqrt{1-x^2}}$, $\mathrm{Arcsin}\,x = \sum_{n=0}^{\infty}\frac{(2n-1)!!}{(2n)!!}\frac{x^{2n+1}}{2n+1}$, $\int_0^1 \frac{x^{2n+1}}{\sqrt{1-x^2}}dx = \frac{(2n)!!}{(2n+1)!!}$, $\int_0^1 \frac{\mathrm{Arcsin}\,x}{\sqrt{1-x^2}}dx = \left[\frac{(\mathrm{Arcsin}\,x)^2}{2}\right]_0^1 = \frac{\pi^2}{8}$ より $\sum_{n=0}^{\infty}\frac{1}{(2n+1)^2} = \frac{\pi^2}{8}$ となるので，$S = \sum_{n=1}^{\infty}\frac{1}{n^2}$ とおくと $S = \sum_{n=0}^{\infty}\frac{1}{(2n+1)^2} + \sum_{n=1}^{\infty}\frac{1}{(2n)^2} = \frac{\pi^2}{8} + \frac{S}{4}$ より，$S = \frac{\pi^2}{6}$ を得る．ここで，$(2n)!! = (2n)(2n-2)(2n-4)\cdots(2)$, $(2n+1)!! = (2n+1)(2n-1)(2n-3)\cdots(1)$.

第 14 章
カタラン数

14.1　カタラン数と数え上げ問題

釣銭問題．n を正整数とする．500 円玉を持っている人と 1000 円札を持っている人がそれぞれ n 人いたとき，その $2n$ 人を一列に並べて，先頭から順に 500 円ずつ集金して $n \times 1000$ 円を集めたい．途中でおつりが渡せなくならない並び方は何通りあるか．その数を C_n とすると，それは**カタラン数**とよばれるものになる．なお，おつりは集めた 500 円玉の中から払うものとする．

500 円玉を持っている人を ○，1000 円札を持っている人を ● で表すと，左から集めるとして $n = 1, 2, 3$ での可能な並び方は次のようになる．

○●

○○●●　○●○●

○○○●●●　○○●○●●　○○●●○●　○●○○●●　○●○●○●

必要なおつりがいつも渡せる，すなわち

$$\text{先頭から途中までみたとき，○ の個数がいつでも ● の個数以上である} \tag{14.1}$$

という並び方を考えることになる．その個数の差は手持ちの 500 円玉の個数であり，最終的には n 人の 1000 円札を持っていた人に 500 円ずつおつりを渡したので，1000 円札が n 枚集まることになる．上のように $C_1 = 1$, $C_2 = 2$, $C_3 = 5$ である．今までと同様 $C_0 = 1$ とおく．

括弧のネスティング．カタラン数 C_n は，様々な数え上げの問題に現れる．たとえば ○ を「(」で ● を「)」で置き換えれば，n 組の括弧を正しく並べる方法の数としても同じである．

((( )))　(( )( ))　(( ))( )　( )(( ))　( )( )( )

ラティスパス． カタラン数 C_n は $1+2+\cdots+(n-1)$ という $\frac{n(n-1)}{2}$ の分割に対するヤング図形の左下から右上まで箱の辺をたどっていく最短の道の数とも等しい．

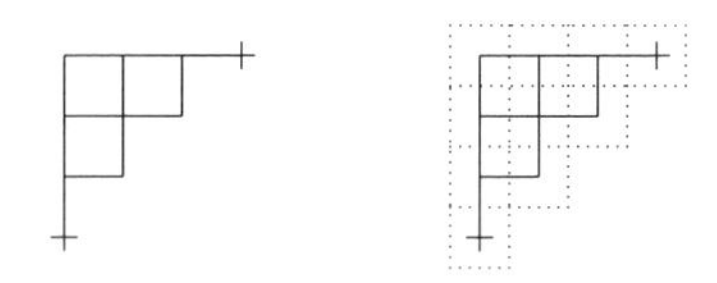

便宜上，上の左図のように左の辺を一つ下に延長し，上の辺も右に一つ延長しておくとわかりやすい．一辺の長さずつ動くことにして，上に動くのを ∘ で，右に動くのを • で表すと，ヤング図形の辺上を動くことになる．

あるいは，$1+2+\cdots+n+(n+1)$ という $\frac{(n+1)(n+2)}{2}$ の分割に対するヤング図形の左下端の箱から右上端の箱まで，箱の上の辺または右の辺を横切って上の箱，または右の箱に移動を繰り返す，と考えてもよい．箱の中心をたどれば同じことになる．

自分が 500 円を持っていて，1000 円札を持っている $(n-1)$ 人と 500 円玉を持っている $(n-1)$ 人を並べて，先頭から順に 1 人 500 円ずつ計 $(2n-1)\times 500$ 円を集める問題を考えると，ヤング図形の辺を延長しないものとみることができる．これは ∘ と • の上の並びで，先頭の ∘ と最後の • を取り去ってできる $(n-1)$ 個の ∘ と $(n-1)$ 個の • の列に対応している．このときは，先頭から途中までを見て ∘ の数が • の数 -1 以上であるという条件と対応している．

トーナメント戦． カタラン数 C_n は，$n+1$ のチームのトーナメント戦の図の数とも等しい．トーナメント戦の図は，線の交わりがないものとする．したがって，両端のチームは決勝戦まで対戦しないことになる．1 回の試合で 1 チームずつ減るので，n 回試合を行うことになる．

4 チームあると 3 試合をすることになり，その図は次のようになる．

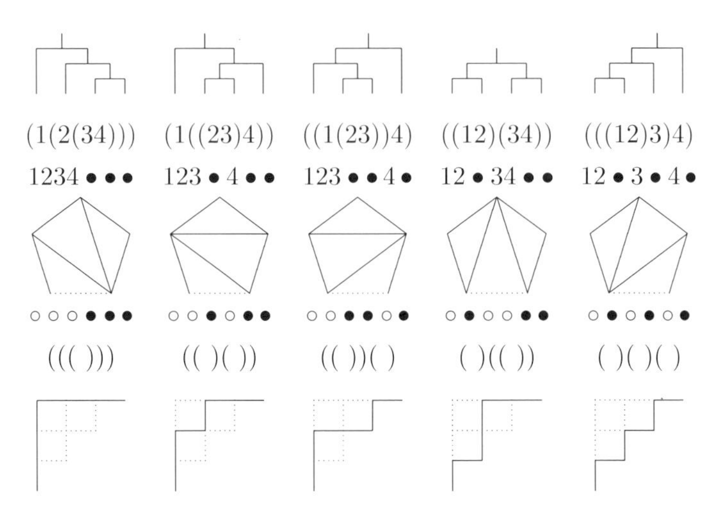

ここでは，4 チームのどこが対戦するかを括弧で括った表示もトーナメント戦の図の下に挙げてある．対応する括弧の中は，対戦する 2 つのチームを表している．このように見ると，順に並んだ 4 つの行列の積を 2 つの行列の積を繰り返して行うときのやり方の数といってもよい[1)]．数字を除くと，括弧のネスティングと対応することがわかる．

番号の小さいチームから呼んでトーナメント戦の図に従って順に試合をすることを考える (チーム番号は，トーナメント戦の図の左から，$1, 2, \ldots$ となっているとする)．最初は番号 1 のチームを呼ぶが，1 チームのみでは試合はできないので番号 2 のチームも呼ぶ．呼ばれたチームの番号を順に書いていくが，呼ばれて待機しているチームのなかで番号の最も大きなチームの試合ができるときは，● を書いて試合を行う．負けたチームは待機リストから除かれる[2)]．そうでないときは，次のチームを呼んでその番号を書く．これを続けると，チーム番号と試合数の ● が並んだ図が書ける．チーム番号は小さい順に並んでいることに注意．このようにして書いた図を，トーナメントの図の下に載せた．

2 以上の番号を ○ に置き換えると，釣銭問題のときに書いた図となり，それも上に載せた．

2 チーム以上チームが残っていないと試合ができないので，● の前にある数字の

[1)]Cataran が考察したのは，このような数であった．

[2)]トーナメントの図の線が交差を許さないことに対応する．

個数，すなわちそれまでに加わったチームの個数からその ● より前にある ● の数を引いたものは 2 以上の必要があり，逆にその場合，試合は常に可能である．先頭の 1 以外の数字を ○ で置き換えると，左から数えていって ○ の数から ● の数を引いた数が，途中で負になることがない，ということと同じである．すなわち $n+1$ チームのトーナメント戦の図も C_n 通りある[3]．

スタック型計算機． C_n はスタック型の計算機で $n+1$ 個の積を計算するやり方とも対応する．最初にスタックに 1 つ数が入っているとする．数を入力してスタックの上部に積むことを ○ で，スタックに積まれた上部の 2 つの数を引き出して積を計算し，それを引き出した 2 つの代わりにスタックの上部に 1 つ積むことを ● で表すことを考えればよい．○○●○●● は以下に対応する．

$$\begin{array}{ccccccccccccc} & & & & a_3 & & & & a_4 & & & & \\ & \circ & a_2 & \circ & a_2 & \bullet & a_2a_3 & \circ & a_2a_3 & \bullet & (a_2a_3)a_4 & \bullet & \\ a_1 & \to & a_1 & \to & a_1 & \to & a_1 & \to & a_1 & \to & a_1 & \to & a_1((a_2a_3)a_4) \end{array}$$

数の演算式． トーナメント戦では n 回の試合が行われるが，各試合は 4 種類の競技のうちのいずれかを指定するものと考えよう．一つのトーナメントの図に対し，競技の指定は 4^n 通りあり，これらを指定したトーナメントの図の全体は 4^nC_n 種類あることになる．4 種類を $+, -, \times, \div$ で置き換えれば，$n+1$ 個の数字に対して，これらの演算と括弧とで表せる数式が 4^nC_n 通りあることになる．スタック型計算機では，その数式を先頭から読んでいって，上のやり方で計算できることを表している．各 ● は積のみとは限らない 4 種類の演算のいずれかとなる．たとえば ○○$-$○$\times\div$ は $(a_1 \div ((a_2 - a_3) \times a_4))$ に対応する[4]．

凸多角形の三角形分割 (オイラー)．凸 $(n+2)$ 角形の頂点を互いに交差しない $(n-1)$ 本の線分で結んで，三角形に分割する方法の数もカタラン数 C_n となる．辺の番号を順に時計回りに $0, 1, \ldots, n+1$ とつけておく．$1, \ldots, n+1$ の番号に並んだ $(n+1)$ チームのトーナメントの図との対応をつけよう．凸 $(n+2)$ 角形の $1, \ldots, n+1$ の辺に注目する．そのうちの 2 辺を含む三角形があれば，その 2

---

[3] トーナメント戦の図を元に，1 試合ずつ順になるべく番号の小さいチームから試合を行っていくことに対応する．

[4] 逆ポーランド記法ともいう．先頭から順番に読み，数字であればスタックに積み，演算であればスタックから必要な数 —— 通常 2 個 (たとえば $+$ は 2 個，$\sqrt{\ }$ は 1 個) —— の数字を取り出して計算してスタックに戻す，という簡単な操作での計算を行うのに使われる．

辺は対戦するチーム番号と考える．その三角形のもう 1 辺は勝者と考え，それ以外の 2 辺は除いて $(n+1)$ 角形で同様な考察をする．これによってトーナメントの図ができる．下の図は $n=3$，すなわち五角形の場合で，下辺の番号を 0 として基準にとった[5]．

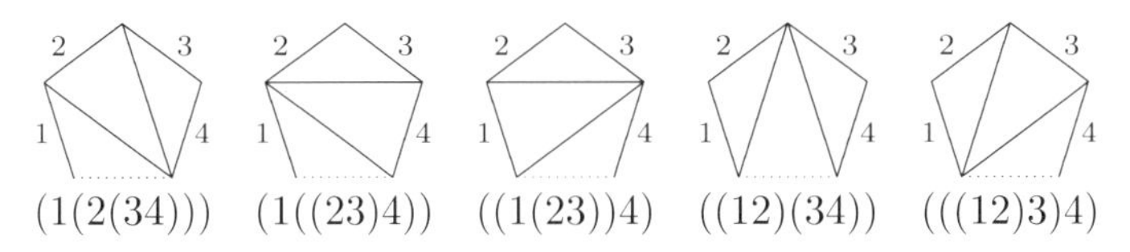

これらの三角形分割は回転ですべて移り合ってしまうが，$n=4$ として六角形の場合では，以下の例のように回転や裏返しで移り合わないものがある．

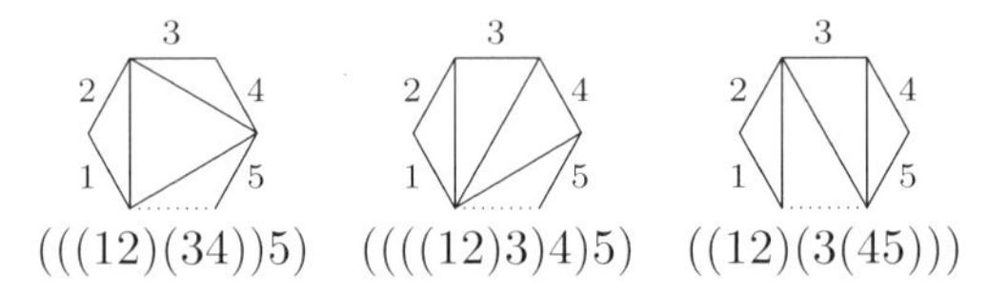

円上に並んだペア． カタラン数 C_n は，正 $2n$ 角形の頂点を考えて，2 頂点のペア n 組への分割で，ペアの頂点を線分で結んだとき，線分が互いに交差しない分割[6]の個数とも一致する．これは，n 個の括弧の正しい並べ方に対応している．i 番目の括弧と対応する j 番目の括弧が対応している場合がペアになる．下の図では，六角形の頂点に $1,2,\ldots,6$ と順に番号をつけたとき，線で結ばれたペアの番号の小さい方を「(」で，大きい方を「)」で置き換えると，3 組の括弧が得られる．

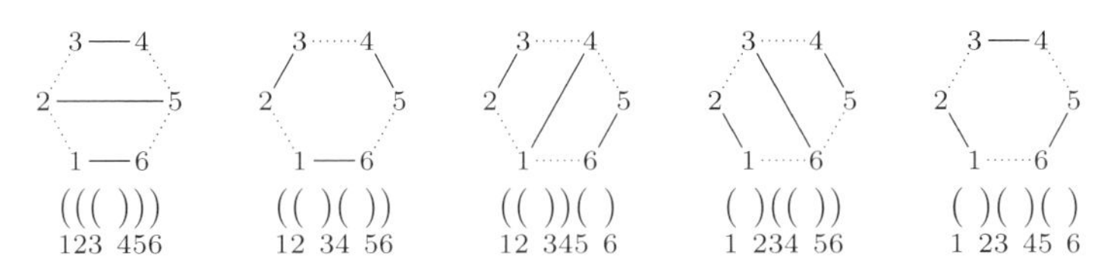

2 行に並べた数字． $2n=n+n$ という分割に対応するヤング図形の箱の中に 1 から $2n$ までの数字を一つずつ書く．ただし，下の数字，あるいは右の数字は必ず大きくなるように並べる．このような数字の入ったヤング図形の個数は C_n と

---

5) 0 の辺を含む三角形は，最後の試合 (優勝決定戦) に対応する．

6) 円上に並んだ $2n$ 人が 2 人ずつ手が交差しないよう同時に握手をする場合の数，という言い方もある．

なる．

釣銭問題では ○ と ● を各 n 個並べたものを考えた．先頭から $1, 2, \ldots, 2n$ と番号をつけて，その番号が ○ ならば上の段に ● ならば下の段に，小さい順に詰めて書く．

上の段の k 番目の箱の数字は，左から k 個目の ○ が，列の何番目か？ という数で，下の段の k 番目の数字は，左から k 番目の ● が，列の何番目か？ という数字である．列の先頭から k 個目の ○ の前には k 個の ● は存在しないので，k 個目の ● は列のより後ろにある．このようにして，条件にあう 2 列に並べた数字が得られる．

逆に，2 列に並べた数字に対応して，数字 k が上段にあれば k 番目に ○ を，下段にあれば k 番目に ● を並べた $2n$ の長さの列を作る．数字 k が ℓ 列目にあったとする．それが上段ならば k 以下の数字が上段に ℓ 個あり，下段には $\ell - 1$ 個以下しか存在しない．それが下段なら k 以下の数字が下段に ℓ 個，上段に ℓ 個以上あることがわかる．これは，○ と ● の並べ方が条件に合っていることを意味している．これで ○ と ● で表した最初の釣銭問題との対応がつけられる．$n = 3$ のときを挙げてみる．

1	2	3
4	5	6

○○○●●●

1	2	4
3	5	6

○○●○●●

1	2	5
3	4	6

○○●●○●

1	3	4
2	5	6

○●○○●●

1	3	5
2	4	6

○●○●○●

14.2 実数べき

m が正の整数のときに

$$\frac{1}{(1-x)^m} = \sum_{n=0}^{\infty} \frac{(m)_n}{n!} x^n$$

となることを示した．

この等式は m がすべての整数のときに成り立つことに注意しよう．

実際，非負整数 k に対して $m = -k$ とおくと，左辺は $(1-x)^k$ で右辺の x^n の係数は

$$\frac{(-k)(-k+1)\cdots(-k+n-1)}{n!} = \begin{cases} 0 & (n > k) \\ (-1)^n {}_kC_n & (0 \leq n \leq k) \end{cases}$$

となるから，二項展開の等式になっている ((10.1) を参照).

定義 14.1 一般の実数 λ に対して

$$\sum_{n=0}^{\infty} \frac{(\lambda)_n}{n!} x^n = 1 + \lambda x + \frac{\lambda(\lambda+1)}{2!} x^2 + \frac{\lambda(\lambda+1)(\lambda+2)}{3!} x^3 + \cdots$$

という形式べき級数を $(1-x)^{-\lambda}$ と定義する[7].

定理 14.2 以下の形式べき級数の間の等式が成立する.

$$(1-x)^{-\lambda} \cdot (1-x)^{-\mu} = (1-x)^{-\lambda-\mu}. \tag{14.2}$$

証明. λ, μ が整数ならば等式が成立することは今までの議論からわかる．左辺の x^n の係数を $f_n(\lambda, \mu)$，右辺の x^n の係数を $g_n(\lambda, \mu)$ とおくと，それは λ, μ の高々 n 次の多項式となる．$h_n(\lambda, \mu) = f_n(\lambda, \mu) - g_n(\lambda, \mu)$ とおく．

次の事実を使おう．

「$h(t)$ を t の高々 n 次の多項式とする．互いに異なる $(n+1)$ 個の数 $C_0, \ldots, C_n$ で $h(C_j) = 0$ $(j = 0, \ldots, n)$ となるなら，$h(t)$ は恒等的に 0 である.」

この事実は，$h(t)$ が $(t - C_j)$ で割り切れることから n に関する帰納法で容易に示される．

さて，多項式 $h_n(\lambda, \mu)$ は λ, μ が共に整数ならば 0 になることがわかっている．μ を整数 k に固定して，$H_n(t) = h_n(t, k)$ という t の多項式を考えると，それは t が整数のとき 0 となる．よって上に述べたことより $H_n(t)$ は恒等的に 0 である．すなわち多項式 $h_n(\lambda, \mu)$ は，μ が整数ならば恒等的に 0 である．

次に $h_n(\lambda, \mu)$ を μ の多項式とみると，μ が整数のときには 0 となるので，それはやはり恒等的に 0 である． □

定理 14.3 (実数べき) 形式べき級数 $f(x)$ が $f(0) = 1$ を満たすならば，実数 λ に対して $f(x)^\lambda$ が定義される．実際，$(1-x)^\lambda$ の x に $1 - f(x)$ を代入すればよい．

ここで λ が有理数 $\frac{q}{p}$ であるならば，$g(x) = f(x)^{\frac{q}{p}}$ は $g(0) = 1$ かつ $g(x)^p = f(x)^q$ を満たす形式べき級数 $g(x)$ として一意に定まる．

---

[7] λ は複素数でもよい．微積分学の範囲なのでここでは証明を省略するが，x が $|x| < 1$ を満たす数ならば，それを代入した無限級数が収束して $(1-x)^{-\lambda}$ に一致することを示すこともできる．

証明. まず $g(x)^p = f(x)^q$ は $g(x)^{-p} = f(x)^{-q}$ と同値であるから $p > 0$ としてよい.

$h(0) = 1$ で $h(x)^p = f(x)^q$ とする. このとき

$$\begin{aligned} 0 &= g(x)^p - h(x)^p \\ &= \bigl(g(x) - h(x)\bigr)\bigl(g(x)^{p-1} + g(x)^{p-2}h(x) + \cdots + h(x)^{p-1}\bigr). \end{aligned}$$

最後の積の 2 項目の定数項は p で 0 ではないので, $g(x) = h(x)$. □

例 14.4 たとえば

$$\begin{aligned} \sqrt{1-2x} &= \sum_{n=0}^{\infty} \frac{(-\frac{1}{2})(-\frac{1}{2}+1)\cdots(-\frac{1}{2}+n-1)}{n!}(2x)^n \\ &= 1 - x - \frac{1}{2!}x^2 - \frac{1\cdot 3}{3!}x^3 - \frac{1\cdot 3\cdot 5}{4!}x^4 - \cdots . \end{aligned}$$

14.3 漸化式と母関数

凸 $(n+2)$ 角形の三角形分割の方法の数とカタラン数の対応づけでは, 時計回りに辺に番号 $0, 1, \ldots, n+1$ をつけた. 頂点にも番号をつけよう. 辺 j と辺 $j+1$ の共通の端点に j と番号をつける. 辺 $n+1$ と辺 0 の共通の端点には $n+1$ と番号をつける.

この凸 $(n+2)$ 角形の三角形分割でできた辺 0 を含む三角形の頂点で三角形分割を分類することを考える. その頂点の番号を j とすると, それは $1, 2, \ldots, n$ の n 個の可能性がある.

三角形分割したものから辺 0 を除くと, 頂点が $0, 1, \ldots, j$ の凸 $(j+1)$ 角形と頂点が $j, j+1, \ldots, n+1$ の凸 $(n+2-j)$ 角形の 2 つの三角形分割された凸多角形に分かれる. ここで, 凸 2 角形は線分のことと解釈し, $C_0 = 1$ とおいたことより, 三角形分割が一意的になされたものと考える.

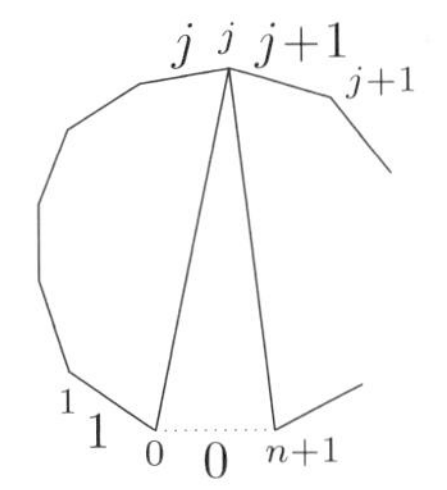

このようなものの総数は $C_{j-1} \times C_{n-j}$ である.

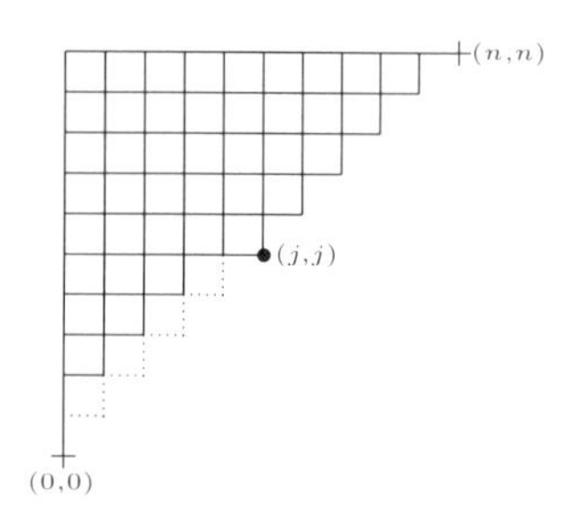

ラティスパスで考えても以下に見るように同様である．xy 平面の原点 $(0,0)$ から上あるいは右に距離 1 ずつ進んで (n,n) に達する道筋で，いつでも x 座標が y 座標を超えないものの個数が C_n であった．出発後，最初に x 座標と y 座標が等しくなる点が (j,j) であるとする．j は 1 から n までの値をとり得る．

この j で道筋を分けて考えてみよう．

(j,j) に達する前の道筋は，$1 \leq i \leq j-1$ となる (i,i) の点を通らないから，上図の点線の辺上にはこない．よって (j,j) に達するまでの道筋は C_{j-1} 通りある．一方 (j,j) から (n,n) への道筋の途中では x 座標と y 座標が等しくなる点を含んでもよいから C_{n-j} 通りである．したがって条件を満たす道筋は $C_{j-1} \times C_{n-j}$ 通りである．

$j = 1, \ldots, n$ で分類されることにより

$$C_n = C_0 C_{n-1} + C_1 C_{n-2} + \cdots + C_{n-1} C_0 \tag{14.3}$$

という漸化式が得られる．そこでカタラン数の母関数

$$f(x) = C_0 + C_1 x + C_2 x^2 + C_3 x^3 + \cdots$$

を考えよう．すると

$$\begin{aligned} f(x)^2 &= (C_0 + C_1 x + C_2 x^2 + C_3 x^3 + \cdots)^2 \\ &= C_0^2 + (C_0 C_1 + C_1 C_0)x + \cdots + (C_0 C_n + C_1 C_{n-1} + \cdots + C_n C_0)x^n \\ &\quad + \cdots \\ &= C_0^2 + C_2 x + C_3 x^2 + \cdots + C_{n+1} x^n + \cdots \end{aligned}$$

であるから

$$x f(x)^2 - f(x) = -C_0 + (C_0^2 - C_1)x = -1$$

を得る．すなわち $f(x)$ は

$$x f(x)^2 - f(x) + 1 = 0, \quad f(0) = 1$$

を満たす．これを 2 次方程式を解くように解いてみよう．

$$(1 - 2x f(x))^2 = 1 - 4x f(x) + 4x^2 f(x)^2 = 1 + 4x\bigl(x f(x)^2 - f(x)\bigr) = 1 - 4x$$

であって，$1-2xf(x)$ は定数項が 1 であるから

$$1-2xf(x)=\sqrt{1-4x}$$

がわかる．すなわち

$$2xf(x)=1-\sqrt{1-4x}$$

である．右辺は定数項が 0 のべき級数であり，上の式から $f(x)$ は一意に定まる．それを $\frac{1-\sqrt{1-4x}}{2x}$ と表すと (注意 8.9 を参照せよ)，以下の定理が得られる．

定理 14.5 カタラン数 C_n の母関数は以下で与えられる．

$$\frac{1-\sqrt{1-4x}}{2x}=C_0+C_1x+C_2x^2+C_3x^3+\cdots. \tag{14.4}$$

$n\geq 1$ のとき，$-\sqrt{1-4x}$ の x^{n+1} の係数は

$$\frac{\prod_{k=1}^{n}(2k-1)}{(n+1)!}2^{n+1}=\frac{\prod_{j=1}^{2n}j}{(n+1)!\prod_{j=1}^{n}(2j)}2^{n+1}=\frac{2(2n)!}{(n+1)!n!}=\frac{2\cdot{}_{2n}C_n}{n+1}$$

であるが，それは $2C_n$ に等しいので以下を得る．

$$C_n=\frac{(2n)!}{n!(n+1)!}=\frac{{}_{2n}C_n}{n+1}. \tag{14.5}$$

これからただちに

$$\frac{C_{n+1}}{C_n}=\frac{(2n+2)(2n+1)}{(n+1)(n+2)}=\frac{4n+2}{n+2}=4-\frac{6}{n+2} \tag{14.6}$$

がわかる．すなわち n が十分大きいと $\frac{C_{n+1}}{C_n}$ は 4 に十分近くなる．

ところで，○と●とを共に n 個並べる並べ方は，並べた $2n$ 個の中から○の n 個を選ぶ組合せの数であったから，${}_{2n}C_n$ 通りある．先頭から途中まで数えたとき，常に○の数が●の数以上である並べ方が C_n 通りであった．これに違反する並べ方の個数は

$$\frac{(2n)!}{n!n!}-\frac{(2n)!}{(n+1)n!n!}=\frac{(2n)!}{n!n!}\frac{n}{n+1}=\frac{(2n)!}{(n-1)!(n+1)!}$$

となって $2n$ 個の中から $n-1$ 個を選ぶ組合せの数に等しい．すなわち

$$C_n={}_{2n}C_n-{}_{2n}C_{n-1}. \tag{14.7}$$

このことの意味は何であろうか？

違反する並べ方があったとする．先頭からみていくと最初に ● の個数が ○ の個数を超える箇所がある．先頭からそこまでをみると，● の個数が ○ の個数より 1 個多い．先頭からその ● までの ● を ○ に，○ を ● に全部置き換えてみよう．すると，○ の個数が 1 個増えるので，全体を見ると ○ を $n+1$ 個，● を $n-1$ 個並べた列ができる．先頭からみて ○ の個数が ● の個数を超える最初の場所までの ● と ○ とを逆にすれば元に戻る．

一方，○ を $n+1$ 個，● を $n-1$ 個並べた列を考えると，○ の個数が ● の個数より多いので，先頭からみていって最初に ○ の個数が ● の個数より 1 個多くなる箇所がある．先頭からその箇所までの ● を ○ に，○ を ● に置き換えると，○ と ● は共に n 個になるが，カタラン数を考えた並べ方に違反するものができる．また，その箇所が最初に規則に違反する ● となる．

両者は対応しているから，違反する並べ方の個数は ${}_{2n}C_{n-1}$ である．

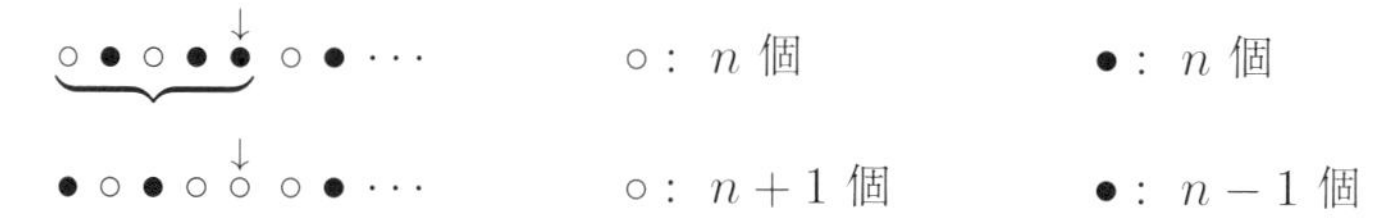

同様な考察を 14.3 節で考えたラティスパスを用いて行うと以下のようになる．

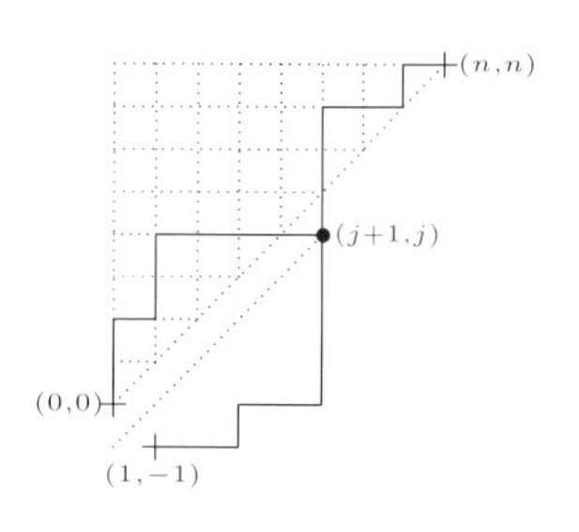

平面の xy 座標を用いると，$(0,0)$ から x 座標あるいは y 座標を 1 ずつ増やして (n,n) までいく $2n$ ステップの道筋で，途中も $x \leq y$ を満たすものの個数が C_n であった．

$x \leq y$ を満たさない点を通る道筋を考えると，ある j に対して $(j+1,j)$ という点を通ることになる．

その最小の j を取って，そこまでの道筋のみを $(0,-1)$ と $(j+1,j)$ を結ぶ直線に対して対称に折り返し，$(j+1,j)$ から (n,n) までのものとつなげると，$(1,-1)$ から (n,n) までの道筋ができる．$(j+1,j)$ までの道筋をみると，上に 1 動くステップと右に 1 動くステップとを取り替えた道筋となっている．

一方 $(1,-1)$ から (n,n) まで上または右に 1 ずつ動いて (n,n) まで行く道筋を考えると，必ず $(0,-1)$ と $(n+1,n)$ を結ぶ直線とぶつかるので，最初にぶつかる点を $(j+1,j)$ とする．そこまでの道筋を同様に対称に折り返すことにより

$(0,0)$ から (n,n) までいく道筋で，$(j+1,j)$ で最初に条件 $x \le y$ に違反するものが得られる．このような 1 対 1 対応により，$(0,0)$ から (n,n) までいく道筋 ${}_{2n}C_n$ 通りのうち，条件 $x \le y$ に違反する道筋の総数は，$(1,-1)$ から (n,n) に行く道筋の総数，すなわち $2n$ ステップのうち右に行く $n-1$ ステップを選ぶ場合の数 ${}_{2n}C_{n-1}$ に等しいことがわかる．

$1+2+\cdots+(n+1)$ という分割に対応するヤング図形を書いたとき，左下の箱から，上または右への移動を繰り返して右上の箱に行く道筋の数が C_n であった．左下の箱から任意の箱に，同様な規則で行く道筋の数を箱の中に書き込んでみよう．その箱に到着する直前は，左の箱か下の箱にいたのであるから，箱に書かれた数は，左の数と下の数との和である．

よってパスカルの三角形と同様の表を書くことができる．たとえば，右の表の · は共に $90+42=132$ でそれは C_6 である．

右の図で左下の箱から上に m，右に n だけ移動した位置の箱の中の数を $C_{m,n}$ とおくと，$C_n = C_{n,n}$ であり，以下の漸化式が得られる．

	$n:$	1	2	3	4	5	6
6	1	6	20	48	90	·	·
5	1	5	14	28	42	42	
4	1	4	9	14	14		
3	1	3	5	5			
2	1	2	2				
$m=1$	1	1					
	1						

$$
\begin{cases}
C_{m,0} = 1 & (m \ge 0), \\
C_{m,n} = 0 & (m < n \text{ または } m < 0 \text{ または } n < 0), \\
C_{m,n} = C_{m-1,n} + C_{m,n-1} & (m \ge n \ge 1).
\end{cases}
$$

このとき

$$
\begin{aligned}
C_{m,n} &= \frac{(m-n+1)(m+n)!}{(m+1)!n!} \quad (m+1 \ge n \ge 0) \\
&= {}_{m+n}C_n - {}_{m+n}C_{n-1} \quad (m \ge n \ge 0)
\end{aligned}
\tag{14.8}
$$

となる．

これを帰納法で示そう．まず，$n=0$ および $n=m+1$ のときは正しい．そこで $m \ge n \ge 1$ とする．上の式は m がより小さいか m が同じならば n がより小さいとき正しいと仮定すると

$$
\begin{aligned}
C_{m-1,n}+C_{m,n-1} &= \frac{(m-n)(m-1+n)!}{m!n!}+\frac{(m-n+2)(m+n-1)!}{(m+1)!(n-1)!} \\
&= \frac{((m+1)(m-n)+n(m-n+2))(m+n-1)!}{(m+1)!n!} \\
&= \frac{(m^2-n^2+m+n)(m+n-1)!}{(m+1)!n!} \\
&= \frac{(m-n+1)(m+n)!}{(m+1)!n!}
\end{aligned}
$$

である．よって二重帰納法により示された．(14.8) の最後の等式は $\frac{m-n+1}{m+1}=1-\frac{n}{m+1}$ からわかる．

$C_{m,n}$ は，m 個の ∘ と n 個の • を 1 列に並べる並べ方で，先頭から途中までみたとき，先頭からそこまでにある ∘ の数が常に • の数以上である，という条件を満たすものの個数である．(14.8) の後半の等式は，$m=n$ のときと同様にして，条件に違反する並べ方の個数を数えることからわかる．

実際，先頭からみて最初に条件に違反する • までの ∘ と • を反転すると • は $n-1$ 個になり，違反した箇所は，反転してできた列を先頭からみてそこまでの ∘ の個数が • の個数を超える初めての箇所である．$m+1>n-1$ であるから，$m+1$ 個の ∘ と $n-1$ 個の • の合計 $m+n$ 個を並べたものには，必ずそのような箇所がある．

問題 14.6 (14.8) をラティスパスを用いることにより示せ．

14.4 ランダムウォーク

原点から出発した質点が，実数直線上を 1 秒毎に正方向か負方向に 1 ずつ動く．1 秒後は $+1$ まは -1 の位置にいる．2 秒後は，正正，正負，負正，負負の 4 通りあって，それぞれ位置は $+2, 0, 0, -2$ となる．m 秒後を考えると，正負のパターンは 2^m 通りあるが，m 秒後に初めて原点に戻ってくる場合の数を計算してみよう．位置の偶奇を考えると m は偶数となるので，$m=2n$ とおこう．

最初に正方向に出発したとすると，$2n-1$ 秒後までは正の位置にいて，次の 1 秒で負の方向に動いたことになる．2 秒目から $2n-1$ 秒後までの $2(n-1)$ 回の移動の正負の状況を ∘ と • で表そう．すると，(14.1) の条件を満たすように $n-1$ 個の ∘ と • が並んでいるということに対応するので，その並べ方の数はカタラン数 C_{n-1} である．最初に負の方向に動いたときも同様で，場合の数は C_{n-1} となるので，2^{2n} 通りのうち $2C_{n-1}$ 通りが $2n$ 秒後に初めて原点に戻ってくることになる．$n=1$ のときは，4 通りのうちの 2 通りで，$n=2$ のときは 16 通りのうちの 2 通りである．

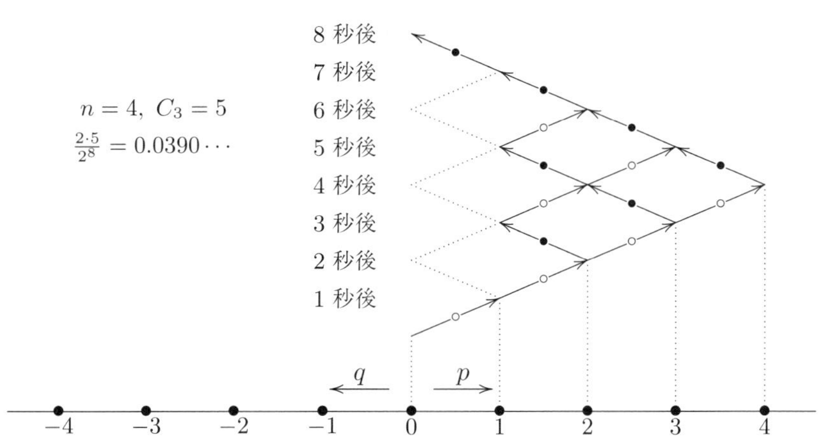

問題 14.7 ある 1 秒で動く方向の正負はそれまでの動きと無関係に，正方向が確率 p で負方向が確率 q とする．$p+q=1$ である．$p=1$ ならば出発点に戻ってくる確率は 0 であるが，$p=q=\frac{1}{2}$ ならば最も戻ってきやすいであろう．その確率はいくつか？

$2n$ 回目で初めて戻ってくる確率は，正方向に n 回，負方向に n 回移動したので $2C_{n-1}p^nq^n$ である．これらをすべて加えると，いつかは戻ってくる確率が得られる．それは

$$\sum_{n=1}^{\infty} 2C_{n-1}(pq)^n = 2pq\sum_{m=0}^{\infty} C_m(pq)^m = pq\frac{1-\sqrt{1-4pq}}{pq}$$

$$= 1-\sqrt{(p+q)^2-4pq} = 1-|p-q|$$

となる．ここで最初の行でカタラン数の母関数の式 (14.4) の x に pq を代入したものを使っている．それの正当性は，収束べき級数などの解析の議論が必要であ

るが，ここでは認めて先に進んでみよう．

いつまで待っても原点に戻ってこない確率は $|p-q|$ で，それは $p=q$ のときに限り 0 である．すなわち $p=q$ のとき，いつかは原点に戻ってくる確率は 1 である．上の級数の和を $2N$ までとすると，$2N$ 秒後までに戻ってくる確率となるが，それは $p=q$ のときに限り，N を大きくしていけばいくらでも 1 に近づくということを意味している．

実際に確率を計算してみよう．小数点以下 4 桁目以降は切り捨てて表示した．

直線上のランダムウォークで出発点への回帰が起こる確率

$p\backslash 2N$	2	4	6	8	10	20	100	1000	10000
$\frac{1}{2}$	0.5	0.625	0.687	0.726	0.753	0.823	0.920	0.974	0.992
$\frac{1}{3}$	0.444	0.543	0.587	0.611	0.626	0.655	0.666	0.666	0.666
$\frac{1}{4}$	0.375	0.445	0.471	0.484	0.490	0.498	0.499	0.499	0.499

$p=q$ のときは極限への収束が遅い．$p=\frac{1}{3}$ のときは，$n=100$ で極限値 $\frac{2}{3}$ との差は 10^{-5} 程度になる．

上記の計算には，以下の十進 BASIC のプログラムを用いた．n が大きくなるとカタラン数 C_n は増大する一方，$(pq)^n$ は減少するので，プログラムでは，漸化式を用いてその積のみを計算している．カタラン数の計算は，漸化式 (14.6) を用いている．

```
! ランダムウォーク
INPUT PROMPT " 確率の比は ": r
INPUT PROMPT " 試行回数は ": n
LET c=1
LET v=0
LET pq=r/(1+r)^2
LET cpq=2*c*pq
FOR i=1 TO n
   LET v = v + cpq
   PRINT 2*i;v
   LET cpq = cpq*(4-6/(i+1))*pq
NEXT i
END
```

$p=q=\frac{1}{2}$ のとき，どの程度の時間で戻ってくるか，その期待値を計算してみよう．それは次の式で与えられると考えられる．

$$\sum_{m=0}^{\infty} 4(m+1)C_m(pq)^{m+1} \tag{14.9}$$

収束べき級数は，微分してもよいことが知られているので

$$2x\Big(\sum_{m=0}^{\infty} C_m x^m\Big) = 1-\sqrt{1-4x}$$

を微分すると

$$\sum_{m=0}^{\infty}(m+1)C_m x^m = \frac{1}{\sqrt{1-4x}}$$

であって，これは $0 \leq x < \frac{1}{4}$ で正しい式を与えているが，x が $\frac{1}{4}$ に近づくと上式の値は $+\infty$ に発散する．$0 \leq pq \leq \frac{1}{4}$ であり，$pq < \frac{1}{4}$ のとき (14.9) の和の値は上の式からわかるが，正のものの和なので $p=q=\frac{1}{2}$ のとき，和 (14.9) は $+\infty$ に発散することがわかる．

第 15 章
包除原理

問題 15.1 n 人の学生に対して，数学，物理，化学の 3 つの試験を行った．数学の試験，物理の試験，化学の試験に合格した学生は，それぞれ n_1, n_2, n_3 人であった．一方，数学と物理の両方に合格した学生 (化学は問わない) は n_{12} 人，物理と化学の両方では n_{23} 人，数学と化学では n_{13} 人であり，またこの 3 科目とも合格の人は n_{123} 人であったとする．不合格の科目については再試験を受けなければならない．では，数学と物理の両方の再試験を受ける学生，3 科目とも再試験を受ける学生はそれぞれ何人いるか？

という問題の答は，右の**ベン図**から，それぞれ

$n - n_1 - n_2 + n_{12}$

$n - n_1 - n_2 - n_3 + n_{12} + n_{23} + n_{13} - n_{123}$

であることがわかる．

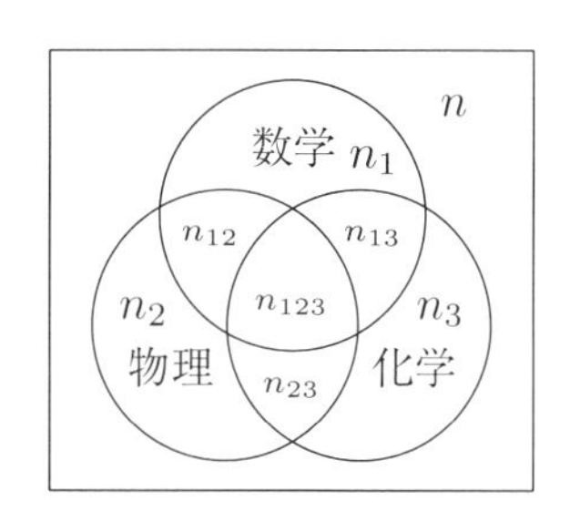

数学，物理，化学，生物の 4 科目で同様の問題を考えると，ベン図は右のようになる．

4 科目とも再試験をする学生の数は

$$n - n_1 - n_2 - n_3 - n_4$$
$$+ n_{12} + n_{13} + n_{14} + n_{23} + n_{24} + n_{34}$$
$$- n_{123} - n_{134} - n_{124} - n_{234} + n_{1234}$$

で得られることが確かめられる．

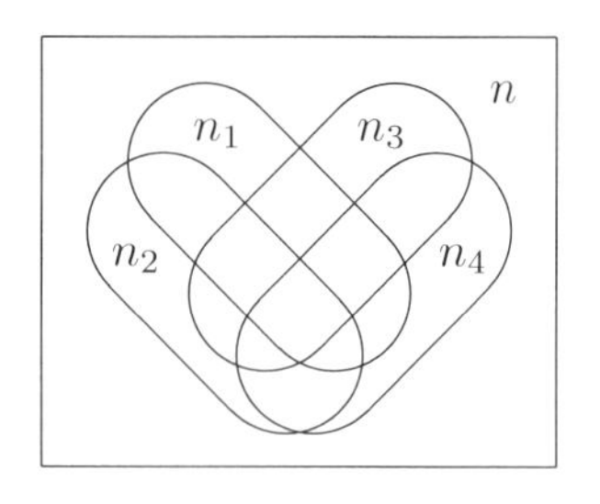

これを一般化したのが以下の包除原理である．

定理 15.2 (包除原理) 有限集合 X の部分集合 $A_1, A_2, A_3, \ldots, A_n$ が与えられていたとする．X における $A_1 \cup A_2 \cup \cdots \cup A_n$ の補集合を Z とおくとき

$$\#Z = \sum_{I \subset \{1,2,\ldots,n\}} (-1)^{\#I} \#A_I. \tag{15.1}$$

なお，$\{1, 2, \ldots, n\}$ の部分集合 I は，各要素が含まれていないかどうかということで決まるので 2^n 個ある．ただし

$$A_I = \bigcap_{i \in I} A_i,\ A_\emptyset = X$$

と定義した．また $\#Y$ は集合 Y の元の数である．

証明. X の部分集合 Y に対し，Y の**特性関数**という X 上の関数 χ_Y 考える．

$$\chi_Y(x) = \begin{cases} 1 & (x \in Y), \\ 0 & (x \notin Y). \end{cases}$$

このとき $\sum_{x \in X} \chi_Y(x) = \#Y$ に注意しよう．また $I \subset \{1, 2, \ldots, n\}$ とするとき

$$\chi_{A_I}(x) = \prod_{i \in I} \chi_{A_i}(x), \quad \chi_Z(x) = \prod_{i=1}^{n} \bigl(1 - \chi_{A_i}(x)\bigr)$$

は容易にわかる．よって

$$\begin{aligned}
\#Z &= \sum_{x \in X} \chi_Z(x) = \sum_{x \in X} \prod_{i=1}^{n} \bigl(1 - \chi_{A_i}(x)\bigr) \\
&= \sum_{x \in X} \sum_{I \subset \{1,2,\ldots,n\}} (-1)^{\#I} \prod_{i \in I} \chi_{A_i}(x) \\
&= \sum_{x \in X} \sum_{I \subset \{1,2,\ldots,n\}} (-1)^{\#I} \chi_{A_I}(x) \\
&= \sum_{I \subset \{1,2,\ldots,n\}} \sum_{x \in X} (-1)^{\#I} \chi_{A_I}(x) \\
&= \sum_{I \subset \{1,2,\ldots,n\}} (-1)^{\#I} \#A_I
\end{aligned}$$

となって，求める式が示された． □

問題 15.3 包除原理を n についての数学的帰納法で証明せよ．

問題 15.4 n 組の夫婦がダンスパーティーの会場に来たとしよう．男女で n 組のペアを作る組合せのうち，夫婦のペアが生じない組合せの数はいくつか？ また，夫婦がペアになることのない確率はどの程度か[1]？ n が大きいと，その確率はどのようになるか？

n 組の夫婦には，1 から n までの夫婦番号をつけたとしよう．組まれたペアが男性の夫婦番号順に並んだときの女性の夫婦番号の並び方でペアの組合せが決まる．したがって，ペアの組み方全体の集合 X は $\{1,2,\dots,n\}$ の並べ方の集合と 1 対 1 対応し，$n!$ 個の元がある．A_i を X の部分集合で，夫婦番号 i の男性とのペアが夫婦である組合せとする．包除原理を使って求めたいものを計算してみよう．

$\#A_i$ は，その夫婦を除いた $n-1$ 組のペアの組み方だけあるので $(n-1)!$ に等しい．同様に考えれば $I \subset \{1,2,\dots,n\}$ に対して A_I は夫婦番号 $i \in I$ の男性が夫婦でペアになる組合せなので，その組合せは残りの $n-\#I$ 組のペアの組み方と対応していて，$\#A_I = (n-\#I)!$ である．$\#I = k$ となる $I \subset \{1,2,\dots,n\}$ の選び方は ${}_nC_k$ 通りあるから，夫婦がペアになることのない組合せの数は，$\#I$ で分類してみると，包除原理より

$$\sum_{k=0}^{n}(-1)^k(n-k)!\,{}_nC_k = \sum_{k=0}^{n}(-1)^k\frac{n!}{k!}$$

となることがわかる．よってこのことが起こる確率を p_n とおくと

$$p_n = \sum_{k=0}^{n}(-1)^k\frac{1}{k!} = 1 - \frac{1}{1!} + \frac{1}{2!} - \frac{1}{3!} + \cdots + (-1)^n\frac{1}{n!}$$

となる．ここで以下の無限級数の等式が成り立っていることを使おう．

$$e^x = 1 + \frac{x}{1!} + \frac{x^2}{2!} + \frac{x^3}{3!} + \cdots .$$

e はネイピア数

$$e = 1 + \frac{1}{2!} + \frac{1}{3!} + \frac{1}{4!} + \cdots = 2.718281828459\cdots$$

で，x は任意の実数でよい．n がある程度大きいと，確率 p_n は

---

[1] プレゼントを一つずつ持って n 人がパーティーに出かける．持ち寄ったプレゼントに通し番号をつけておき，パーティー終了時，参加者は番号札の入った袋から無作為に一枚ずつ札を取り，その番号のプレゼントを持ち帰る．このとき，誰もが自分の持参したプレゼントを持ち帰ることがないという確率はいくつか？ という問題と同じである．

$$e^{-1} = \frac{1}{e} = \frac{1}{2.718281828459\cdots} = 0.36787944\cdots$$

に近いであろう．四捨五入して少数点以下 4 桁まで $n \leq 9$ の p_n を表にすると

n 組夫婦のランダムな男女のペアで夫婦ペアが生じない確率

n	1	2	3	4	5	6	7	8	9
p_n	0	0.5	0.3333	0.375	0.3667	0.3681	0.3679	0.3679	0.3679

となる．実際

$$\begin{aligned} |p_n - e^{-1}| &\leq \frac{1}{(n+1)!} - \frac{1}{(n+2)!} + \frac{1}{(n+3)!} - \cdots \\ &= \frac{1}{(n+1)!} - \sum_{k=1}^{\infty}\left(\frac{1}{(n+2k)!} - \frac{1}{(n+2k+1)!}\right) \\ &< \frac{1}{(n+1)!} \end{aligned}$$

となる．$n \geq 5$ なら約 37% の割合で起こると言ってよい ($n = 4$ でも誤差は 0.5%).

問題 15.5 $(0,0)$ から上または右に 1 ずつ進んで (n,n) まで到達する道筋を考える．

$1 \leq k \leq n-1$ となる自然数 k に対して，この道筋のうちで格子点 (k,k) を通るものの個数を考えて，包除原理を用いることにより，以下の等式を示せ．ここで C_n はカタラン数である．

(n,n)

(0,0)

$$2C_{n-1} = \sum_{m=0}^{n-1} \sum_{0=k_0<k_1<k_2<\cdots<k_m<k_{m+1}=n} (-1)^m \prod_{j=0}^{m} \frac{(2(k_{j+1}-k_j))!}{\left((k_{j+1}-k_j)!\right)^2}.$$

問題 15.6 自然数 n に対し，n と互いに素となる 1 から n までの自然数の個数 $\varphi(n)$ を求めよ[2)]．

一般に，正の整数 q に対し，N 以下の q の倍数は $q, 2q, \ldots, mq$ であるとすると $mq \leq N$ より $m \leq \frac{N}{q}$ となるので，$m = [\frac{N}{q}]$ 個あることに注意しよう．

また $q_1, \ldots, q_k$ が互いに素な自然数としたとき，ある自然数がどの q_i の倍数に

2) $\varphi(n)$ は**オイラー関数**とよばれる．

もなっていることと $q_1q_2\cdots q_k$ の倍数になっていることとは同値であるから，N 以下でこの同値な条件を満たすものの個数は $[\frac{N}{q_1q_2\cdots q_k}]$ である．

n の約数で素数であるものを $p_1,\dots,p_\ell$ とする．$X=\{1,2,\dots,n\}$，X_i を n 以下の p_i の倍数の集合として包除原理を使えばよい．すると求める個数は

$$\begin{aligned}\sum_{I\subset\{1,2,\dots,\ell\}}(-1)^{\#I}\#X_I &= \sum_{I\subset\{1,2,\dots,\ell\}}(-1)^{\#I}\left[\frac{n}{\prod_{i\in I}p_i}\right]\\ &= n\sum_{I\subset\{1,2,\dots,\ell\}}(-1)^{\#I}\frac{1}{\prod_{i\in I}p_i}\\ &= n\Big(1-\frac{1}{p_1}\Big)\Big(1-\frac{1}{p_2}\Big)\cdots\Big(1-\frac{1}{p_\ell}\Big)\end{aligned}$$

となって，綺麗な式で表せた．特に

$$n=p_1^{m_1}p_2^{m_2}\cdots p_\ell^{m_\ell}$$

と素因数分解しておけば

$$\varphi(n)=p_1^{m_1-1}(p_1-1)p_2^{m_2-1}(p_2-1)\cdots p_\ell^{m_\ell-1}(p_\ell-1) \tag{15.2}$$

となる．

たとえば $36=2^23^2$ であるから $\varphi(36)=2\cdot1\cdot3\cdot2=12$ となる．36 以下の 36 と互いに素な自然数は 1 5 7 11 13 17 19 23 25 29 31 35 の 12 個である．

問題 15.7 $2310=2\cdot3\cdot5\cdot7\cdot11$ までの自然数で 2310 と互いに素なものはいくつあるか？

15.1 素数の個数

昔から素数には興味が持たれ，それがどのくらいたくさんあるかは大きな関心事の一つであった．ユークリッドの「原論」には素数が無限に存在することが書かれており，ギリシアの数学者にちなんで名付けられたエラトステネスの篩は素数表を作成する簡明で効果的な方法である．

素数が無限にあることは古くから知られていた．ユークリッドの「原論」にある証明は，次のようなものである．

素数が有限の n 個しかないとして，それを小さい順に $p_1, p_2, \ldots, p_n$ とする．$q = p_1 p_2 \cdots p_n + 1$ とおくと，q は p_n より大きいから素数ではないので，素数を因子にもつが，$p_1, \ldots, p_n$ のいずれでも割り切れない，すなわち 1 が余るので矛盾である．

ザイダックが 2006 年に与えた以下の証明も簡潔である．

a を 2 以上の自然数とする．a の異なる素因子の数を k 個とする．a と $a+1$ には共通因子はないので，$a+1$ の素因子は a の素因子ではない．よって $a(a+1)$ は少なくとも $k+1$ 個の異なる素因子をもつ．$a_0 = 1$，$a_n = a_{n-1}(a_{n-1}+1)$ $(n = 1, 2, 3, \ldots)$ とおくと，今の議論から a_n は少なくとも n 個の異なる素因子をもつことがわかる．よって素数の数は無限にある．

上の 2 つの証明は本質的には同じであるが，前者と異なり後者は具体的に素数の無限列を作る方法を与えていることになる．存在証明で具体的構成方法を与えているものを**構成的証明**という．

前者でも，$p_1 = 2$ とおいて，素数の無限列 $p_1, p_2, \ldots$ における $p_n (n = 2, 3, \ldots)$ を「$p_1 p_2 \cdots p_{n-1} + 1$ の素因数分解に現れる $p_1, \ldots, p_{n-1}$ 以外の最小の素因子」と帰納的に定義することにすれば，構成的証明になる．

素数が無限にあるだけでなく，以下の定理が成り立つ．

定理 15.8 小さい方から n 番目の素数を p_n とおくと

$$\sum_{n \geq 1} \frac{1}{p_n} = \infty \tag{15.3}$$

が成り立つ．

証明.[3] 上の左辺の値が有限とすると，N を十分に大きくとれば

$$\sum_{n > N} \frac{1}{p_n} < \frac{1}{2}$$

が成り立つ．m 以下の自然数で，最大の素因子が p_N 以下のものの集合を M_m とおく．M_m に属する数 k を

---

[3] 放浪の数学者といわれたポール・エルデシュ (1913–1996) による証明．この証明を精密化することによって，セルバーグと共に素数定理の初等的証明を 1949 年に与えた．

$$k = r^2 \cdot s$$

と分解して書く．ここで s は $p_1^2, p_2^2, \ldots, p_N^2$ のいずれでも割り切れないとする．$r^2 \leq m$ であるから r の可能性は高々 $\sqrt{m}$ 通り，s の可能性は高々 2^N 通りなので，このような k は高々 $\sqrt{m}2^N$ 個しかない．すなわち M_m の元の数 $\#M_m$ は $\sqrt{m}2^N$ 以下である．

一方 $p_1, \ldots, p_N$ 以外の素数を約数にもつ m 以下の自然数の個数 $\#M_m^c$ は

$$\#M_m^c \leq \sum_{n>N} \left[\frac{m}{p_n}\right] \leq m \sum_{n>N} \frac{1}{p_n} < \frac{m}{2}.$$

$\#M_m + \#M_m^c = m$ であるから $\frac{m}{2} < \#M_m \leq \sqrt{m}2^N$ となって $m < 2^{2N+2}$ を得るが，m は任意に大きくとれるので矛盾． □

自然数 N 以下の素数の個数を $\pi(N)$ とおく．素数を小さい順に $p_1 = 2, p_2 = 3, \ldots, p_n, \ldots$ と並べて，$q_n = p_1 p_2 \cdots p_n$ とおく．$m = 1, 2, \ldots$ に対し，mq_n 以下で $p_1, \ldots, p_n$ のいずれの倍数でもないものの個数は $m\varphi(q_n)$ である．$p_1, \ldots, p_n$ 以外の素数は $p_1, \ldots, p_n$ のいずれの倍数でもないから，$\pi(mq_n) - n \leq m\varphi(q_n)$ となる．したがって $n \geq 2$ ならば

$$\begin{aligned}
\frac{mq_n}{\pi(mq_n)} &\geq \frac{mq_n}{m\varphi(q_n) + n} = \frac{mp_1p_2\cdots p_n}{m(p_1-1)(p_2-1)\cdots(p_n-1)+n} \\
&\geq \frac{1}{2}\Big(1 - \frac{1}{p_1}\Big)^{-1}\Big(1 - \frac{1}{p_2}\Big)^{-1}\cdots\Big(1 - \frac{1}{p_n}\Big)^{-1} \\
&> \frac{1}{2}\Big(\frac{1}{p_1} + \frac{1}{p_2} + \cdots + \frac{1}{p_n}\Big) \quad (m = 1, 2, 3, \ldots)
\end{aligned}$$

となる．定理 15.8 より n を大きくとると上の値はいくらでも大きくなるから，N を大きくとると $\frac{\pi(N)}{N}$ はいくらでも小さな正数にできることがわかる．

一方，N 以下の自然数は $p_1^{m_1} \cdots p_{\pi(N)}^{m_{\pi(N)}}$ の形をしている．M を $2^M \geq N$ となる自然数とすると，m_ν $(\nu = 1, \ldots, \pi(N))$ は M 以下の非負整数である．よって，$p_j \geq j + 1$ に注意すると

$$\begin{aligned}
\sum_{n=1}^{N} \frac{1}{n} &\leq \sum_{m_1=1}^{M} \cdots \sum_{m_{\pi(N)}}^{M} \frac{1}{p_1^{m_1} \cdots p_{\pi(N)}^{m_{\pi(N)}}} = \prod_{j=1}^{\pi(N)} \frac{1 - (\frac{1}{p_j})^{M+1}}{1 - \frac{1}{p_j}} \\
&\leq \prod_{j=1}^{\pi(N)} \frac{1}{1 - \frac{1}{p_j}} \leq \prod_{j=1}^{\pi(N)} \frac{1}{1 - \frac{1}{j+1}} = \prod_{j=1}^{\pi(N)} \frac{j+1}{j} = \pi(N) + 1.
\end{aligned}$$

一方 $\sum_{n=1}^{N} \frac{1}{n} \geq \int_{1}^{N+1} \frac{dx}{x} = \log(N+1) > \log N$ であるから $\pi(N) + 1 > \log N$ を得るが，$\pi(N)$ は整数なので以下が成り立つ．

$$\pi(N) \geq [\log N]. \tag{15.4}$$

問題 15.9 100 以下の素数は以下の 25 個である．

2 3 5 7 11 13 17 19 23 29 31 37 41 43 47 53 59 61 67 71 73 79 83 89 97

これを使い，包除原理を元に 10000 以下の素数の個数を計算する方法を考えよ．

10000 以下の数が素数でなければ，それは 2 以上の 2 つの自然数の積となるので，どちらかは 100 以下である．このことからその数は 100 以下の素数を約数にもつことがわかる．

自然数 N に対し，$M^2 \geq N$ となる自然数 M を考える．M 以下の素数を，小さい順に並べて $p_1, p_2, \ldots, p_\ell$ とする．$N = 10000$, $M = 100$ のとき $\ell = 25$ であった．

$X = \{1, \ldots, N\}$, $X_i = \{N$ 以下の p_i の倍数$\}$ として包除原理を使うと，N 以下で $p_1, \ldots, p_\ell$ のいずれの倍数でもない数の集合 Z の元の個数は

$$\sum_{I \in \{1,\ldots,\ell\}} (-1)^{\#I} \left[\frac{N}{\prod_{i \in I} p_i} \right]$$

となる．Z には $\{p_1, \ldots, p_\ell\}$ が含まれない一方，1 が入っているから，それを加減すると，N 以下の素数の個数は

$$\sum_{I \in \{1,\ldots,\ell\}} (-1)^{\#I} \left[\frac{N}{\prod_{i \in I} p_i} \right] + \ell - 1 \tag{15.5}$$

で与えられる．

上式では多くの項を計算しなくてはならないようだが，$\prod_{i \in I} p_i$ が N を超えてしまう項は寄与しないので省いてよい．今の場合 $2 \cdot 3 \cdot 5 \cdot 7 \cdot 11 \cdot 13 = 30030$ となるので，$\#I \leq 5$ の項のみ残る．特に N が大きい場合は，この省略で多くの項が不要となる．このような計算はコンピュータが得意としている．

直接計算で，$N=100, M=10$ として確かめてみよう．10 以下の素数は 2, 3, 5, 7 の 4 個であるから，100 以下の素数の個数は，上式より

$$100-\left[\frac{100}{2}\right]-\left[\frac{100}{3}\right]-\left[\frac{100}{5}\right]-\left[\frac{100}{7}\right]+\left[\frac{100}{6}\right]+\left[\frac{100}{10}\right]+\left[\frac{100}{14}\right]+\left[\frac{100}{15}\right]$$
$$+\left[\frac{100}{21}\right]+\left[\frac{100}{35}\right]-\left[\frac{100}{30}\right]-\left[\frac{100}{42}\right]-\left[\frac{100}{70}\right]-\left[\frac{100}{105}\right]+\left[\frac{100}{210}\right]+4-1$$
$$=100-50-33-20-14+16+10+7+6+4+2-3-2-1-0+0$$
$$+4-1=25$$

となって，上の式を確かめることができた．

問題 15.10 前問の 100 までの素数 25 個をもとに，1 億以下の素数の個数を計算せよ．

この問題は，とてつもない計算が必要と思うかもしれない．しかしコンピュータと包除原理を使えば難しくない．次のようにすればよいであろう．すなわち 10000 以下の数を並べておいて，2 を超える 2 の倍数，3 を超える 3 の倍数，$\cdots$，97 を超える 97 の倍数と順に除いておけば，10000 以下の素数がすべて残る．それを元に前問の方法を使うと，100000000 以下の素数の個数が計算できる．

10000 以下の素数を得るには，上の方法を素数の 2 からスタートし，2 を超える 10000 以下の 2 の倍数を順に除く．2 を超える残った次の数は素数なので，2 をその素数に置き換えて同様なことを，素数が 100 を超えない限り行っていけば 10000 以下の素数を得ることができる．このようにして素数を得ていく方法を**エラトステネスの篩**という．たとえば，以下のようになっていく．

2	3	4	5	6	7	8	9	10	11	12	13	14	15	16	17	⋯
2	3	-	5	-	7	-	9	-	11	-	13	-	15	-	17	⋯
2	**3**	-	5	-	7	-	-	-	11	-	13	-	-	-	17	⋯
2	3	-	**5**	-	7	-	-	-	11	-	13	-	-	-	17	⋯
2	3	-	5	-	**7**	-	-	-	11	-	13	-	-	-	17	⋯

このアルゴリズムで素数を求めるプログラムを以下に載せる．

コンピュータでは数などのデータは 2 進数で 0, 1 が並んだものとして扱われる．十進 BASIC では通常のモードでは整数は 0 または 1 が 64 個並んだものと

して表されるので[4]，以下のプログラムでは一つの整数，すなわち 0 または 1 が 64 個並んだもののうちの 50 個 (2 進法での下位の 50 桁) が，順に並んだ 50(プログラムにおける mb) 個の奇数に対応するとし，篩で除かれる前を 0 で，除くと 1 で表すことにする．整数を mmx+1 個，以下のように fu[0 TO mmx] として用意すれば，$(\mathtt{mmx}+1)\times 100$ までの 3 以上の奇数を表すことができる．篩で除くべき奇数が，用意した何番目の整数の 2 進表記での何桁目に対応するか調べて，bitor(*,b(pbt)) という演算で対応する整数の 2 進表記の桁を 1 に変更している (最上位の 64 桁目が 1 のときは負の数).

AND や OR は 2 つの論理式から 1 つの論理式を作るのに使われるが，論理式の真と偽を 1 と 0 で表すと 1 AND $0=0$，1 OR $0=1$ などとなる．表にすると右のようになる．

		AND	OR	XOR
0	0	0	0	0
1	0	0	1	1
0	1	0	1	1
1	1	1	1	0

bitor(x,y) や bitand(x,y) は x, y を 2 進数で表したとして，桁毎に OR や AND の演算を行った結果を与えるものである．2 進法で x, y を表したとすると

$$\mathtt{bitor}(\underline{101101},\underline{010001})=\underline{111101},\quad \mathtt{bitand}(\underline{101101},\underline{010001})=\underline{000001}$$

となる．実際には 2 進法での 101101 は 10 進法では $2^5+2^3+2^2+1^0=32+8+4+1=45$ となるので，上の $\underline{101101}$ は，整数 45 を意味する．

```
! エラトステネスの篩
OPTION ARITHMETIC RATIONAL
INPUT PROMPT "いくつ以下の素数？  ":mx
INPUT PROMPT "0:個数のみ 1:リスト？  ":fd
LET mb = 50  ! 整数 1 つに入れるビット数
LET mmx = INT(mx/(mb*2))+1
DIM fu(0 TO mmx)
DIM b(0 TO mb-1)
```

[4] コンピュータ関連では，2 進法で 1 桁，すなわち 0 または 1 で表せる単位を 1 bit といい，2 進法で 8 桁，すなわち 8 bit を 1 byte とよんで，記憶の単位として用いる．内部のメモリーやディスクなどの記憶容量にも用いられる．1 G(ギガ)byte とは，10^{12} byte のこと (2 進法でわかりやすいように，$1024^3=2^{30}$ byte とする流儀もある)．2 進法で 64 桁の整数を 8 byte 整数という．この整数は，通常 2^{64} を法として考えて -2^{63} 以上 $2^{63}-1$ 以下の整数を表すと考えることが多い．

```
LET b(0)=1
FOR i=1 TO mb-1
   LET b(i)=b(i-1)+b(i-1)
NEXT i
LET pf = 0
LET pb = 1
LET n = 3

DO
   IF bitand(fu(pf),b(pb)) = 0 THEN
      LET pbd = MOD(n,mb)
      LET pfd = (n-pbd)/mb
      LET pft = pf
      LET pbt = pb
      DO
         LET pft = pft + pfd
         LET pbt = pbt + pbd
         IF pbt >= mb THEN
            LET pbt = pbt - mb
            LET pft = pft + 1
         END IF
         IF pft > mmx THEN EXIT DO
         LET fu(pft)=bitor(fu(pft),b(pbt))
      LOOP
   END IF
   LET pb = pb + 1
   IF pb >= mb THEN
      LET pf = pf+1
      LET pb = 0
   END IF
   LET n = n + 2
LOOP WHILE n*n <= mx
!1 END    !エラトステネスの篩 終了

! 残った素数の調査
LET pf = 0
LET pb = 1
LET n = 3
```

```
LET nm = 1
IF fd = 1 THEN PRINT 2;
DO
   IF bitand(fu(pf),b(pb)) = 0 THEN
      IF fd = 1 THEN PRINT n;
      let nm = nm +  1
   END IF
   LET pb = pb + 1
   IF pb >= mb THEN
      LET pb = 0
      LET pf = pf + 1
   END IF
   LET n = n + 2
LOOP WHILE n <= mx
IF fd = 1 THEN PRINT
PRINT nm;"個あります"
END
```

実行例は以下の通り.

```
いくつ以下の素数？  100
0:個数のみ 1:リスト？  1
 2  3  5  7  11  13  17  19  23  29  31  37  41  43  47  ...
 25 個あります

いくつ以下の素数？  10000000
0:個数のみ 1:リスト？  0
 664579 個あります
```

エラトステネスの篩によって得られた素数の表を元に包除原理を使ってある数までの素数の個数を数えることにすれば，さらに大きな数までの素数の個数を数えることができる．そのプログラムを以下に載せる．

まず，上のプログラムの最初の 2 行の INPUT 文を

```
INPUT PROMPT "いくつ以下の素数を求めますか？  ":mm
LET mx = intsqr(mm)
LET fd = 0
```

の 3 行で置き換え，最後の 2 行の PRINT 文と END 文を以下のものに置き換えれ

ばよい.

```
! 素数を pp(1 to nm) へ格納
DIM pp(1 TO nm)
LET pf = 0
LET pb = 1
LET n = 3
LET nm = 1
LET pp(1) = 2
DO
   IF bitand(fu(pf),b(pb)) = 0 THEN
      let nm = nm +  1
      LET pp(nm) = n
   END IF
   LET pb = pb + 1
   IF pb >= mb THEN
      LET pb = 0
      LET pf = pf + 1
   END IF
   LET n = n + 2
LOOP  WHILE n <= mx
LET pc = mm + nm -1
LET n = cprod(1,1,1)
PRINT pc;"個あります"

! 包除原理による計算
FUNCTION cprod(l,t,v)
   local lf,lc
   LET lf = 0
   LET lc = 0
   DO WHILE t <= nm
      LET lv = v*pp(t)
      IF lv > mm THEN EXIT DO
      IF MOD(l,2) = 0 THEN
         LET pc = pc + INT(mm/lv)
      ELSE
         LET pc = pc - INT(mm/lv)
      END IF
      IF lf = 0 THEN LET lf = cprod(l+1,t+1,lv)
```

```
      LET t = t + 1
      LET lc = lc + 1
   LOOP
   IF lc = 0 THEN
      LET cprod = 1
   ELSE
      LET cprod = 0
   END IF
END FUNCTION
END
```

実行結果は以下の通り.

```
いくつ以下の素数を数えますか?  10000000
 664579 個あります

いくつ以下の素数を数えますか?  100000000
 5761455 個あります

いくつ以下の素数を数えますか?  1000000000
 50847534 個あります

いくつ以下の素数を数えますか?  10000000000
 455052511 個あります
```

10 億以下の素数の個数の計算には, 5 分以上かかった. プログラムでは桁数無制限のモードにしているが, 十進 BASIC では, デフォルトで 15 桁の整数, すなわち 1000 兆 $= 10^{15}$ 未満の自然数は正しく扱えるので, その場合は最初の

```
OPTION ARITHMETIC RATIONAL
```

の `RATIONAL` を `NATIVE` に変え, `intsqr(mm)` を `int(sqr(mm))` に変えると実行時間が 45 秒程度に短縮された[5). この変更をして 1000 億以下の素数の個数計算まで行い, 結果とかかった時間を表にした.

素数の個数

素数 <	10^5	10^6	10^7	10^8	10^9	10^{10}	10^{11}
個数	9592	78498	664579	5761455	50847534	455052511	4118054813
秒数	0.01	0.06	0.5	4.57	45.3	460.5	4626.1

[5)] 2013 年時点の標準的なノート・パソコンでの実行時間.

第 16 章
スターリング数

n 人を k 組のグループに分けることを考えよう．その個数を**第 2 種スターリング数**とよび，$\left\{ n \atop k \right\}$ と書くことにする[1]．ここでは，人は区別するが，何番目のグループかは区別しない．またグループには必ず 1 人以上は入るものとする．

たとえば $n = 4$ で $k = 2$，すなわち 4 人が 2 組に分かれるとしよう．それには，3 人と 1 人のグループに分かれる場合と，共に 2 人のグループに分かれる場合がある．人に $1, 2, 3, 4$ と番号をつけておけば，前者は，誰が一人のグループになるかで 4 通りある．後者は 1 と組む人の番号で 2 人組の 2 つとも決まってしまうので，3 通りある．よって $\left\{ 4 \atop 2 \right\}$ は 7 である．以下に列挙すると

$$\{\{1\},\{2,3,4\}\} \quad \{\{2\},\{1,3,4\}\} \quad \{\{3\},\{1,2,4\}\} \quad \{\{4\},\{1,2,3\}\}$$
$$\{\{1,2\},\{3,4\}\} \quad \{\{1,3\},\{2,4\}\} \quad \{\{1,4\},\{2,3\}\}.$$

すなわち $\left\{ n \atop k \right\}$ は，n 個の元からなる集合を k 個の空でなく互いに共通部分のない部分集合に分ける分け方の個数である．

n 人を k 個のグループに分けることを考えたが，分かれたグループ内で両手をつないで円を k 個作ってもらう．ただし，1 人の場合は，自分の両手を組むものとしよう．このようにしてできる状態の数を**第 1 種スターリング数**とよび $\left[n \atop k \right]$ と書くことにする．先の $n = 4, k = 2$ の例では，グループ分けは既に調べたので，7 種のグループ分け毎に円形に並ぶ際に，異なった状態がどうできるかを調べればよい．

1 人あるいは 2 人のグループでは，並び方は 1 通りであるが，3 人の場合は 2 通りある．たとえば $\{1, 2, 3\}$ の 3 人のグループのときは 1 の人の右手と手をつないだ人が誰かで決まる．よって $\left[4 \atop 2 \right] = 4 \times 2 + 3 = 11$ である．

---

[1] これに対し，組合せの数 ${}_nC_k$ を $\binom{n}{k}$ と書くことも多い．

一般に m 人の人が円形に並ぶ並び方は**円順列**とよばれる．この m 人に番号を $1, 2, \ldots, m$ とつけたとして．m 番の人に注目しよう．その人から反時計回りに回って残りの $m-1$ 人が順に誰かということで並び方は決まる．すなわち $1, 2, \ldots, m-1$ の番号の付いた $m-1$ 人の並び方と 1 対 1 に対応しているので $(m-1)!$ 通りとなる．

n 人の人を k 個のグループに分けたとき，各グループの人数を n_j 人とすると $(j = 1, \ldots, k)$，このグループ分けで円形に手をつなぐつなぎ方は

$$(n_1 - 1)! \cdot (n_2 - 1)! \cdots (n_k - 1)!$$

通りとなる．

漸化式を求めよう．すぐにわかることは

$$\begin{aligned} &\begin{bmatrix} n \\ 0 \end{bmatrix} = \begin{Bmatrix} n \\ 0 \end{Bmatrix} = \begin{bmatrix} n \\ k \end{bmatrix} = \begin{Bmatrix} n \\ k \end{Bmatrix} = 0 \qquad (k > n), \\ &\begin{bmatrix} n \\ n \end{bmatrix} = \begin{Bmatrix} n \\ n \end{Bmatrix} = 1, \quad \begin{bmatrix} n \\ 1 \end{bmatrix} = (n-1)!, \quad \begin{Bmatrix} n \\ 1 \end{Bmatrix} = 1. \end{aligned} \tag{16.1}$$

第 2 種スターリング数 $\left\{ {n \atop k} \right\}$ は n 人を k 組に分ける場合の数であった．n 人に番号 $\{1, 2, \ldots, n\}$ をつけておけば，この n 個の数字を k 個の部分集合に分けるとしても同じである．これらの部分集合から n を除いてみよう．すると部分集合の数が $k-1$ になる場合と k で変わらない場合に分かれる．前者は，n の属する部分集合がただ一つの元からなっていた場合で，後者は他の数字も加わって部分集合となっていた場合である．n を除いたものを考えると，前者は $\left\{ {n-1 \atop k-1} \right\}$ 通りある．後者は $\{1, 2, \ldots, n-1\}$ の k 個の部分集合になるが，n が属していたのはその k 個のいずれの可能性もある． つまり $\{1, 2, \ldots, n-1\}$ の k 個の部分集合があったとき，その k 個の部分集合のいずれにも n を加えることができて，その結果それぞれ $\{1, \ldots, n\}$ の異なる k 個の部分集合への分割が得られる．よって後者は $k \times \left\{ {n-1 \atop k} \right\}$ 通りある．よって以下の漸化式が得られた．

$$\begin{Bmatrix} n \\ k \end{Bmatrix} = \begin{Bmatrix} n-1 \\ k-1 \end{Bmatrix} + k \begin{Bmatrix} n-1 \\ k \end{Bmatrix} \qquad (n \geq 2). \tag{16.2}$$

第1種スターリング数 $\begin{bmatrix} n \\ k \end{bmatrix}$ では n 人を k 組に分け，各組は円状に並んだ．番号 n だけで一つの組を作っている場合は，残りの $n-1$ 人が $k-1$ 組を作っていた場合に対応し，$\begin{bmatrix} n-1 \\ k-1 \end{bmatrix}$ 通りの場合がある．そうでない場合は，n の右手とつないでいた人が何番であるかで $n-1$ 通りあり得る．逆に $n-1$ 人で k 組に分かれてそれぞれ円状に並んでいたとすると，n はどの人の左側にも割って入ることができて，それは $n-1$ 通りある．よって以下の漸化式がわかる．

$$\begin{bmatrix} n \\ k \end{bmatrix} = \begin{bmatrix} n-1 \\ k-1 \end{bmatrix} + (n-1)\begin{bmatrix} n-1 \\ k \end{bmatrix} \qquad (n \geq 2). \tag{16.3}$$

以上の (16.1)，(16.2)，(16.3) からスターリング数の表を作ることができる．

第1種スターリング数

$n\backslash k$	1	2	3	4	5	6	7	8	9
1	1								
2	1	1							
3	2	3	1						
4	6	11	6	1					
5	24	50	35	10	1				
6	120	274	225	85	15	1			
7	720	1764	1624	735	175	21	1		
8	5040	13068	13132	6769	1960	322	28	1	
9	40320	109584	118124	67284	22449	4536	546	36	1

第2種スターリング数

$n\backslash k$	1	2	3	4	5	6	7	8	9	10
1	1									
2	1	1								
3	1	3	1							
4	1	7	6	1						
5	1	15	25	10	1					
6	1	31	90	65	15	1				
7	1	63	301	350	140	21	1			
8	1	127	966	1701	1050	266	28	1		
9	1	255	3025	7770	6951	2646	462	36	1	
10	1	511	9330	34105	42525	22827	5880	750	45	1

以下は，求めた漸化式を用いてスターリング数を計算するプログラムである．

```
REM  スターリング数
INPUT PROMPT "1 種か 2 種を指定してください (1 or 2) ":p
IF p<>1 AND p<>2 THEN
   PRINT " 指定がおかしい！ "
   STOP
END IF
INPUT PROMPT " いくつまで？  ":mx
IF mx <= 0 THEN
   PRINT " 数がおかしい！ "
   STOP
END IF
DIM S(0 TO mx, 0 TO mx)
LET S(0,0) = 1
FOR n = 1 TO mx
   LET S(n,1) = 1
   FOR k = 1 TO n
      IF p = 2 THEN
         LET S(n,k) = S(n-1,k-1) + k*S(n-1,k)
      ELSE
         LET S(n,k) = S(n-1,k-1) + (n-1)*S(n-1,k)
      END IF
   NEXT k
   FOR k = 1 TO n
      PRINT S(n,k);
   NEXT k
   PRINT
NEXT n
END
```

スターリング数の母関数を求めてみよう．第 1 種スターリング数については，$n \geq 1$ のとき

$$g_n(x) = \sum_{k=0}^{\infty} \left[\begin{matrix} n \\ k \end{matrix} \right] x^k = \left[\begin{matrix} n \\ 0 \end{matrix} \right] + \left[\begin{matrix} n \\ 1 \end{matrix} \right] x + \left[\begin{matrix} n \\ 2 \end{matrix} \right] x^2 + \cdots + \left[\begin{matrix} n \\ k \end{matrix} \right] x^k + \cdots + \left[\begin{matrix} n \\ n \end{matrix} \right] x^n$$

とおくと，漸化式 (16.3) から

$$g_n(x) = (x + n - 1) g_{n-1}(x)$$

がわかるので

$$\sum_{k=0}^{\infty} \begin{bmatrix} n \\ k \end{bmatrix} x^k = x(x+1)(x+2)\cdots(x+n-1). \tag{16.4}$$

この x を $-x$ に置き換えて $(-1)^n$ を掛けると

$$\begin{aligned} &x(x-1)(x-2)\cdots(x-n+1) \\ &= \begin{bmatrix} n \\ n \end{bmatrix} x^n - \begin{bmatrix} n \\ n-1 \end{bmatrix} x^{n-1} + \cdots + (-1)^n \begin{bmatrix} n \\ 0 \end{bmatrix}. \end{aligned} \tag{16.5}$$

注意 16.1 母関数 (16.4) において $x = 1$ とおくと

$$\begin{bmatrix} n \\ 0 \end{bmatrix} + \begin{bmatrix} n \\ 1 \end{bmatrix} + \cdots + \begin{bmatrix} n \\ n \end{bmatrix} = n! \tag{16.6}$$

が得られる．和の $n!$ は $\{1, 2, \ldots, n\}$ の並べ方 $i_1, i_2, \ldots, i_n$ の場合の数である．

その意味を考えてみよう．一つの並べ方に対して

$$\sigma(j) = i_j \qquad (j = 1, \ldots, n)$$

という $X = \{1, 2, \ldots, n\}$ から X への 1 対 1 の写像を対応させてみよう．番号 j は n 人の人の番号付けと考え，さらに j の人の右手は番号 $\sigma(j)$ の人の左手とつないでいると考える．j 番の人の左手は $\sigma^{-1}(j)$ 番の人の右手とつないでいる．手のつながっている人の輪でグループ分けができる．この輪の数が k となるような並べ方に対応する σ の個数が $\begin{bmatrix} n \\ k \end{bmatrix}$ であったので，これをすべての k について加えれば，その個数は n 人の人の並び方の場合の数 $n!$ になる．

$$1 \to 3 \to 4 \to 1, \quad 2 \rightleftarrows 5 \qquad \longleftrightarrow \qquad \sigma : (1, 2, 3, 4, 5) \longmapsto (3, 5, 4, 1, 2).$$

σ は，円の反時計回りの隣の人へ，σ^{-1} は時計回りの隣の人へと人の番号を変換する写像になっている[2]．

第 2 種スターリング数は

---

[2] σ を $\{1, \ldots, n\}$ の置換というが，このようなグループ分けにより，円上に並んだ番号の左回りの最小回転に分解したもので表現される (これを巡回置換という)．これを σ の**サイクル分解**という．サイクル分解しておけば，σ を複数回施したときにどうなるかが見やすい．

$$f_k(x) = \left\{ {0 \atop k} \right\} + \left\{ {1 \atop k} \right\} x + \left\{ {2 \atop k} \right\} x^2 + \cdots + \left\{ {n \atop k} \right\} x^n + \cdots$$

とおくと，$k \geq 1$ のとき

$$\begin{aligned} f_k(x) &= \left\{ {0 \atop k} \right\} + \left\{ {1 \atop k} \right\} x + \left\{ {2 \atop k} \right\} x^2 + \cdots + \left\{ {n \atop k} \right\} x^n + \cdots \\ kxf_k(x) &= \qquad k\left\{ {0 \atop k} \right\} x + k\left\{ {1 \atop k} \right\} x^2 + \cdots + k\left\{ {n-1 \atop k} \right\} x^n + \cdots \end{aligned}$$

および漸化式 (16.2) から

$$(1 - kx)f_k(x) = xf_{k-1}(x)$$

がわかる．この漸化式と $f_0(x) = 1$ より

$$\sum_{n=0}^{\infty} \left\{ {n \atop k} \right\} x^n = \frac{x^k}{(1-x)(1-2x)\cdots(1-kx)} \tag{16.7}$$

が得られる．

m 種類の品物を n 人にプレゼントする場合の数を考えてみよう．各人の受け取る品物は 1 つとし，品物の数は十分あるとする．各人 m 種類の可能性があるから全体では m^n 通りある．そこで m 種類のうちの何種類をプレゼントとして使ったかで分類してみよう．k 種類使ったとすると，n 人を k 個のグループに分け，それぞれのグループに別の種類を割り当てることで決まる．グループの分け方が $\left\{ {n \atop k} \right\}$ 通りで，プレゼントの割り振り方が $m(m-1)\cdots(m-k+1)$ 通りである．$k \leq n$ であるので，すべて加えると，$x = m$ に対して等式

$$\begin{aligned} x^n = &\left\{ {n \atop 0} \right\} + \left\{ {n \atop 1} \right\} x + \left\{ {n \atop 2} \right\} x(x-1) + \cdots \\ &+ \left\{ {n \atop n} \right\} x(x-1)(x-2)\cdots(x-n+1) \end{aligned} \tag{16.8}$$

が成り立つことがわかる．上式は x について n 次の多項式で，$x = 0, 1, 2, \ldots$ で等号が成り立つので，実は恒等式である．

この等式を，漸化式を使って帰納法で示してみよう．n のとき正しいと仮定する．このとき

$$\left(\left\{ {n \atop k-1} \right\} + k\left\{ {n \atop k} \right\}\right)x(x-1)\cdots(x-k+1)$$
$$= (x-(k-1))\left\{ {n \atop k-1} \right\}x(x-1)\cdots(x-k+2)$$
$$+ k\left\{ {n \atop k} \right\}x(x-1)\cdots(x-k+1)$$

であるから，これを $k = 1, 2, \ldots, n+1$ に対して加えると，漸化式 (16.2) と帰納法の仮定から

$$\sum_{k=1}^{n+1}\left\{ {n+1 \atop k} \right\}x(x-1)\cdots(x-k+1)$$
$$= x\sum_{k=1}^{n+1}\left\{ {n \atop k-1} \right\}x(x-1)\cdots(x-k+2) = x^{n+1}$$

となって，$n+1$ でも正しいことが示される．

非負整数 n に対して (10.10) の下降べき $x^{\underline{n}}$ を用いて (16.5)，(16.8) を書くと

$$\begin{pmatrix} 1 \\ x^{\underline{1}} \\ \vdots \\ x^{\underline{n}} \end{pmatrix} = \begin{pmatrix} \left[{0 \atop 0} \right] & -\left[{0 \atop 1} \right] & \cdots & (-1)^{-n}\left[{0 \atop n} \right] \\ -\left[{1 \atop 0} \right] & \left[{1 \atop 1} \right] & \cdots & (-1)^{1-n}\left[{1 \atop n} \right] \\ \vdots & \vdots & \cdots & \vdots \\ (-1)^n\left[{n \atop 0} \right] & (-1)^{n-1}\left[{n \atop 1} \right] & \cdots & (-1)^{n-n}\left[{n \atop n} \right] \end{pmatrix} \begin{pmatrix} 1 \\ x^1 \\ \vdots \\ x^n \end{pmatrix} \tag{16.9}$$

および

$$\begin{pmatrix} 1 \\ x^1 \\ \vdots \\ x^n \end{pmatrix} = \begin{pmatrix} \left\{ {0 \atop 0} \right\} & \left\{ {0 \atop 1} \right\} & \cdots & \left\{ {0 \atop n} \right\} \\ \left\{ {1 \atop 0} \right\} & \left\{ {1 \atop 1} \right\} & \cdots & \left\{ {1 \atop n} \right\} \\ \vdots & \vdots & \cdots & \vdots \\ \left\{ {n \atop 0} \right\} & \left\{ {n \atop 1} \right\} & \cdots & \left\{ {n \atop n} \right\} \end{pmatrix} \begin{pmatrix} 1 \\ x^{\underline{1}} \\ \vdots \\ x^{\underline{n}} \end{pmatrix} \tag{16.10}$$

となる．特に

$$\begin{aligned} &\sum_{\nu=0}^{n}(-1)^{i-\nu}\left[{i \atop \nu} \right]\left\{ {\nu \atop j} \right\} = \delta_{ij} \quad (0 \le i \le n,\ 0 \le j \le n), \\ &\sum_{\nu=0}^{n}(-1)^{\nu-j}\left\{ {i \atop \nu} \right\}\left[{\nu \atop j} \right] = \delta_{ij} \quad (0 \le i \le n,\ 0 \le j \le n) \end{aligned} \tag{16.11}$$

という関係が成り立つ[3])．

スターリング数 $\left\{ n \atop k \right\}$ について別の考察をしてみよう．$\{1, \ldots, n\}$ の番号のついた n 人の集合を空でない k 個の部分集合に分ける数であった．これに 1 から k までの組番号をつけるとすると，k 個の部分集合にどの組番号を振るかで $k!$ 通りある．したがって 1 組から k 組に $\{1, \ldots, n\}$ を，どの組も空でないように割り振る方法の数は $k! \left\{ n \atop k \right\}$ である．

$\{1, \ldots, n\}$ を順に各組に割り振っていくと考えると，割り振りの方法は k^n 通りある．ただし，ある組には 1 人もいないことも生じるので，$k! \left\{ n \atop k \right\}$ とは異なる．$I \subset \{1, \ldots, k\}$ としたとき，I に属する番号の組に誰も割り当てられない場合の数は，残りの $k - \#I$ 組に n 人を割り振ることになるから $(k - \#I)^n$ 通りある．どの組も 1 人以上割り当てられる場合の数の計算には，包除原理が使える．すなわち

$$k! \left\{ n \atop k \right\} = \sum_{I \subset \{1,2,\ldots,k\}} (-1)^{\#I} {}_kC_{\#I} (k - \#I)^n = \sum_{j=0}^{k} (-1)^j {}_kC_j (k - j)^n \quad (16.12)$$

あるいは

$$\left\{ n \atop k \right\} = \sum_{j=0}^{k} (-1)^j \frac{(k-j)^n}{j!(k-j)!} = \sum_{i=0}^{k} (-1)^{k-i} \frac{i^n}{i!(k-i)!}. \quad (16.13)$$

(16.12) の両辺に $\frac{x^n}{n!}$ を掛けて n についての和を考えてみよう．$0 \neq n < k$ のときは $\left\{ n \atop k \right\} = 0$ であることから

$$\begin{aligned}
k! \sum_{n=0}^{\infty} \frac{\left\{ n \atop k \right\}}{n!} x^n &= \sum_{n=0}^{\infty} \sum_{j=0}^{k} (-1)^j {}_kC_j \frac{\bigl((k-j)x\bigr)^n}{n!} \\
&= \sum_{j=0}^{k} (-1)^j {}_kC_j \sum_{n=0}^{\infty} \frac{\bigl((k-j)x\bigr)^n}{n!} \\
&= \sum_{j=0}^{k} (-1)^j {}_kC_j e^{(k-j)x} = e^{kx} \sum_{j=0}^{k} {}_kC_j \bigl(-e^{-x}\bigr)^j \\
&= e^{kx}(1 - e^{-x})^k = (e^x - 1)^k.
\end{aligned}$$

---

[3]スターリング数はスターリングの 1730 年刊の著作で，上昇べきや下降べきとべき乗とを関係づけるために導入した数である．なお，δ_{ij} は $i = j$ のとき 1 を，$i \neq j$ のとき 0 を表す．

よって，$\left\{ {n \atop k} \right\}$ について，n に関する以下の**指数型母関数表示**[4)]が得られる．

$$\sum_{n=0}^{\infty} \frac{\left\{ {n \atop k} \right\}}{n!} x^n = \frac{(e^x - 1)^k}{k!}. \tag{16.14}$$

ここで

$$e^y = \sum_{n=0}^{\infty} \frac{y^n}{n!} = 1 + \frac{y}{1!} + \frac{y^2}{2!} + \cdots$$

とおいた．すなわちここでは e^y は実数を変数とする関数ではなくて，上で定義される形式べき級数である．8.2 節で定義された微分を考えると

$$\frac{de^y}{dy} = e^y \tag{16.15}$$

がわかる．さらに指数法則

$$e^{x+y} = e^x \cdot e^y \tag{16.16}$$

が成り立つ．実際右辺は

$$\begin{aligned}
&\Big(1 + \frac{x}{1!} + \frac{x^2}{2!} + \cdots\Big)\Big(1 + \frac{y}{1!} + \frac{y^2}{2!} + \cdots\Big) \\
&= \sum_{i=0}^{\infty}\sum_{j=0}^{\infty} \frac{x^i}{i!}\frac{y^j}{j!} = \sum_{k=0}^{\infty}\sum_{i+j=k} \frac{x^i y^j}{i!j!} = \sum_{k=0}^{\infty}\sum_{i=0}^{k} {}_kC_i \frac{x^i y^{k-i}}{k!} \\
&= \sum_{k=0}^{\infty} \frac{(x+y)^k}{k!} = e^{x+y}
\end{aligned}$$

となって左辺に等しい．あるいは

$$\begin{aligned}
\frac{\partial}{\partial x}\Big(e^x \cdot e^{z-x}\Big) &= \Big(\frac{\partial}{\partial x} e^x\Big) \cdot e^{z-x} + e^x \cdot \Big(\frac{\partial}{\partial x} e^{z-x}\Big) \\
&= e^x \cdot e^{z-x} + e^x\big(-e^{z-x}\big) = 0
\end{aligned}$$

より $e^x \cdot e^{z-x}$ は (x, z) の形式べき級数であるが，x を含んでいないことがわかる．すなわち x^0 の係数をみることにより，それは e^z に等しいことがわかる．よって $e^x \cdot e^{z-x} = e^z$ が成り立ち，これに $z = x + y$ を代入すれば $e^x \cdot e^y = e^{x+y}$ を得ることができる．

---

4) 数列 $a_0, a_1, a_2, \ldots$ に対し，$a_0 + \frac{a_1}{1!}x + \frac{a_2}{2!}x^2 + \cdots$ という形のべき級数を指数型母関数という．

第 17 章
べき和と関・ベルヌーイ数

非負整数 m に対して，自然数の 1 から n までの m 乗和

$$1^m + 2^m + 3^m + \cdots + n^m$$

を $W_m(n)$ とおこう．$W_m(n)$ の求め方は 11.6 節で既に示した．実際，$W_m(n)$ は n の $m+1$ 次多項式で，$m+1$ 次の係数は $\frac{1}{m+1}$ であることが (11.26) と (11.27) からわかる．

多項式 $W_m(x)$ のより具体的な表示について考えよう．まず

$$W_m(x) - W_m(x-1) = x^m, \quad W_m(0) = 0 \tag{17.1}$$

が成り立つことに注意しよう．実際これは $x = 1, 2, 3, \ldots$ について成り立つが $W_m(x)$ は多項式なので，任意の x について (17.1) は正しい．また多項式 $W_m(x)$ は (17.1) から一意に定まることにも注意しておく (なぜなら差は整数のとき 0 となる多項式で，それは恒等的に 0)．

(17.1) で $x = 1, 0$ とおくと

$$W_m(1) = 1, \tag{17.2}$$
$$W_m(-1) = 0 \qquad (m > 0) \tag{17.3}$$

がわかる．また m が正の偶数のとき，x を $-x$ で置き換えると

$$-W_m(-x-1) + W_m(-x) = x^m$$

となるので，$\tilde{W}_m(x) = -W_m(-x-1)$ も (17.1) を満たし，$\tilde{W}_m(0) = 0$ であることから $W_m(x) = -W_m(-x-1)$ がわかる．よって

$$m \text{ が正の偶数} \implies \begin{cases} W_m(-\frac{1}{2} + t) + W_m(-\frac{1}{2} - t) = 0, \\ W_m(-\frac{1}{2}) = 0. \end{cases} \tag{17.4}$$

また，(17.1) を微分すると

$$W'_m(x) - W'_m(x-1) = mx^{m-1}$$

となるので

$$W_{m-1}(x) = \frac{1}{m}\big(W'_m(x) - W'_m(0)\big). \tag{17.5}$$

これと (17.2) または (17.3) から，$W_m(x)$ が以下によって帰納的に計算できる．

$$\begin{cases} W_0(x) = x, \\ W_m(x) = \displaystyle\int_0^x mW_{m-1}(t)dt + A_m x,\ W_m(1) = 1 \quad (m \geq 1). \end{cases} \tag{17.6}$$

よって，条件 $W_m(1) - W_m(-1) = 1$ に注意すると，$m > 0$ のときの $W_m(x)$ は，以下のように帰納的に定まることがわかる．

$$\begin{aligned} W_m(x) &= c_{m,m+1}x^{m+1} + c_{m,m}x^m + \cdots + c_{m,2}x^2 + A_m x \\ \Rightarrow\ c_{m,j} &= \frac{m}{j}c_{m-1,j-1} \qquad (2 \leq j \leq m+1) \\ A_m &= \frac{1}{2} - c_{m,3} - c_{m,5} - c_{m,7} - \cdots . \end{aligned} \tag{17.7}$$

これを用いて 10 乗和まで計算すると

$$\begin{aligned} W_1(x) &= \tfrac{1}{2}x^2 + A_1 x \qquad\qquad (A_1 = \tfrac{1}{2}) \\ &= \tfrac{1}{2}x^2 + \tfrac{1}{2}x = \tfrac{1}{2}x(x+1), \\ W_2(x) &= \tfrac{1}{3}x^3 + \tfrac{1}{2}x^2 + A_2 x \qquad (A_2 = \tfrac{1}{2} - \tfrac{1}{3} = \tfrac{1}{6}) \\ &= \tfrac{1}{3}x^3 + \tfrac{1}{2}x^2 + \tfrac{1}{6}x \\ &= \tfrac{1}{6}x(x+1)(2x+1), \\ W_3(x) &= \tfrac{1}{4}x^4 + \tfrac{1}{2}x^3 + \tfrac{1}{4}x^2 + A_3 x \qquad (A_3 = \tfrac{1}{2} - \tfrac{1}{2} = 0) \\ &= \tfrac{1}{4}x^4 + \tfrac{1}{2}x^3 + \tfrac{1}{4}x^2 = \tfrac{1}{4}x^2(x+1)^2, \\ W_4(x) &= \tfrac{1}{5}x^5 + \tfrac{1}{2}x^4 + \tfrac{1}{3}x^3 + A_4 x \qquad (A_4 = \tfrac{1}{2} - \tfrac{1}{3} - \tfrac{1}{5} = -\tfrac{1}{30}) \\ &= \tfrac{1}{5}x^5 + \tfrac{1}{2}x^4 + \tfrac{1}{3}x^3 - \tfrac{1}{30}x \\ &= \tfrac{1}{30}x(x+1)(2x+1)(3x^2+3x-1), \\ W_5(x) &= \tfrac{1}{6}x^6 + \tfrac{1}{2}x^5 + \tfrac{5}{12}x^4 - \tfrac{1}{12}x^2 + A_5 x \qquad (A_5 = \tfrac{1}{2} - \tfrac{1}{2} = 0) \\ &= \tfrac{1}{6}x^6 + \tfrac{1}{2}x^5 + \tfrac{5}{12}x^4 - \tfrac{1}{12}x^2 \\ &= \tfrac{1}{12}x^2(x+1)^2(2x^2+2x-1), \\ W_6(x) &= \tfrac{1}{42}x(x+1)(2x+1)(3x^4+6x^3-3x+1), \end{aligned}$$

$$
\begin{aligned}
W_7(x) &= \tfrac{1}{24}x^2(x+1)^2(3x^4+6x^3-x^2-4x+2),\\
W_8(x) &= \tfrac{1}{90}x(x+1)(2x+1)(5x^6+15x^5+5x^4-15x^3-x^2+9x-3),\\
W_9(x) &= \tfrac{1}{20}x^2(x+1)^2(x^2+x-1)(2x^4+4x^3-x^2-3x+3),\\
W_{10}(x) &= \tfrac{1}{66}x(x+1)(2x+1)(x^2+x-1)\\
&\qquad \cdot(3x^6+9x^5+2x^4-11x^3+3x^2+10x-5).
\end{aligned}
$$

一般に

$$
\begin{aligned}
W_m(x) &= \frac{1}{m+1}x^{m+1}+\frac{1}{2}x^m+c_{m,m-1}x^{m-1}+c_{m,m-3}x^{m-3}+\cdots,\\
c_{m,j} &= \frac{m}{j}c_{m-1,j-1} = \frac{m(m-1)}{j(j-1)}c_{m-2,j-2} = \cdots\\
&= \frac{m(m-1)\cdots(m-j+2)}{j(j-1)\cdots 2}c_{m-j+1,1} = \frac{{}_mC_{j-1}}{j}\cdot A_{m-j+1},\\
A_{2k+1} &= 0 \qquad (k=1,2,3,\ldots)
\end{aligned}
\tag{17.8}
$$

の形をしていることが (17.7) からわかる．

$m \geq 2$ のとき，$W_m(x)$ は m が偶数なら $W_m(0)=W_m(-1)=W_m(-\frac{1}{2})=0$ となるから $x(x+1)(2x+1)$ を，m が奇数なら $W_m(0)=W'_m(0)=W_m(-1)=W'_m(-1)=0$ であるから $x^2(x+1)^2$ を因子にもつ[1]．

$W_m(x)$ の母関数を考察するため

$$B_m(x) = W'_m(x-1) \tag{17.9}$$

とおこう．このとき (17.5) より

$$B_{m-1}(x) = \frac{1}{m}B'_m(x) \tag{17.10}$$

がわかるので

$$B(x,t) = \sum_{m=0}^{\infty}\frac{B_m(x)}{m!}t^m \tag{17.11}$$

とおくと

$$\frac{d}{dx}\Big(B(x,t)e^{-xt}\Big) = \sum_{m=1}^{\infty}\frac{B'_m(x)}{m!}t^m e^{-xt} - \sum_{m=0}^{\infty}\frac{B_m(x)}{m!}t^{m+1}e^{-xt} = 0$$

---

[1] $m \leq 500$ で `Risa/Asir` を用いて調べたところ，$m=9$ と 10 を除いて，$W_m(x)$ を上記の因子で割った商は既約で因子を持たない．このことは一般に正しいと予想されるが，未解決問題である．

が得られる．よって $B(x,t)e^{-xt}$ は x を含まない t のみのべき級数だから

$$B(x,t) = f(t)e^{xt}$$

を満たす t のべき級数 $f(t)$ が存在することがわかる．一方

$$\begin{aligned} B(x+1,t) - B(x,t) &= \sum_{m=0}^{\infty} \frac{B_m(x+1) - B_m(x)}{m!} t^m \\ &= \sum_{m=1}^{\infty} \frac{mx^{m-1}}{m!} t^m = te^{xt}, \end{aligned}$$

$$f(t)e^{(x+1)t} - f(t)e^{xt} = (e^t - 1)f(t)e^{xt}$$

より

$$\sum_{m=0}^{\infty} \frac{B_m(x)}{m!} t^m = B(x,t) = \frac{te^{xt}}{e^t - 1} \tag{17.12}$$

がわかる．

$B_m(x)$ を (m 次の) **ベルヌーイ多項式**，$B_m = B_m(0)$ を**関・ベルヌーイ数**という[2]．関・ベルヌーイ数の**指数型母関数**は (17.12) で $x = 0$ を代入して

$$\frac{t}{e^t - 1} = B_0 + \frac{B_1}{1!} t + \frac{B_2}{2!} t^2 + \frac{B_3}{3!} t^3 + \cdots \tag{17.13}$$

を得る．左辺の分母を両辺に掛けて t^{m+1} の係数をみると $m \geq 1$ のとき

$$\sum_{k=0}^{m} \frac{1}{(m+1-k)!} \frac{B_k}{k!} = 0$$

を得るので，さらに両辺に $(m+1)!$ を掛けて，漸化式

$$\begin{aligned} B_m &= -\frac{1}{m+1} \sum_{k=0}^{m-1} {}_{m+1}C_k \cdot B_k \quad (m \geq 1), \\ B_0 &= 1 \end{aligned} \tag{17.14}$$

がわかる．ここで $B_1 = -\frac{1}{2}$ に注意しておこう．

$B_m(x)$ の k 階導関数は (17.10) より $m(m-1)\cdots(m-k+1)B_{m-k}(x)$ となるが，その定数項は $B_m(x)$ の x^k の係数の $k!$ 倍になるので

$$B_m(x) = \sum_{k=0}^{m} {}_mC_k \cdot B_k x^{m-k} \tag{17.15}$$

---

[2] B_1 のみが異なる $(-1)^n B_n$ を定義として採用する場合もある．ベルヌーイが 1713 年に「推測法」で，和算家の関孝和が 1712 年に「括要算法」の中で導入した．

を得る．$W_m(x)=W_m(x-1)+x^m$, $W'_m(x-1)=B_m(x)=\frac{1}{m+1}B'_{m+1}(x)$ であるから $W_m(x)-x^m-\frac{1}{m+1}B_{m+1}(x)$ は x によらない定数であるが，$W_m(0)=0$ であるから

$$W_m(x)=\frac{x^{m+1}}{m+1}+\frac{x^m}{2}+\frac{1}{m+1}\sum_{k=2}^{m}{}_{m+1}C_k\cdot B_k x^{m+1-k} \quad (m\geq 1),$$
$$W_0(x)=x \tag{17.16}$$

がわかる．

特に，$W_m(x)$ の x の係数を A_m とおいたので

$$A_m=\begin{cases} B_m+1 & (m=1 \text{ のとき}) \\ B_m & (m\neq 1 \text{ のとき}) \end{cases} \tag{17.17}$$

となる．$A_3=A_5=\cdots=0$ であったから $B_3=B_5=\cdots=0$ となるが，それは t のべき級数

$$\frac{t}{e^t-1}+\frac{t}{2}=\frac{t(e^t+1)}{2(e^t-1)}=\frac{t(1+e^{-t})}{2(1-e^{-t})}$$

が $t\mapsto -t$ という変換で不変なこと，すなわち偶関数であることからもわかる．

関・ベルヌーイ数

m	1	2	4	6	8	10	12	14	16	18
B_m	$-\frac{1}{2}$	$\frac{1}{6}$	$-\frac{1}{30}$	$\frac{1}{42}$	$-\frac{1}{30}$	$\frac{5}{66}$	$-\frac{691}{2730}$	$\frac{7}{6}$	$-\frac{3617}{510}$	$\frac{43867}{798}$

m	20	22
B_m	$-\frac{174611}{330}$	$\frac{8545513}{138}$

べき和を表す多項式 $W_m(x)$ の指数型母関数は

$$\sum_{m=0}^{\infty}\frac{W_m(x)}{m!}t^m=\frac{e^{(x+1)t}-e^t}{e^t-1}=\frac{e^{xt}-1}{1-e^{-t}} \tag{17.18}$$

で与えられる．実際，(17.9) と (17.12) とから上式の両辺を x で微分したものは等しい．また $x=0$ のとき上の両辺は共に 0 となるので，上式が正しいことがわかる．また，$1-e^{-t}=t\big(1-\sum_{k=0}^{\infty}\frac{(-t)^{k+1}}{(k+2)!}\big)$ であるから $\frac{t}{1-e^{-t}}=\sum_{n=0}^{\infty}\big(\sum_{k=0}^{\infty}\frac{(-t)^{k+1}}{(k+2)!}\big)^n$

となる．さらに $e^{xt}-1=t\sum_{n=1}^{\infty}\frac{x^n t^{n-1}}{n!}$ に注意すれば

$$\sum_{m=0}^{\infty}\frac{W_m(x)}{m!}t^m=\left(\sum_{n=1}^{\infty}\frac{x^n t^{n-1}}{n!}\right)\sum_{n=0}^{\infty}t^n\left(\sum_{k=0}^{\infty}\frac{(-t)^k}{(k+2)!}\right)^n \tag{17.19}$$

と表せることがわかる．

自然数の上昇べきの和は簡単に計算できるので，べきを上昇べきで表すことによりべき和の計算ができることは 11.6 節で述べた (たとえば (11.26) および (11.27) を参照)．すなわち

$$k^{\overline{m}}=k(k+1)\cdots(k+m-1)=\frac{k^{\overline{m+1}}-(k-1)^{\overline{m+1}}}{m+1}$$

より

$$\sum_{k=1}^{n}k^{\overline{m}}=\frac{n^{\overline{m+1}}}{m+1} \tag{17.20}$$

となる．一方 $\{1,x,x^2,\ldots,x^m\}$ と $\{1,x,x^{\overline{2}},\ldots,x^{\overline{m}}\}$ との関係はスターリング数を使って表すことができた．すなわち

$$x^{\overline{m}}=\sum_{i=0}^{m}\left[\begin{matrix}m\\i\end{matrix}\right]x^i,\quad x^m=\sum_{j=0}^{m}(-1)^{m-j}\left\{\begin{matrix}m\\j\end{matrix}\right\}x^{\overline{j}}$$

であった．前者は (16.4) であり，後者は (16.8) で，x を $-x$ に置き換えれば，(10.11) より得られる．よって

$$\begin{aligned}\sum_{k=1}^{n}k^m&=\sum_{k=1}^{n}\sum_{j=0}^{m}(-1)^{m-j}\left\{\begin{matrix}m\\j\end{matrix}\right\}k^{\overline{j}}=\sum_{j=0}^{m}(-1)^{m-j}\left\{\begin{matrix}m\\j\end{matrix}\right\}\frac{n^{\overline{j+1}}}{j+1}\\&=\sum_{j=0}^{m}(-1)^{m-j}\left\{\begin{matrix}m\\j\end{matrix}\right\}\frac{1}{j+1}\sum_{i=0}^{j+1}\left[\begin{matrix}j+1\\i\end{matrix}\right]n^i\\&=\sum_{i=1}^{m+1}\sum_{j=i-1}^{m}(-1)^{m-j}\frac{\left\{\begin{matrix}m\\j\end{matrix}\right\}\left[\begin{matrix}j+1\\i\end{matrix}\right]}{j+1}n^i,\end{aligned}$$

$$W_m(x)=\sum_{i=0}^{m}\sum_{j=i}^{m}(-1)^{m-j}\frac{\left\{\begin{matrix}m\\j\end{matrix}\right\}\left[\begin{matrix}j+1\\i+1\end{matrix}\right]}{j+1}x^{i+1}.$$

最後の式の x^1 の係数は，(16.13) より

$$
\begin{aligned}
B_m &= \sum_{j=0}^{m} (-1)^{m-j} \frac{\left\{ {m \atop j} \right\} j!}{j+1} \\
&= \sum_{j=0}^{m} (-1)^{m-j} \frac{j!}{j+1} \sum_{i=0}^{j} (-1)^{j-i} \frac{i^m}{i!(j-i)!} \\
&= \sum_{j=0}^{m} \sum_{i=0}^{j} \frac{(-1)^{m-i}}{j+1} {}_jC_i \cdot i^m.
\end{aligned}
$$

関・ベルヌーイ数の表示を得たのでこれを (17.16) に代入すると

$$
\begin{aligned}
W_m(x) &= \frac{x^{m+1}}{m+1} + \frac{x^m}{2} \\
&\quad + \frac{1}{m+1} \sum_{k=2}^{m} {}_{m+1}C_k \left(\sum_{j=0}^{k} \sum_{i=0}^{j} \frac{(-1)^{k-i}}{j+1} {}_jC_i \cdot i^k \right) x^{m+1-k}
\end{aligned}
\tag{17.21}
$$

となり，漸化式を含まない形でべき和が表示された．

若干異なる考察もできる．まず形式べき級数に対する以下の恒等式に注意しよう[3)]．

$$
t = \sum_{m=1}^{\infty} (-1)^{m-1} \frac{(e^t - 1)^m}{m}. \tag{17.22}
$$

実際，右辺を t で微分すると $e^t \sum_{m=0}^{\infty} (-1)^m (e^t - 1)^m = e^t \frac{1}{1+(e^t-1)} = 1$ となるので，右辺と左辺の差は定数であるが，t^0 の係数は 0 であるからその定数は 0 である．

この (17.22) と (16.14) の x を t で置き換えた式と (17.13) を使って B_m を第 2 種スターリング数で表す上の式を出してもよい．

漸化式 (17.7) と関係式 (17.17) を使ってべき和多項式 $W_m(x)$ や関・ベルヌーイ数を計算するプログラムが以下のように書ける．このプログラムで m 乗のべき和多項式 $W_m(x)$ を求めるときは m を，関・ベルヌーイ数 $B_0, \ldots, B_m$ を求めるときは $-m$ を入力する．

---

3) $t = \log\bigl(1 + (e^t - 1)\bigr)$ と，$\sum_{m=0}^{\infty} (-1)^m y^m = \frac{1}{1+y}$ の積分に基づいている．

```
! べき和多項式と関・ベルヌーイ数
OPTION ARITHMETIC RATIONAL
INPUT PROMPT "何乗のべき和 (負は関・ベルヌーイ数の項数)?  ": p
LET num = p
IF p < 0 THEN LET num = - num
LET n = INT(num/2)
DIM A(0 TO n)
IF p < 0 THEN
   PRINT 0;1
   PRINT 1;-1/2
END IF
LET a(0) = 1/2
FOR i = 1 TO n
   LET m = 2*i
   LET s = 0
   FOR k = 0 TO i
      LET a(k) = a(k)*m/(m-2*k+1)
      LET s = s + a(k)
   NEXT k
   LET a(i) = 1/2 - s
   IF p < 0 THEN PRINT 2*i;a(i)
   IF i = n AND m = num THEN EXIT FOR
   LET m = m+1
   FOR k = 0 TO i
      LET a(k) = a(k)*m/(m-2*k+1)
   NEXT k
NEXT i
IF p < 0 THEN STOP
LET m = m + 1
PRINT STR$(1/m);"*x^";STR$(m);"+1/2";"*x^";STR$(m-1);
FOR i = 1 TO n
   IF MOD(i,2) = 1 THEN PRINT "+";
   PRINT STR$(a(i));"*x^";STR$(m-2*i);
NEXT i
END
```

実行例は以下の通り.

```
何乗のべき和 (負は関・ベルヌーイ数の項数)?  -6
 0  1
 1 -1/2
 2  1/6
 4 -1/30
 6  1/42

何乗のべき和 (負は関・ベルヌーイ数の項数)?  6
1/7*x^7+1/2*x^6+1/2*x^5-1/6*x^3+1/42*x^1
```

注意 17.1 自然数のべき和は, 適当な負べきも考えればすべての自然数についての和を考えることができる. 実際

$$\zeta(s) = 1^{-s} + 2^{-s} + \cdots + n^{-s} + \cdots \tag{17.23}$$

は $s > 1$ のとき収束して**リーマン・ゼータ**とよばれる関数になる.

関数 $\zeta(s) - \frac{1}{s-1}$ は, 整関数として, すなわち収束半径が無限大の収束べき級数として表せることが示される. それにより $\zeta(s)$ は $\frac{1}{2}$ を除くすべての複素数 s についての関数に自然に拡張される. 不思議なことに, この $\zeta(s)$ の特殊値は関・ベルヌーイ数を使って表せることが知られている. すなわち n を正整数とするとき

$$\zeta(2n) = (-1)^{n+1}\frac{B_{2n}(2\pi)^{2n}}{2(2n)!}, \quad \zeta(1-n) = (-1)^n\frac{B_n}{n}. \tag{17.24}$$

問題の答

問題 1.2. 50 をちょうど 3 つに分ける分け方の数は，それぞれから 1 ずつ引いたものを考えれば，47 を 3 つ以下の非負整数の和で表す場合の数と同じである．

それは，一般的に求めた式 (1.3) より

$$
\begin{aligned}
&\sum_{a_3=0}^{[\frac{47}{3}]}\left(\left[\frac{47-a_3}{2}\right]-a_3+1\right)\\
&=\sum_{k=0}^{7}\left(\left[\frac{47-2k}{2}\right]-2k+1\right)+\sum_{k=0}^{7}\left(\left[\frac{47-2k-1}{2}\right]-(2k+1)+1\right)\\
&=\sum_{k=0}^{7}(23-3k+1)+\sum_{k=0}^{7}(23-3k)\\
&=\sum_{k=0}^{7}(47-6k)\\
&=47\cdot 8-6\frac{7\cdot 8}{2}=376-168\\
&=208.
\end{aligned}
$$

問題 3.2. 自然数 n の分割で 1 が現れないものは，サイズが 1 の行をもたないヤング図形に対応する．よってその転置はサイズが 1 の列をもたないヤング図形であって，分割に使われる最大の数が 2 個以上の複数になる分割に対応している．

$n=6$ のときは，3 章のヤング図形の表をみると，前者は，$2+2+2, 3+3, 4+2$ の 3 つに，後者は $3+3, 2+2+2, 2+2+1+1$ の 3 つに対応している．

問題 3.3. サイズが n のヤング図形を考えよう．

1 から m までの自然数のみをすべて 1 個以上含むものへの自然数 n の分割は，サイズが 1 から m の行が存在して，m を超えるサイズの行がないヤング図形，すなわち m 列で列のサイズがすべて異なるヤング図形に対応している．

自然数 n の m 個の異なる正整数への分割は，m 行のヤング図形で，各行のサイズがすべて異なるものに対応している．

上の条件を満たすヤング図形は，転置により 1 対 1 に対応している．

$n=6, m=2$ のときは，3 章のヤング図形の表をみると，前者は $2+1+1+1+1$ と $2+2+1+1$ の 2 個，後者は $5+1$ と $4+2$ の 2 個になることがわかる．

問題 4.2. 下の桁から順に桁毎に足し算を考える．

下からたどって $1+1$ が最初に現れた桁は繰り上がりの始まりの桁で，そこから上にたどって初めて $0+0$ となる桁が，繰り上がりの完了の桁で，その上の桁も同様に考えて繰り上がりで桁をブロックに分ける．

桁の繰り上がりの起こるブロックに属する桁の場合は，始まりの桁は 0，終了の桁は 1 が結果で，両者の間の桁は $1+0, 0+1, 1+1$ に応じてそれぞれ $0, 0, 1$ となる．繰り上がりの起こるブロックに属さない桁は $0+0=0$, $1+0=0+1=1$ が結果となる．

問題 4.3.

$$
\begin{array}{r} 11011 \\ +)\ 10110 \\ \hline 110001 \end{array}
\qquad
\begin{array}{r} 11011 \\ -)\ 10110 \\ \hline 101 \end{array}
\qquad
\begin{array}{r} 1011 \\ \times)\ 1011 \\ \hline 1011 \\ 1011 \\ 1011 \\ \hline 1111001 \end{array}
\qquad
\begin{array}{r} 1101 \quad \cdots 1 \\ 101\,\overline{)1000010} \\ \underline{101} \\ 11010 \\ \underline{101} \\ 110 \\ \underline{101} \\ 1 \end{array}
$$

2 進数の上の計算は 10 進数では以下に対応している．

$$27+22=49, \quad 27-22=5, \quad 11\times 11=121, \quad 66\div 5=13\cdots 1$$

問題 5.1. $m-1$ が階乗進法で n 桁の $\overline{a_n a_{n-1}\cdots a_1}$ になったとする．並べ替えの $n+1$ 番目の数字から順に決める．$\{1,2,\ldots,n+1\}$ の大きい方から a_n+1 番目の数字を選んで，それを並べ替えの $n+1$ 番目の数字とする．それを除いた数字の集合の中で大きい方から $a_{n-1}+1$ 番目の数字を並べ替えの n 番目の数字とする．これを続ければ，$n+1$ 個の数字の並べ替えが得られる．$n+1$ 個以上の数字の並べ替えは，得られた並び替えの後に $n+2, n+3, \ldots$ と順に必要なだけ付加すればよい．

$1234-1=\overline{141111}$ であるから

$$\{1234567\} \xrightarrow[6]{1+1} \{123457\} \xrightarrow[2]{4+1} \{13457\} \xrightarrow[5]{1+1} \{1347\} \xrightarrow[4]{1+1} \{137\}$$
$$\xrightarrow[3]{1+1} \{17\} \xrightarrow[1]{1+1} \{7\}$$

並び替え (7134526) を得る．6 の後に $89(10)\cdots$ とつながって並んでいるとみなしてもよい．

問題 5.2. 2 通りの辞書式順序で n 個の並びが一致するのは，j 番目の数字と $n+1-j$ 番目の数字の和が $n+1$ となる並べ方である．n が奇数ならば真ん中の数字は $\frac{n+1}{2}$ でなくてはならない．最初の数字は残りの数字の中から自由に選べ (n が偶数なら n 通り，

奇数なら $n-1$ 通り)，次の数字は，最初のものと組になる最後の数字をさらに除いた中から選べる (n が偶数なら $n-2$ 通り，奇数なら $n-3$ 通り)．このようにして並びの前半の数字を決めれば並べ方が決まる．よって n が偶数のときは $n\cdot(n-2)\cdots 2$ 通り，奇数のときは $(n-1)\cdot(n-3)\cdots 2$ 通りある．

これはそれぞれ $n!!$ あるいは $(n-1)!!$ と書かれる．

$n=2,3$ では 2 通り，$n=4,5$ では 8 通り，$n=6,7$ では 48 通りとなる．

問題 5.3. 階乗進数との対応と同じように考えて

$$\begin{aligned}(m-1)\times(n-r)! = a_{n-1}\times(n-1)! + a_{n-2}\times(n-2)! + \cdots \\ + a_{n-r}\times(n-r)! \qquad (0\le a_j\le j)\end{aligned}$$

と表せばよい ($r=n$ のときは，$a_0=0$ と考える)．

a_{n-r} は $m-1$ を $n-r+1$ で割った余り，その商を $n-r+2$ で割った余りが a_{n-r+1}，その商を $n-r+3$ で割った余りが $a_{n-r+2},\cdots$ と順に a_{n-1} まで求められる．$\{1,\ldots,n\}$ の中から $a_{n-1}+1$ 番目の数，すなわち $a_{n-1}+1$ が最初に選ぶ数でその次に選ぶ数は，残りの $n-1$ 個の中の $a_{n-2}+1$ 番目の数，というように a_{n-r} によって r 番目の数を選ぶまで続ければよい．

9 個から 4 個を選ぶ ${}_9P_4=9\cdot8\cdot7\cdot6=3024$ 個の順列の中での辞書式順序での 1234 番目は，以下から (4736)．

$$\begin{array}{rl}6)\underline{1233} & \\ 7)\ \underline{205} & \cdots 3 \\ 8)\ \ \underline{29} & \cdots 2 \\ 9)\ \ \ \underline{3} & \cdots 5 \\ 0 & \cdots 3\end{array}$$

$$\begin{aligned}&\{1,2,3,4,5,6,7,8,9\}\xrightarrow[4]{3+1}\{1,2,3,5,6,7,8,9\}\\ &\xrightarrow[7]{5+1}\{1,2,3,5,6,8,9\}\xrightarrow[3]{2+1}\{1,2,5,6,8,9\}\\ &\xrightarrow[6]{3+1}\{1,2,5,8,9\}\end{aligned}$$

問題 5.4. $N=m_1+\cdots+m_k$ とおくと，N 個の部分集合に分けることになるが，N 個の部分集合に番号をつけて同じ個数の部分集合でも区別することにすれば，その分け方の数は $\frac{n!}{(r_1!)^{m_1}(r_2!)^{m_2}\cdots(r_k!)^{m_k}}$ であった．部分集合の番号を無視することにすれば，同じ個数の部分集合に書かれた番号を入れ替えても同じ分け方に対応するので，区別しない場合の分け方の一つは区別した場合の $m_1!m_2!\cdots m_k!$ 通りに対応し，求める分け方の数は以下で与えられる．

$$\frac{n!}{m_1!m_2!\cdots m_k!\cdot(r_1!)^{m_1}(r_2!)^{m_2}\cdots(r_k!)^{m_k}}$$

問題 6.1. 数学的帰納法によって $1+2+\cdots+n=\frac{n(n+1)}{2}$ (n=1,2,...) を示す．

$n=1$ のときは $1=\frac{1\cdot2}{2}$ であるから確かに正しい．

$n = k$ のとき正しいと仮定すると $1 + 2 + \cdots + k = \frac{k(k+1)}{2}$ であるから，$1 + 2 + \cdots + k + (k+1) = \frac{k(k+1)}{2} + (k+1) = \frac{(k+2)(k+1)}{2}$ となって，$n = k+1$ のときも正しいことがわかる．

よって数学的帰納法により，任意の自然数 n に対して正しいことがわかる．

問題 6.2. $k = 1$ のとき，すなわち $P(1) \Rightarrow P(2)$ では証明になっていない．

問題 6.3. $n = 1$ のとき $3^2 + 4^1 = 9 + 4 = 13$ となるので正しい．

$n = k$ のとき正しいとすると，$3^{k+1} + 4^{2k-1} = 13m$ となる自然数 m がある．このとき

$$\begin{aligned}
3^{(k+1)+1} + 4^{2(k+1)-1} &= 3 \cdot 3^{k+1} + 16 \cdot 4^{2k-1} \\
&= 3 \cdot 3^{k+1} + 16(13m - 3^{k+1}) \\
&= 13(16m - 3^{k+1}).
\end{aligned}$$

であるから，$n = k+1$ のときも $3^{n+1} + 4^{2n-1}$ が 13 の倍数となる．よって数学的帰納法により示された．

問題 6.4. (11.3) の漸化式が使えるのは $n \geq 2$ のときであることに注意．

$n = 0$ のとき $\quad \dfrac{\frac{1+\sqrt{5}}{2} - \frac{1-\sqrt{5}}{2}}{\sqrt{5}} = 1.$

$n = 1$ のとき $\quad \dfrac{\left(\frac{1+\sqrt{5}}{2}\right)^2 - \left(\frac{1-\sqrt{5}}{2}\right)^2}{\sqrt{5}} = \dfrac{\frac{6+2\sqrt{5}}{4} - \frac{6-2\sqrt{5}}{4}}{\sqrt{5}} = 1.$

よって $n = 0, n = 1$ のとき (11.4) は正しい．

k を 1 以上の自然数とする．n が k 以下の非負整数のとき (11.4) が正しいと仮定する．このとき (11.3)，および仮定した $n = k, k-1$ のときの (11.4) から

$$\begin{aligned}
a_{k+1} &= a_k + a_{k-1} \\
&= \frac{\left(\frac{1+\sqrt{5}}{2}\right)^{k+1} - \left(\frac{1-\sqrt{5}}{2}\right)^{k+1}}{\sqrt{5}} + \frac{\left(\frac{1+\sqrt{5}}{2}\right)^{k} - \left(\frac{1-\sqrt{5}}{2}\right)^{k}}{\sqrt{5}} \\
&= \left(\frac{1+\sqrt{5}}{2} + 1\right) \frac{\left(\frac{1+\sqrt{5}}{2}\right)^{k}}{\sqrt{5}} - \left(\frac{1-\sqrt{5}}{2} + 1\right) \frac{\left(\frac{1-\sqrt{5}}{2}\right)^{k}}{\sqrt{5}} \\
&= \left(\frac{6+2\sqrt{5}}{4}\right) \frac{\left(\frac{1+\sqrt{5}}{2}\right)^{k}}{\sqrt{5}} - \left(\frac{6-2\sqrt{5}}{4}\right) \frac{\left(\frac{1-\sqrt{5}}{2}\right)^{k}}{\sqrt{5}} \\
&= \frac{\left(\frac{1+\sqrt{5}}{2}\right)^{k+2} - \left(\frac{1-\sqrt{5}}{2}\right)^{k+2}}{\sqrt{5}}
\end{aligned}$$

となるので，$n = k+1$ でも (11.4) が正しいことがわかる．

よって数学的帰納法によりビネの公式 (11.4) が示された．

問題 8.11．i)
$$
\begin{aligned}
f(x) &= 1 + x + x^3 + x^4 + x^6 + x^7 + \cdots \\
&= 1 + x + \cdots + x^{3n} + x^{3n+1} + x^{3(n+1)} + x^{3(n+1)+1} + \cdots
\end{aligned}
$$

で

$$(1-x)\bigl(x^{3n} + x^{3n+1}\bigr) = x^{3n} - x^{3n+2}$$

であるから

$$(1-x)f(x) = 1 - x^2 + \cdots + x^{3n} - x^{3n+2} + x^{3(n+1)} - x^{3(n+1)+2} + \cdots .$$

あるいは

$$f(x) = (1+x)(1 + x^3 + x^6 + x^9 + \cdots) = \frac{1+x}{1-x^3}$$

より，$(1-x)f(x) = (1-x^2)(1 + x^3 + x^6 + x^9 + \cdots)$ となることからもわかる．また

$$
\begin{aligned}
\frac{1}{f(x)} = \frac{1-x^3}{1+x} &= (1-x^3)(1 - x + x^2 - x^3 + x^4 - x^5 + \cdots) \\
&= (1 - x + x^2 - x^3 + x^4 - x^5 + \cdots) - (x^3 - x^4 + x^5 - x^6 + x^7 - \cdots) \\
&= 1 - x + x^2 - 2x^3 + 2x^4 - 2x^5 + 2x^6 - \cdots .
\end{aligned}
$$

一方

$$\frac{2}{1+x} - \frac{1-x^3}{1+x} = \frac{1+x^3}{1+x} = 1 - x + x^2$$

および $\frac{2}{1+x} = 2 - 2x + 2x^2 - 2x^3 + \cdots$ からもわかる．

ii) $\frac{1}{g(x)} = 1 + c_1x + c_2x^2 + \cdots$ と置くと，$1 = (1-2x)(1 + c_1x + c_2x^2 + \cdots)$ の x^n の係数から

$$c_n - 2c_{n-1} = 0 \qquad (n \geq 1)$$

がわかるので $c_n = 2^n$ である．すなわち

$$\frac{1}{1-2x} = 1 + 2x + 2^2x^2 + \cdots + 2^nx^n + \cdots .$$

これは $\frac{1}{1-x} = 1 + x + x^2 + \cdots$ の x に $2x$ を代入することによっても得られる．また

$$
\begin{aligned}
\frac{1}{1+x+x^2+x^3+x^4} &= \frac{1-x}{(1-x)(1+x+x^2+x^3+x^4)} = \frac{1-x}{1-x^5} \\
&= (1-x)(1 + x^5 + x^{10} + x^{15} + \cdots) \\
&= 1 - x + x^5 - x^6 + x^{10} - x^{11} + x^{15} - x^{16} + \cdots .
\end{aligned}
$$

問題 9.6. i) 母関数を使うと

$$\frac{1-x^{21}}{1-x}\frac{1-x^{31}}{1-x}\frac{1-x^{41}}{1-x} = (1-x^{21})(1-x^{31})(1-x^{41})(1-x)^{-3}$$
$$= (1-x^{21})(1-x^{31})(1-x^{41})(1+\tfrac{3}{1!}x+\tfrac{3\cdot 4}{2!}x^2+\cdots+\tfrac{(3)_n}{n!}x^n+\cdots)$$

の x^{50} の係数である．それは

$$[(1-x^{21})(1-x^{31})(1-x^{41})]_{50} = [1-x^{21}-x^{31}-x^{41}]_{50}$$

および

$$\frac{(3)_n}{n!} = \frac{3\cdot(3+1)\cdots(3+n-1)}{n!} = \frac{(n+2)(n+1)}{2}$$

に注意すると

$$\frac{(3)_{50}}{50!}-\frac{(3)_{29}}{29!}-\frac{(3)_{19}}{19!}-\frac{(3)_9}{9!} = \frac{52\cdot 51}{2}-\frac{31\cdot 30}{2}-\frac{21\cdot 20}{2}-\frac{11\cdot 10}{2}$$
$$= 1326-465-210-55 = 596.$$

ii) x^{60} の係数であるから

$$[(1-x^{21})(1-x^{31})(1-x^{41})]_{60} = [1-x^{21}-x^{31}-x^{41}+x^{52}]_{60}$$

より

$$\frac{(3)_{60}}{60!}-\frac{(3)_{39}}{39!}-\frac{(3)_{29}}{29!}-\frac{(3)_{19}}{19!}+\frac{(3)_8}{8!}$$
$$= \frac{62\cdot 61}{2}-\frac{41\cdot 40}{2}-\frac{31\cdot 30}{2}-\frac{21\cdot 20}{2}+\frac{10\cdot 9}{2}$$
$$= 1891-820-465-210+45 = 441.$$

なお，これは選ばない残りの 30 個の組合せの数と等しいはずで，それは x^{30} の係数であるから

$$\frac{(3)_{30}}{30!}-\frac{(3)_9}{9!} = \frac{32\cdot 31}{2}-\frac{11\cdot 10}{2} = 496-55 = 441$$

とした方が，計算は簡単である．

iii) 各色の玉がすべて 50 個以上あった場合は，$1326 = \frac{(3)_{50}}{50!} = {}_3H_{50}$ 通り．

問題 10.1. (10.6) は $m=1$ のときは ${}_1C_0 = {}_1C_1 = 1$ なので正しい．$n<0$ や $n>m$ のときは ${}_mC_n = 0$ とおくと，$m>1$ のとき

$$\sum_{j=0}^{m}(-1)^j{}_mC_j = \sum_{j=0}^{m}(-1)^j\left({}_{m-1}C_{j-1}+{}_{m-1}C_j\right)$$
$$= {}_{m-1}C_{-1}+(-1)^m{}_{m-1}C_m = 0.$$

あるいは，和を $\sum\limits_{j\geq 0}$ と書いておいて m についての帰納法で示してもよい．

問題 10.3. (10.8) を繰り返し使えば得られる.

$$
\begin{aligned}
{}_{m+1}H_n &= {}_mH_n + {}_{m+1}H_{n-1} = {}_mH_n + {}_mH_{n-1} + {}_{m+1}H_{n-2} = \cdots \\
&= {}_mH_n + {}_mH_{n-1} + \cdots + {}_mH_1 + {}_{m+1}H_0
\end{aligned}
$$

において ${}_{m+1}H_0 = {}_mH_0 = 1$.

$m+1$ 種のうちのある 1 種類に注目し，それを選ぶ個数 j で分けて個数を数えれば等式が得られる．すなわち残りの $n-j$ を m 種類の中から重複を許して選ぶ組合せの個数 ${}_mH_{n-j}$ を $j=0,\ldots,n$ について足し合わせれば ${}_{m+1}H_n$ となる.

問題 10.4. 等式 $(1+x)^{m+m'} = (1+x)^m \cdot (1+x)^{m'}$ の x^n の係数を比較すると

$$
{}_{m+m'}C_n = \sum_{j=0}^{\min\{m,n\}} {}_mC_j \cdot {}_{m'}C_{n-j}.
$$

$m+m'$ 個の中から n 個を選ぶ組合せの個数は，最初の m 個の中から選ぶ個数 j 個で分類し，最初の m 個の中から j 個，残りの m' 個の中から $n-j$ 個選ぶ組合せの個数，すなわち ${}_mC_j \cdot {}_{m'}C_{n-j}$ を $j=0,\ldots,\min\{m,n\}$ に対して足し合わせれば得られる.

重複組合せの数については，$\dfrac{1}{(1-x)^{m+m'}} = \dfrac{1}{(1-x)^m} \cdot \dfrac{1}{(1-x)^{m'}}$ に対して x^n の係数を比較することにより

$$
{}_{m+m'}H_n = \sum_{j=0}^{n} {}_mH_j \cdot {}_{m'}H_{n-j}
$$

を得る．$m+m'$ 種の中から重複を許して選ぶ組合せを，最初の m 種の中から選ぶ個数 j で分類して考えれば，上の個数に対する等式が得られる．前問は，$m'=1$ の場合に対応する.

問題 10.5. 小正方形の辺の一つをたどるのを 1 ステップとよぶことにする.

i) 左下から右上への最短経路は，$4+8=12$ ステップあり，そのうちの 4 ステップは上へ，8 ステップは右へ行く．12 ステップのうち，いつ上に行くかの 4 ステップを任意に選べば最短経路が定まる．問題にある経路例は，“右右右上右右右上上右上右”と表せる．よって ${}_{12}C_4 = \frac{12\cdot11\cdot10\cdot9}{4\cdot3\cdot2} = 495$ 通り.

ii) 縦の道は 9 本あり，上へ 4 ステップ上に行くのにどの縦の道を使うかは 9 本から 4 本を重複を許して選ぶ重複組合せとなり，その数は ${}_9H_4$ 通り．なお，縦の道を左から順に 0 から 8 と番号をつけると，問題にある経路例は “3667” と表せる.

iii) $n \times (m-1)$ の碁盤のマス目で同様な考察をすると，最短経路は i) の考察では ${}_{m+n-1}C_n$ 通り，ii) の考察では ${}_mH_n$ 通りとなるので，${}_mH_n = {}_{m+n-1}C_n$.

問題 11.7. $t^3 - \frac{1}{2}t^2 - \frac{1}{3}t + \frac{1}{6} = (t-\frac{1}{2})(t^2-\frac{1}{3})$ であるから，$t^3 - \frac{1}{2}t^2 - \frac{1}{3}t + \frac{1}{6} = 0$

の 3 根は絶対値が 1 以下である．よって定理 11.6 より $\sum_{n=0}^{\infty} a_n$ は収束し，その値は (11.23) より

$$\frac{1+(1-\frac{1}{2})+(1-\frac{1}{2}-\frac{1}{3})}{1-\frac{1}{2}-\frac{1}{3}+\frac{1}{6}} = \frac{\frac{10}{6}}{\frac{2}{6}} = 5.$$

3 次方程式の解法．一般に 3 次方程式 $x^3+b_2x^2+b_1x+b_0=0$ は以下のようにして解くことができる．

$y=x+\frac{b_2}{3}$ とおくと，$y^3+a_1y+a_0=0$ という方程式に帰着される．なお

$$a_1=b_1-\frac{1}{3}b_2^2, \quad a_0=b_0-\frac{1}{3}b_1b_2+\frac{2}{27}b_2^3$$

$$a^3+b^3+c^3-3abc=(a+b+c)(a^2+b^2+c^2-bc-ca-ab)$$

という恒等式が成り立つが，1 の 3 乗根 $\omega=-\frac{1}{2}+\frac{\sqrt{-3}}{2}$ に対し (a,b,c) を $(a,b\omega,c\omega^2)$, $(a,b\omega^2,c\omega)$ と置き換えても上の左辺は不変なことから，恒等式

$$a^3+b^3+c^3-3abc=(a+b+c)(a+b\omega+c\omega^2)(a+b\omega^2+c\omega)$$

を得る．$(a,b,c)=(y,-\alpha,-\beta)$ とおくと

$$y^3-3\alpha\beta y-(\alpha^3+\beta^3)=(y-\alpha-\beta)(y-\alpha\omega-\beta\omega^2)(y-\alpha\omega^2-\beta\omega)$$

がわかる．よって

$$3\alpha\beta=-a_1, \quad \alpha^3+\beta^3=-a_0$$

を満たす組 (α,β) を 1 つ求めれば方程式が解けるが，α^3 は $t^2+a_0t-\frac{a_1^3}{27}=0$ の根であることから (α,β) が求まる．

問題 11.10．$n=1$ のとき，(11.28) の右辺は a_0 であり，(11.28) が成立する．

$n=k$ のとき (11.28) が成立すると仮定しよう (ここで k は自然数)：

$$a_0+a_0r+a_0r^2+\cdots+a_0r^{k-1}=a_0\frac{r^k-1}{r-1}.$$

すると，等比数列の $k+1$ 項の和は

$$\begin{aligned} a_0+a_0r+a_0r^2+\cdots+a_0r^{k-1}+a_0r^k &= a_0\frac{r^k-1}{r-1}+a_0r^k \\ &= a_0\frac{r^k-1}{r-1}+a_0\frac{r^k(r-1)}{r-1} \\ &= a_0\frac{r^{k+1}-1}{r-1} \end{aligned}$$

となるので，$n=k+1$ のときも (11.28) が成立する．

よって数学的帰納法により (11.28) を得る．

連続性. (11.28) では $r \neq 1$ を仮定している．一方，n 項の和，すなわち (11.28) の左辺は r に連続に依存している．これは (11.28) の右辺の $r \to 1$ の極限が存在して，それが $r = 1$ のとき n 項の和に等しいことを意味している．実際，その極限値は na_0 である．

このような連続性を使った議論はしばしば有効である．たとえば一般項が

$$a_n = \begin{cases} a_0 + b\dfrac{r^n - 1}{r - 1} = a_0 - \dfrac{b}{r-1} + \dfrac{b}{r-1}r^n & (r \neq 1) \\ a_0 + bn & (r = 1) \end{cases}$$

と表せる数列 $a_0, a_1, a_2, \ldots$ の有限和 $S_n = a_0 + a_1 + \cdots + a_{n-1}$ を考えてみよう．a_n は r に連続に依存しているので，S_n も同様である．

$r \neq 1$ のときは，等比級数の和についての (11.28) により

$$\begin{aligned} S_n &= \Big(a_0 - \frac{b}{r-1}\Big)n + \frac{b}{r-1}\frac{r^n - 1}{r-1} \\ &= a_0 n + b\frac{r^n - nr + n - 1}{(r-1)^2}. \end{aligned}$$

よって，初項が a_0 で公差が b の等差数列の和が $a_0 n + b\frac{n(n-1)}{2}$ となることと

$$\lim_{r \to 1} \frac{r^n - nr + n - 1}{(r-1)^2} = \frac{n(n-1)}{2}$$

であることとのどちらか一方がわかれば他方が得られる (2 条件が同値).

上の極限は，$r = 1 + x$ とおいて $(1+x)^n$ の二項展開 (9.2) を使って示す，ロピタルの定理を使う，などの方法で示すことができる．なお，ロピタルの定理を使う証明では，$f(x) = x^n - nx + n - 1$, $g(x) = (x-1)^2$ とおくと，$f'(x) = nx^{n-1} - n$, $f''(x) = n(n-1)x^{n-2}$, $g'(x) = 2(x-1)$, $g''(x) = 2$，および $f(1) = f'(1) = g(1) = g'(1) = 0$ となることに注意する．

問題 11.11. n ヶ月後には a_n つがいのウサギがいるとして，母関数 $f(x) = a_0 + a_1 x + a_2 x^2 + \cdots$ を考える．

i) フィボナッチ数列の母関数 $f(x) = a_0 + a_1 x + a_2 x^2 + \cdots$ に対し

$$(1 - x - x^2)[f(x)]_n = 1 - (a_n + a_{n-1})x^{n+1} - a_n x^{n+2}$$

となる．$x = 1$ を代入すると

$$a_0 + a_1 + \cdots + a_n = (a_n + a_{n-1}) + a_n - 1 = a_{n+1} + a_n - 1 = a_{n+2} - 1$$

がわかる．$n = 12$ とおくと上の値は 609 となる (cf. 例 11.1)．よって 60 万 9 千円のえさ代がかかる．

ii) n ヶ月目は $2a_{n-2}$ つがいの子ウサギが生まれ，それだけ前月より増える．よって

漸化式

$$a_n = a_{n-1} + 2a_{n-2} \quad (n \geq 2),\ a_0 = a_1 = 1$$

がわかる．よって

$$f(x) = \frac{1}{1-x-2x^2} = \frac{1}{(1-2x)(1+x)} = \frac{2}{3}\frac{1}{1-2x} + \frac{1}{3}\frac{1}{1+x}$$

であるから

$$a_n = \frac{2^{n+1}+(-1)^n}{3}.$$

iii) n ヶ月後には $2a_{n-2}$ つがいの子ウサギが生まれるが，1 つがいを譲るので，前月より増えるのは $2a_{n-2}-1$ つがいとなる．よって

$$a_n = a_{n-1} + 2a_{n-2} - 1 \quad (n \geq 2),\ a_0 = a_1 = 1$$

という漸化式が得られる．よって

$$f(x) = \frac{1-\frac{x^2}{1-x}}{1-x-2x^2},$$

$$\frac{1-x-x^2}{(1-2x)(1+x)(1-x)} = \frac{1}{3}\frac{1}{1-2x} + \frac{1}{6}\frac{1}{1+x} + \frac{1}{2}\frac{1}{1-x},$$

$$a_n = \frac{2^n}{3} + \frac{(-1)^n}{6} + \frac{1}{2}$$
$$= \frac{2^{n+1}+(-1)^n+3}{6}.$$

問題 11.12. 答が b_n 通りであるとする．$b_1 = 2, b_2 = 3$ であることに注意しよう．$n \geq 3$ のとき，n 個の碁石の最後のものは白か黒で，白ならば残りの $n-1$ 個は黒が隣り合わないように並べればよいので並べ方は b_{n-1} 通りで，黒なら隣は白で，残りの $n-2$ 個は黒が隣り合わないように並べればよいので並べ方は b_{n-2} 通り．よって $b_n = b_{n-1} + b_{n-2}$ となるので，フィボナッチ数列を a_n とすると $(a_0 = 1,\ a_1 = 1, a_2 = 2, \ldots)$，$b_n = a_{n+1}$ である．

$n+1$ 段の階段を 1 段ずつあるいは 1 段飛ばしで上ることを考える．1 段目から n 段目までで踏んだ階段を白の碁石で，踏まなかった階段を黒の碁石で並べて表すと，黒が隣り合わない n 個の碁石の並べ方に対応する (例 11.1 (2))．

問題 12.2. 以下により最大公約数 $\underline{1101} = 13$ を得る．

2)1092		2)481	
2) 546	⋯0	2)240	⋯1
2) 273	⋯0	2)120	⋯0
2) 136	⋯1	2) 60	⋯0
2) 68	⋯0	2) 30	⋯0
2) 34	⋯0	2) 15	⋯0
2) 17	⋯0	2) 7	⋯1
2) 8	⋯1	2) 3	⋯1
2) 4	⋯0	2) 1	⋯1
2) 2	⋯0	2) 0	⋯1
2) 1	⋯0		
2) 0	⋯1		

$1092=\underline{10001000100}$

$481=\underline{111100001}$

$$
\begin{array}{r}
111100001 \\
-100010001 \\
\hline
11010000 \\
\\
100010001 \\
-\quad 1101 \\
\hline
100000100 \\
\\
1000001 \\
-\quad 1101 \\
\hline
110100 \\
\\
1101 \\
-1101 \\
\hline
0
\end{array}
$$

問題 12.8. i) 7906 と 5963 の最大公約数は

$$
\begin{aligned}
7906 &= 1 \times 5963 + 1943 \\
5963 &= 3 \times 1943 + 134 \\
1943 &= 14 \times 134 + 67 \\
134 &= 2 \times 67
\end{aligned}
$$

より，67 となることがわかる．また

$$
\begin{aligned}
67 &= 1943 - 14 \times 134 = 1943 - 14 \times (5963 - 3 \times 1943) \\
&= -14 \times 5963 + 43 \times 1943 = -14 \times 5963 + 43 \times (7906 - 1 \times 5963) \\
&= 43 \times 7906 - 57 \times 5963.
\end{aligned}
$$

ii) 27 と 11 とは互いに素で

$$
\begin{aligned}
27 &= 2 \times 11 + 5 \\
11 &= 2 \times 5 + 1
\end{aligned}
$$

より，$1 = 11 - 2 \times 5 = 11 - 2 \times (27 - 2 \times 11) = -2 \times 27 + 5 \times 11$. よって

$$
19 = -38 \times 27 + 95 \times 11 = -(38 - 11j) \times 27 + (95 - 27j) \times 11
$$

となるので，求めるものは $j = 3, 4$ のいずれかであり，それぞれ $(38 - 11j, 95 - 27j) =$

$(5, 14)$, $(-6, -13)$ である．よって

$$19 = -5 \times 27 + 14 \times 11 = 6 \times 27 - 13 \times 11$$

の 2 つが求めるものである (たまたま 2 通り存在した).

問題 12.9. m で割った余りが r_m，n で割った余りが r_n となる整数 N とは

$$N = r_m + p \cdot m = r_n + q \cdot n$$

となる整数 p, q が存在する整数である．$p_m m + p_n n = 1$ となる整数 p_m, p_n が存在するので

$$\begin{aligned} r_m - r_n &= (r_m - r_n)p_m \cdot m + (r_m - r_n)p_n \cdot n \\ &= \big((r_m - r_n)p_m - kn\big)m - \big((r_n - r_m)p_n - km\big)n \end{aligned}$$

である．よって

$$r_m + \big((r_n - r_m)p_m + kn\big)m = r_n + \big((r_m - r_n)p_n + km\big)n \tag{17.25}$$

が成り立つ．整数 k を適当にとれば上の値は 0 以上で mn より小さくなり，それが N である．

同じ性質をもつ整数 N' があったとすると N と N' の差は m でも n でも割り切れるので mn の倍数である．$0 \leq N < mn$ かつ $0 \leq N' < mn$ であるから $N = N'$ がわかる．

ユークリッドのアルゴリズムによって p_m と p_n が求められるので (17.25) から N は容易に求められる．

問題 12.10. $1 = 9 - 8$ より $3 = 3 \times 9 - 3 \times 8$ となるから

$$\begin{gathered} 4 - 3 \times 9 = 1 - 3 \times 8, \\ 4 + (8k - 3) \times 9 = 1 + (9k - 3) \times 8 \end{gathered}$$

である．$k = 1$ のとき上の値は 49 であるから，条件を満たす整数は $49 + 72n$ ($n = 0, 1, 2, \ldots$) である．

問題 12.11. ある自然数 N を m で割った余りが r_m，n で割った余りが r_n とする．m と n の最大公約数 p と

$$c \cdot m + d \cdot n = p$$

となる整数 c, d をユークリッドの互除法により求めておく．

$N = s_m \cdot m + r_m = s_n \cdot n + r_n$ となる整数 s_m と s_n が存在するので，$r_m - r_n$ は p の倍数でなければならない．そこで

$$r_m - r_n = s \cdot p$$

とおくと $r_m - r_n = s(c \cdot m + d \cdot n)$ であるから

$$r_m - cs \cdot m + k(n/p)m = r_n + ds \cdot n + k(m/p)n \quad (k \text{ は整数})$$

となることに注意しよう.

十進 BASIC でのプログラムの例を挙げる.

```
! 割り算の余りから数を求める
INPUT PROMPT "最初の自然数とそれで割った余り: ": m,rm
DO
   INPUT PROMPT "次の自然数と割った余り (終わりは 0,0): ": n,rn
   IF n < 1 OR m < 1 THEN
      PRINT "終了します！ "
      STOP
   END IF
   CALL EUCLID(m,n)
   IF MOD(rm - rn ,pp1) <> 0 THEN
      PRINT "余りがおかしい！ "
      STOP
   END IF
   LET rr = (rm-rn)/pp1
   LET mm = m*n/pp1
   LET rm = MOD(rm-rr*cc*m,mm)
   LET m = mm
   PRINT m;"で割った余りが";rm
LOOP

! pp1 = GCM(m,n) = cc*m + dd*n
SUB EUCLID(m,n)
   LET pp0 = m
   LET pp1 = n
   LET aa = 1
   LET bb = 0
   LET cc = 0
   LET dd = 1
   DO
      LET pp2 = MOD(pp0,pp1)
      IF pp2 = 0 THEN EXIT DO
      LET ss = (pp0-pp2)/pp1
      LET tmp = aa - cc*ss
      LET aa =cc
```

```
      LET cc = tm
      LET dd = bb - dd*ss
      LET bb = dd
      LET dd = tm
      LET pp0 = pp1
      LET pp1 = pp2
   LOOP
END SUB
END
```

実行例は

```
最初の自然数とそれで割った余り: 7,3
次の自然数と割った余り (終わりは 0,0): 11,5
 77 で割った余りは 38
次の自然数と割った余り (終わりは 0,0): 6,4
 462 で割った余りは 346
次の自然数と割った余り (終わりは 0,0): 0,0
終了します！

最初の自然数とそれで割った余り: 6,4
次の自然数と割った余り (終わりは 0,0): 9,2
余りがおかしい！
```

問題 12.18. $p = rs$ であったとする．ただし $2 \leq r < p$ で r, s は整数．このとき $(p-1)!$ は r の倍数となるので，$(p-1)!+1$ は r の倍数でない．よって p の倍数でもない．

問題 12.20. 各行に同じ数字が現れないことを示せばよい．このとき，数字の個数を考えるとすべての数字が現れることがわかる．

同じ数字が現れないことは，和の方は，$a+b \equiv a+c \mod p$ なら $b-c$ は p の倍数となることからわかる．

積の方は，a が p の倍数でないとき $ab \equiv ac \mod p$ なら $a(b-c) \equiv 0 \mod p$ で，p は素数なので $b-c \equiv 0 \mod p$ となることからわかる．

問題 12.26. たとえば $a=1$, $p=15$ とすると $1^2 \equiv 4^2 \equiv 11^2 \equiv 14^2 \equiv 1 \mod 15$.

問題 12.27. 定理 12.25 より，解をもつための必要十分条件は $(-1)^{\frac{p-1}{2}} \equiv 1 \mod p$ となることであるが，これは $\frac{p-1}{2}$ が偶数であるということと同値．

問題 12.28. mod 17 による計算で

$$
\begin{aligned}
2^4 &= 16 \equiv -1, \quad 2^8 \equiv (-1)^2 = 1,\ 2^{16} \equiv 1,\\
3^2 &= 9, \quad 3^4 = 81 \equiv -4, \quad 3^8 \equiv (-4)^2 = 16 \equiv -1, \quad 3^{16} \equiv 1,\\
5^2 &= 25 \equiv 8, \quad 5^4 \equiv 64 \equiv -4, \quad 5^8 \equiv -1, \quad 5^{16} \equiv 1,\\
7^2 &= 49 \equiv -2, \quad 7^4 \equiv 4, \quad 7^8 \equiv 16 \equiv -1, \quad 7^{16} \equiv 1,\\
11^2 &= 121 \equiv 2, \quad 11^4 \equiv 4, \quad 11^8 \equiv 16 \equiv -1, \quad 11^{16} \equiv 1,\\
13^2 &= (-4)^2 = 16 \equiv -1, \quad 13^4 \equiv 1, \quad 13^{16} = (13^4)^4 \equiv 1.
\end{aligned}
$$

問題 12.29. 3 を法とする原始根は $2 \mod 3$ のみであることは容易.

5 を法とする原始根は，$5-1=2^2$ であるから $\mod 5$ で 2 個．5 を法とする 4 以下の自然数の位数は 2^2 の約数となる．$2^2 \equiv -1 \mod 5$ であるから 2 は原始根．$2^k \mod 5$ について計算すると

k	1	2	3	4
$2^k \mod 5$	2	4	3	1

となるので，定理 12.22 ii) より (定理 12.24 の証明の最後を参照) 原始根は以下の 2 つ.

$$2 \mod 5, \qquad 3 \mod 5.$$

7 を法とする原始根は，既に計算した表から以下の 2 つ.

$$3 \mod 7, \qquad 5 \mod 7.$$

k	1	2	3	4	5	6
$3^k \mod 7$	3	2	6	4	5	1

11 を法とする原始根．$11-1=2\cdot 5$ に注意．$2^2=4$, $2^5=32\equiv -1 \mod 11$ より 2 は原始根となることがわかる[4]．

k	1	2	3	4	5	6	7	8	9	10
$2^k \mod 11$	2	4	8	5	10	9	7	3	6	1

原始根は 10 と素な $k=1,3,7,9$ に対応する場合から得られ，以下の 4 個.

$$2 \mod 11, \qquad 8 \mod 11, \qquad 7 \mod 11, \qquad 6 \mod 11.$$

13 を法とする原始根．$13-1=2^2\cdot 3$．$2^4=16\equiv 3 \mod 13$ で $2^6=64\equiv -1$

---

[4] p を素数とし，$p-1$ の素因数分解に現れる素数を $p_1,\dots,p_k$ とする．$1\le \xi \le p-1$ をみたす自然数 ξ の位数は $p-1$ の約数であるから，ξ が p を法とする原始根であることを示すには，$\xi^{\frac{p-1}{p_i}} \not\equiv 1 \mod p$ を $i=1,\dots,k$ について確かめればよい.

mod 13 であって，13 を法とする 2 の位数は 12 の約数であるから，2 は原始根．

k	1	2	3	4	5	6	7	8	9	10	11	12
$2^k \mod 13$	2	4	8	3	6	12	11	9	5	10	7	1

12 と素な $k = 1, 5, 7, 11$ が原始根に対応し，それは以下の 4 個．

$$2 \mod 13, \qquad 6 \mod 13, \qquad 11 \mod 13, \qquad 7 \mod 13.$$

17 を法とする原始根．17 を法とする 16 以下の自然数の位数は $17 - 1 = 2^4$ の約数である．問題 12.28 の計算から 3 は原始根であることがわかる．$3^k \mod 17$ を $k = 1, 2, \ldots, 16$ について計算すると

k	1	2	3	4	5	6	7	8	9	10	11	12	13	14	15	16
$3^k \mod 17$	3	9	10	13	5	15	11	16	14	8	7	4	12	2	6	1

定理 12.22 ii) より，k が奇数の場合が原始根に対応し，原始根の全体は mod 17 で以下の 8 個からなる．

$$\{3, 10, 5, 11, 14, 7, 12, 6\} = \{3, 5, 6, 7, 10, 11, 12, 14\}.$$

奇素数 p の最小原始根 ζ および $\zeta^k \mod p$ の表

$p \backslash k$	1	2	3	4	5	6	7	8	9	10	11	12	13	14	15	16	17	18	19	20	21	22
3	2	1																				
5	2	4	3	1																		
7	3	2	6	4	5	1																
11	2	4	8	5	10	9	7	3	6	1												
13	2	4	8	3	6	12	11	9	5	10	7	1										
17	3	9	10	13	5	15	11	16	14	8	7	4	12	2	6	1						
19	2	4	8	16	13	7	14	9	18	17	15	11	3	6	12	5	10	1				
23	5	2	10	4	20	8	17	16	11	9	22	18	21	13	19	3	15	6	7	12	14	1

問題 12.30.　mod 13 で考えると

$$\begin{aligned}
&3^2 = 9, \quad 3^3 = 27 \equiv 1 \mod 13, \\
&4^2 = 16 \equiv 3 \mod 13, \quad 4^4 \equiv 3 \cdot 3 = 9 \equiv -4 \mod 13, \\
&4^6 = 3(-4) = -12 \equiv 1 \mod 13
\end{aligned}$$

となる．$n = 3k + j$ ($k = 0, 1, 2 \ldots,\ j = 1, 2, 3$) とおくと

$$3^{(3k+j)+1} + 4^{2(3k+j)-1} = (3^3)^k \cdot 3^{j+1} + (4^6)^k \cdot 4^{2j-1} \equiv 3^{j+1} + 4^{2j-1} \mod 13$$

である．よって $j = 1, 2, 3$ のときに正しいことを確かめればよいが，それは

$$
\begin{aligned}
&3^2 + 4^1 = 9 + 4 = 13 \equiv 0 \mod 13, \\
&3^3 + 4^3 = 3^3 + 4 \cdot 4^2 \equiv 1 + 4 \cdot 3 = 13 \equiv 0 \mod 13, \\
&3^4 + 4^5 = 3 \cdot 3^3 + 4 \cdot 4^4 \equiv 3 \cdot 1 + 4(-4) = -13 \equiv 0 \mod 13
\end{aligned}
$$

よりわかる．

$n \geq 1$ に注意すると，以下のように示すこともできる．

$$
\begin{aligned}
3^{n+1} + 4^{2n-1} &= 3^{(n-1)+2} + 4^{2(n-1)+1} \\
&= 9 \cdot 3^{n-1} + 4 \cdot 16^{n-1} \\
&\equiv 9 \cdot 3^{n-1} + 4 \cdot 3^{n-1} \mod 13 \\
&= 13 \cdot 3^{n-1} \equiv 0 \mod 13.
\end{aligned}
$$

問題 12.31. i) まず $4x + 11u = 5$ を解く．互除法で $11 = 2 \cdot 4 + 3$, $4 = 3 + 1$ より $1 = 4 - 3 = 4 - (11 - 2 \cdot 4) = 3 \cdot 4 - 11$，$5 = 15 \cdot 4 - 55$. よって

$$4x \equiv 5 \equiv 15 \cdot 4 \mod 11 \iff 4(x - 15) \equiv 0 \mod 11 \iff x - 15 \equiv 0 \mod 11$$

すなわち $x \equiv 15 \equiv 4 \mod 11$.

同様に $5x + 13v = 6$ を解く．$13 = 2 \cdot 5 + 3$, $5 = 3 + 2$, $3 = 2 + 1$ より $1 = 3 - 2 = 3 - (5 - 3) = 2 \cdot 3 - 5 = 2(13 - 2 \cdot 5) - 5 = 2 \cdot 13 - 5 \cdot 5$，$6 = 12 \cdot 13 - 30 \cdot 5$, $5x \equiv 6 = -30 \cdot 5 \mod 13$ であるから $5(x + 30) \equiv 0 \mod 13$，すなわち $x \equiv -30 \equiv 9 \mod 13$.

よって $x \equiv 4 \mod 11$ かつ $x \equiv 9 \mod 13$ となる数，すなわち 11 で割ると 4 余り，13 で割ると 9 余る数を求めればよい．

$13 = 11 + 2$, $11 = 5 \cdot 2 + 1$ より $1 = 11 - 5 \cdot 2 = 11 - 5 \cdot (13 - 11) = 6 \cdot 11 - 5 \cdot 13$, $9 - 4 = 5 = 30 \cdot 11 - 25 \cdot 13 = (30 - \underline{26}) \cdot 11 - (25 - \underline{22}) \cdot 13 = 4 \cdot 11 - 3 \cdot 13$, $9 + 3 \cdot 13 = 4 + 4 \cdot 11 = 48$. すなわち $x \equiv 48 \mod 143$ が答である．なお，48 は解の一つであるが，解の差は 11 でも 13 でも割りきれる数となるので，それは 143 の倍数である．

ii) $7 - 20z = 6x + 15y$ は 3 の倍数であるから $3m$ とおくと $3m + 20z = 7$. この解を互除法で求めると

$20 = 6 \cdot 3 + 2$, $3 = 2 + 1$ だから $1 = 3 - 2 = 3 - (20 - 6 \cdot 3) = 7 \cdot 3 - 20$, $7 = 49 \cdot 3 - 7 \cdot 20 = (49 - \underline{40}) \cdot 3 - (7 - \underline{6}) \cdot 20 = 9 \cdot 3 - 20$. よって $m = 9$, $z = -1$ が一つの解となる．

次に $6x + 15y = 3 \cdot 9$ すなわち $2x + 5y = 9$ の解を見つければよい．$x = 2$, $y = 1$ が一つの解なので，$(x, y, z) = (2, 1, -1)$ が得られる．

問題 12.32. X を p 以下の正整数で p と互いに素なもの全体の集合とする．x, $y \in X$

に対して，$ax \equiv ay \mod p$ ならば $a(x-y) \equiv 0 \mod p$ となるが a, p は互いに素なので $x - y \equiv 0 \mod p$ がわかる．よって X の元に a を掛けて p で割った余りの全体は X と一致することがわかるので

$$a^{\varphi(p)} \prod_{x \in X} x = \prod_{x \in X} ax \equiv \prod_{x \in X} x \mod p$$

となり，$\prod_{x \in X} x$ と p とは互いに素なので $(a^{\varphi(p)} - 1) \prod_{x \in X} x \equiv 0 \mod p$ より $a^{\varphi(p)} \equiv 1 \mod p$ がわかる．

問題 12.33. $a \equiv 0 \mod p$ のときは $x = 0$ が解なので，$a \not\equiv 0 \mod p$ と仮定する．p を法とする原始根の一つを ζ とおくと，$\zeta^m \equiv a \mod p$ となる自然数 m が存在する．n と $p-1$ は互いに素であるから $kn = \ell(p-1) + m$ を満たす自然数 k と ℓ が存在する．このときフェルマーの小定理から

$$\zeta^{kn} = \zeta^{\ell(p-1)+m} \equiv \zeta^m \equiv a \mod p$$

となり，ζ^k が求める整数解．なお整数解は p を法としてただ一つに定まる．

問題 12.34. 原始根 ζ を用いて $a \equiv \zeta^m \mod p$ となる正整数 m を選んでおく．$\zeta^{ny} \equiv \zeta^m \mod p$ となる自然数 y が存在することと $x^n \equiv a \mod p$ が整数解をもつこととは同値である．前者は $ny + (p-1)z = m$ となる正整数 y と z が存在すること，と言い換えられるので，m が n と $p-1$ の最大公約数 d の倍数であることが必要十分条件である．

$m = kd$ ならば $a^{\frac{p-1}{d}} \equiv (\zeta^m)^{\frac{p-1}{d}} = \zeta^{\frac{m(p-1)}{d}} = \zeta^{k(p-1)} \equiv 1 \mod p$.

逆に $a^{\frac{p-1}{d}} \equiv 1 \mod p$ ならば $\zeta^{\frac{m(p-1)}{d}} \equiv 1 \mod p$ なので $\frac{m(p-1)}{d} = k(p-1)$ を満たす正整数 k が存在する．よって $m = kd$.

問題 12.35. 普通の 2 次方程式のときと同様に行う．

$$ax^2 + bx + c \equiv 0 \mod p \iff x^2 + a^*bx + a^*c \equiv 0 \mod p$$

$$\begin{aligned} x^2 + a^*bx + a^*c &\equiv x^2 + 2\Big(\frac{p+1}{2}\Big)a^*bx + a^*c \\ &\equiv \Big(x + \frac{p+1}{2}a^*b\Big)^2 - \Big(\frac{p+1}{2}a^*\Big)^2(b^2 - 4ac) \mod p. \end{aligned}$$

よって D が平方剰余のときのみ解をもち，そのとき

$$x^2 + a^*bx + a^*c \equiv \Big(x + \frac{p+1}{2}a^*(b + \sqrt{D})\Big)\Big(x + \frac{p+1}{2}a^*(b - \sqrt{D})\Big) \mod p$$

となるので解がわかる．

注意. 整数 $\frac{p+1}{2}$, a^* は $2(\frac{p+1}{2}) \equiv aa^* \equiv 1 \mod p$ を満たすので，それぞれ $\frac{1}{2}$, $\frac{1}{a}$ と表記すれば，通常の 2 次方程式の解の公式と同じになる．

問題 12.41. i) $X \ni \overline{1}, \overline{a}, \overline{a^2}, \overline{a^3}, \ldots$ と順に並べ，最初に重複したものを $\overline{a^{q'}} = \overline{a^q}$ とおく $(0 \leq q' < q)$. ここで $\{\overline{a^k} \mid k = 0, \ldots, p-1\} \subset \{1, \ldots, p-1\}$ であるから，鳩の巣原理より $q \leq p-1$ である．

$a^{q'}(a^{q-q'} - 1) \equiv 0 \mod p$ で p と a は互いに素であるから，$a^{q-q'} - a^0 \equiv 0 \mod p$ である．よって q の最小性から $q' = 0$ がわかる．したがって

$$C_1 = \{1 = \overline{a^0}, \overline{a^1}, \overline{a^2}, \ldots, \overline{a^{q-1}}\}, \quad \#C_1 = q.$$

ii) $a^q \equiv 1 \mod p$ であるから，$b \in X$ に対し

$$C_b = \{b, \overline{a^1 b}, \overline{a^2 b}, \ldots, \overline{a^{q-1} b}\}.$$

$a^k b \equiv a^\ell b \mod p$ かつ $0 \leq k \leq \ell \leq q-1$ なら，$(a^{\ell-k} - 1)a^k b \equiv 0 \mod p$ なので，$a^{\ell-k} - 1 \equiv 0 \mod p$ となり $k = \ell$ を得る．よって $\#C_b = q$.

$c \in C_b$ ならば $C_b = C_c$ となるので，$C_b \cap C_{b'} \neq \emptyset$ ならば，$C_b = C_{b'}$ がわかる．

iii) $b \in C_b \subset \{1, 2, \ldots, p-1\}$ に注意すると，$\{1, 2, \ldots, p-1\}$ の元はいずれかの C_b に属するので，$\{1, 2, \ldots, p-1\} = C_{b_1} \cup C_{b_2} \cup \cdots \cup C_{b_m}$ かつ $C_{b_i} \cap C_{b_j} = \emptyset$ $(1 \leq i < j \leq m)$ と表せる．よって元の個数を数えると $mq = p-1$.

注意. 上の ii), iii) の代わりに定理 12.22, 12.23 を用いた定理 12.24 の証明における議論を使うことによってもフェルマーの小定理を示すことができる．

一方，ここに述べた方法で問題 12.34 を証明することもできる．

問題 12.43. $(1+\sqrt{2})(1-\sqrt{2}) = -1$ であるから，$(-1)^k = (1+\sqrt{2})^k(1-\sqrt{2})^k = (y_k + x_k\sqrt{2})(y_k - x_k\sqrt{2}) = y_k^2 - 2x_k^2$ となる．

また $(1+\sqrt{2})^k = (1+\sqrt{2})^{k-1}(1+\sqrt{2})$ より

$$\begin{aligned} y_k + x_k\sqrt{2} &= (y_{k-1} + x_{k-1}\sqrt{2})(1+\sqrt{2}) \\ &= (y_{k-1} + 2x_{k-1}) + (y_{k-1} + x_{k-1})\sqrt{2} \end{aligned}$$

であるから

$$\begin{cases} x_k = x_{k-1} + y_{k-1} \\ y_k = 2x_{k-1} + y_{k-1} \end{cases}$$

となる．

$a_k = x_k$ とおくと，$y_k - x_k = x_{k-1}$ より $y_k = a_k + a_{k-1}$ で，$a_k = a_{k-1} + y_{k-1} = a_{k-1} + (a_{k-1} + a_{k-2}) = 2a_{k-1} + a_{k-2}$ となる．$a_0 = 0$, $a_1 = 1$ であるから，これは (12.17) で定まる a_k と一致するので，命題 12.42 に帰着される．

問題 12.44. p, q は正整数で，$|p^2 - 3q^2| \leq 1$ を満たすとする．$p' = 2p - 3q$, $q' =$

$-p+2q$ とおくと $p'^2-3q'^2=p^2-3q^2$ が成り立つことに注意しよう．

$q=1$ とすると $p=2$ のときのみ $|p^2-3q^2|\le 1$ となる．

$q^2<3q^2-1\le p^2\le 3q^2+1\le 4q^2$ であるから $q<p\le 2q$ で $0\le q'<q$ がわかる．また $q\ge 2$ ならば $9q^2<12q^2-4\le 4p^2\le 12q^2+4\le 14q^2$ より $0<p'<q<p$ がわかる．

$\varepsilon=0,\ \pm 1$ のいずれかとする．このとき $p^2-3q^2=\varepsilon$ を成り立たせる正整数の組 (p,q) があるならば，q が最小のものをとってさらに上を適用すると，$p>0$ かつ $q=0$ となる解があることがわかる．これは $\varepsilon=1, p=1$ に限る．すなわち，(p,q) が正整数のとき p^2-3q^2 は 0 や -1 にはなり得ない．

$(p,q)=(2,1)$ のとき $p^2-3\cdot q^2=1$ を満たす．整数 (p_n,q_n) を

$$(2+\sqrt{3})^n=p_n+q_n\sqrt{3}\quad (n=1,2,\ldots)$$

で定義すると (12.21) の関係式を満たす．上の考察からこの (p_n,q_n) が $p^2-3q^2=1$ を満たすすべての正整数解であることがわかる．以下に注意

$$1=\Big(\big(2-\sqrt{3}\big)\big(2+\sqrt{3}\big)\Big)^n=\big(p_n-q_n\sqrt{3}\big)\big(p_n+q_n\sqrt{3}\big)=p_n^2-3q_n^2,$$

$$p_n=\sum_{0\le 2j\le n}{}_nC_{2j}\cdot 2^{n-2j}\cdot 3^j,$$

$$q_n=\sum_{1\le 2j+1\le n}{}_nC_{2j+1}\cdot 2^{n-2j-1}\cdot 3^j.$$

問題 12.45. m が偶数，すなわち $m=2m_1$ と表せるなら，$y^2-2x^2=2m_1$ であるから y も偶数で $y=2y_1$ と表せる．このとき $2y_1^2-x^2=m_1$ となり

$$x^2-2y_1^2=-m_1$$

となって，m が $-m_1=-\frac{m}{2}$ の場合に帰着される．

このことから $|m|\le 10$ については，$m=\pm 1,\ \pm 3,\ \pm 5,\ \pm 7,\ \pm 9$ の場合の非負整数解 (x,y) を調べればよい ($m=0$ のときは自明な解のみ)．

$$(2x-y)^2-2(y-x)^2=-(y^2-2x^2)$$

に注意しよう．すなわち

$$\begin{cases} x'=y-x, \\ y'=2x-y \end{cases},\quad \begin{cases} x=x'+y' \\ y=2x'+y' \end{cases} \Longrightarrow\quad y'^2-2x'^2=-(y^2-2x^2).$$

$|y^2-2x^2|\le 9$ とする．$x\ge 3$ ならば

$$x^2\le 2x^2-9\le y^2\le 2x^2+9<4x^2$$

であるから $2x-y>0,\ y-x\geq 0$ がわかる．

よって上の変換を何度か行えば $0\leq x\leq 2$ の場合に帰着される (変換する毎に y^2-2x^2 の値は -1 倍される)．このとき $y^2\leq 2x^2+9\leq 8+9=17$ に注意すれば $0\leq y\leq 4$ である．m が奇数とすると y も奇数なので，$y=1,\,3$ のときをすべて調べてみると

$$\begin{aligned} x=0:&\ (y=1,\ m=1), && (y=3,\ m=9)\\ x=1:&\ (y=1,\ m=-1), && (y=3,\ m=7)\\ x=2:&\ (y=1,\ m=-7), && (y=3,\ m=1). \end{aligned}$$

となる．特に $m=\pm 3,\,\pm 5$ にはなり得ない．

以上をまとめると以下のようになる．

$y^2-2x^2=0$ の非負整数解は $x=y=0$ のみ．

$y^2-2x^2=\pm 3,\ \pm 5,\ \pm 6,\ \pm 10$ は解をもたない．

$y^2-2x^2=\pm 1$ は解をもち，それは

$$\begin{cases} x_n=x_{n-1}+y_{n-1}, \\ y_n=2x_{n-1}+y_{n-1} \end{cases} \qquad (n=1,2,3,\ldots) \tag{17.26}$$

および $(x_0,y_0)=(0,1)$ で与えられる．y^2-2x^2 の値は $(-1)^n$ となる．

$y^2-2x^2=\pm 2$ は解をもち，それは (17.26) および $(x_0,y_0)=(1,0)$ で与えられる．y^2-2x^2 の値は $(-1)^{n+1}2$ である．

$y^2-2x^2=\pm 4$ は解をもち，それは (17.26) および $(x_0,y_0)=(0,2)$ で与えられる．y^2-2x^2 の値は $(-1)^n 4$ である．

$y^2-2x^2=\pm 8$ は解をもち，それは (17.26) および $(x_0,y_0)=(2,0)$ で与えられる．y^2-2x^2 の値は $(-1)^{n+1}8$ である．

$y^2-2x^2=\pm 7$ は解をもち，それは (17.26) および $(x_0,y_0)=(1,3)$ と $(2,1)$ で与えられる．y^2-2x^2 の値は，それぞれ $(-1)^n 7$ と $(-1)^{n+1}7$ である．

$y^2-2x^2=\pm 9$ は解をもち，それは (17.26) および $(x_0,y_0)=(0,3)$ で与えられる．y^2-2x^2 の値は $(-1)^n 9$ である．

問題 12.46. $\frac{n}{m}\fallingdotseq 75.1233$ となる自然数 m,n を求める．ただし $m<100$．

連分数展開を使う．75.1233 の小数部分の逆数，その小数部分の逆数，$\cdots$ と計算していくと

$$\frac{1}{0.1233}=8.1103\cdots, \quad \frac{1}{0.1103}=9.0661\cdots, \quad \frac{1}{0.0661}=15.12\cdots$$

となるが $m<100$ を考慮して連分数 $75+\frac{1}{8+\frac{1}{9}}=75+\frac{9}{73}=\frac{5484}{73}=75.123287\cdots$ を考えると条件を満たす．分母が 100 以下で $\frac{5484}{73}$ とは異なる分数 r を考えると，r と $\frac{5484}{73}$

との差は $\frac{1}{7300} = 0.000136\cdots$ 以上ある．よって r は $75.12328 + 0.00013 = 75.12341$ 以上か，$75.12327 - 0.00013 = 75.12314$ 以下であり，条件を満たすものは $n = 5485$, $m = 73$ のみ．よって 73 人．

問題 13.4. $n = \sum_{k\geq 0}\sum_{j=1}^{p-1}\sum_{i\geq 0}\varepsilon_{k,j,i}\cdot p^i\cdot(kp+j) \qquad (0\leq\varepsilon_{k,j,i}\leq p-1)$

という表示を，いくつかの正整数をある個数ずつ集めた和が n であることを表す式と解釈するが，それを 2 通りに行えばよい．

任意の正整数を $p^i(kp+j)(i\geq 0,\ k\geq 0,\ 1\leq j\leq p-1)$ と一意的に表し，その個数 $\varepsilon_{k,j,i}$ が 0 以上 $p-1$ 以下と解釈する．

和の順序を変えると $n = \sum_{k\geq 0}\sum_{j=1}^{p}\Bigl(\sum_{i\geq 0}\varepsilon_{k,j,i}p^i\Bigr)(kp+j)$ となるが，p で割り切れない正整数を $kp+j(k\geq 0,\ 1\leq j\leq p-1)$ と一意的に表しておき，その個数を $\sum_{i\geq 0}\varepsilon_{k,j,i}\cdot p^i$ $(1\leq j\leq p-1)$ と p 進表記で表した，と解釈する．

問題 13.8. 一辺が k の n 角数を $N_{n,k}$ とおく．$N_{n,1} = 1$, $N_{n,2} = n$ である．一つの頂点を固定し，一辺を 1 つずつ増やしていくと考えて，その増加数 $M_{n,k+1} = N_{n,k+1} - N_{n,k}$ の変化をみる．付け加わる辺は，固定した頂点を含む 2 辺以外の $n-2$ 本のつながった辺となっている．

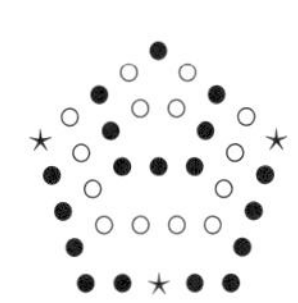

そのつながった辺に属する碁石の増え方 $M_{n,k+1} - M_{n,k}$ は，その $n-2$ 個の各辺につき 1 個ずつ増えていることから $M_{n,k+1} - M_{n,k} = n-2$ であることがわかる．$M_{n,1} = N_{n,2} - N_{n,1} = n-1$ より，$M_{n,1}, M_{n,2}, M_{n,3}, \ldots$ は初項が $n-1$ 公差が $n-2$ の等差数列となり $M_{n,k} = n-1+(k-1)(n-2) = k(n-2)+1$ がわかる．よって

$$\begin{aligned} N_{n,k} &= N_{n,1} + \sum_{j=1}^{k-1} M_{n,j} = 1 + \sum_{j=1}^{k-1}\bigl(k(n-2)+1\bigr) = k + (n-2)\sum_{j=1}^{k-1} k \\ &= k + (n-2)\frac{k(k-1)}{2} = \frac{(n-2)k^2 - (n-2-2)k}{2} \\ &= \frac{k\bigl((n-2)k-(n-4)\bigr)}{2}. \end{aligned}$$

三角数は $\frac{k(k+1)}{2}$，四角数は k^2，五角数は $\frac{k(3k-1)}{2}$，六角数は $k(2k-1)$ となる．

問題 14.6. $m=n$ の場合と同じように考えればよい．

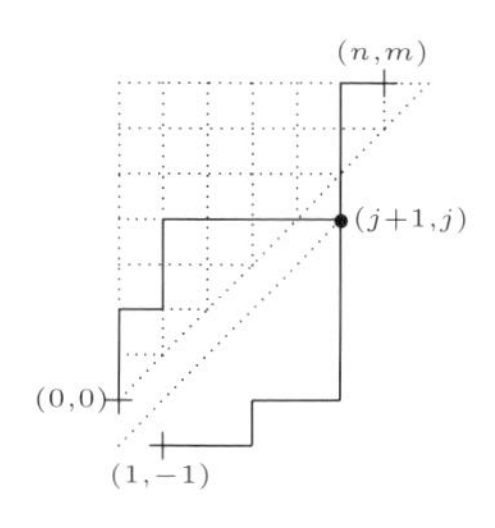

$C_{m,n}$ は $(0,0)$ の点から (n,m) の点まで上または右に 1 ずつ進んで (n,m) に到達する道筋で，常に $x \leq y$ を満たす道筋の数であった．

$x \leq y$ という条件を考えなければ，$m+n$ ステップのうちに右に行く n ステップを選ぶ場合の数であるから ${}_{m+n}C_n$ 通りある．

条件 $x \leq y$ を最初に違反する道筋は，最初に違反する格子点を $(j+1,j)$ としてそこまでの上と右のステップを逆にすることにより $(1,-1)$ から (n,m) へ行く道筋に対応する．この道筋は $m+n$ ステップのうちから右に行く $n-1$ ステップを選ぶ場合の数だけあるから ${}_{m+n}C_{n-1}$ 通りある．よって条件を満たす道筋の個数は，${}_{m+n}C_n - {}_{m+n}C_{n-1}$ 通りである．

問題 15.3. $n=1$ のときは $\#Z = \#X - \#A_1$ は明らかに正しい．

$n=k$ のとき (15.1) が成り立つと仮定し，X の部分集合 $A_1, \ldots, A_k, A_{k+1}$ について考察する．

X の 2 つの部分集合 $A_1 \cup \cdots \cup A_k$ と A_{k+1} に対してベン図を考えると

$$\#Z = \#X - \#(A_1 \cup \cdots \cup A_k) - \#A_{k+1} + \#((A_1 \cup \cdots \cup A_k) \cap A_{k+1})$$

がわかる．X とその k 個の部分集合 $A_1, \ldots, A_k$ に対して，また A_{k+1} とその k 個の部分集合 $A_1 \cap A_{k+1}, \ldots, A_k \cap A_{k+1}$ に対して帰納法の仮定を使うと

$$\#X - \#(A_1 \cup \cdots \cup A_k) = \sum_{I \subset \{1,2,\ldots,k\}} (-1)^{\#I} \#A_I$$

$$\#A_{k+1} - \#((A_1 \cup \cdots \cup A_k) \cap A_{k+1}) = \sum_{J \subset \{1,2,\ldots,k\}} (-1)^{\#J} \#A_{J \cup \{k+1\}}$$

が得られる．これにより

$$\begin{aligned}\#Z &= \sum_{I \subset \{1,2,\ldots,k\}} (-1)^{\#I} \#A_I - \sum_{J \subset \{1,2,\ldots,k\}} (-1)^{\#J} \#A_{J \cup \{k+1\}} \\ &= \sum_{I \subset \{1,2,\ldots,k,k+1\}} (-1)^{\#I} \#A_I\end{aligned}$$

が示される．よって数学的帰納法により包除原理 (15.1) が証明された．

問題 15.5. $0 = k_0 < k_1 < \cdots < k_m < k_{m+1} = n$ とする．(k_j, k_j) から (k_{j+1}, k_{j+1}) に行く道筋の個数は ${}_{2(k_{j+1}-k_j)}C_{k_{j+1}-k_j}$ となる．よって $(0,0)$ から (n,n) に行く道筋で $(k_1,k_1), \ldots, (k_m,k_m)$ を通るものの個数は，この $j=1,\ldots,m$ に対する道筋の個数の積として求められる．$(1,1), (2,2), \ldots, (n-1,n-1)$ を通らない $(0,0)$ から (n,n)

へ行く道筋の個数は $2C_{n-1}$ であるから，包除原理によって $2C_{n-1}$ を表す式が得られる．

$n=3, 4$ として確かめてみると

$$
\begin{aligned}
2C_2 &= \frac{6!}{(3!)^2} - 2\frac{4!}{(2!)^2}\frac{2!}{(1!)^2} + \frac{2!}{(1!)^2}\frac{2!}{(1!)^2}\frac{2!}{(1!)^2} \\
&= 20 - 2\cdot 6\cdot 2 + 2\cdot 2\cdot 2 = 4, \\
2C_3 &= \frac{8!}{(4!)^2} - 2\frac{6!}{(3!)^2}\frac{2!}{(1!)^2} - \frac{4!}{(2!)^2}\frac{4!}{(2!)^2} \\
&\quad + 3\frac{4!}{(2!)^2}\frac{2!}{(1!)^2}\frac{2!}{(1!)^2} - \frac{2!}{(1!)^2}\frac{2!}{(1!)^2}\frac{2!}{(1!)^2}\frac{2!}{(1!)^2} \\
&= 70 - 2\cdot 20\cdot 2 - 6\cdot 6 + 3\cdot 6\cdot 2\cdot 2 - 2\cdot 2\cdot 2\cdot 2 = 10.
\end{aligned}
$$

問題 15.7. 2310 以下の自然数で 2310 と互いに素なものの個数は

$$\varphi(2\cdot 3\cdot 5\cdot 7\cdot 11) = 1\cdot 2\cdot 4\cdot 6\cdot 10 = 480$$

である．

あとがき

数学を理解するには，自分で考えることが重要である．能動的学習であり，最近言われるアクティブ・ラーニングも同種のことである．数学は，知識と理解とが最も厳密に区別され，能動的学習なしには数学がわかるようにはならない．また，能動的学習が最も容易に実現可能な学問でもある．例えば，数学の本や身の回りで数学的な問題に出会ったら，その解説を読む前にまず自ら考えてみる．また，いろいろな例で考えてみる．必要ならその後に説明や答を見て，自分の考えたことと比べたり，より一般の場合を考えてみる，などが可能である．

このような学び方を身につけるには，すなわち「わかる」ということがどういうことなのかを身をもって知るには，意味がわかりやすい問題から始めるのがよい．組合せの数を扱う離散数学は，典型的で最適といえよう．この本で取り上げた「一筆書き」は，筆者が小さい頃に「わかった」と感じた経験をもった印象に残っている例の一つである．

私が幼稚園か小学校の 1 年くらいの頃，昭和 20 年代末のこと．戦後で物資が乏しく，母[5]が編み直した毛糸のセーターやカーディガンを私はよく着ていた．神戸に行くと舶来の上質の毛糸が手に入るので，それで編んでくれたのだが，毛糸は高価なため，子供の成長に合わせてほぐして，また編み直す，ということを何度もやっていた．ほぐした毛糸は縮れてしまっているので，炭火のコンロにかけたヤカンの口からでる湯気を通して縮れを直し，絡まないように厚紙の上に乗せて乾かす．端がわからなくなってひとかたまりに積み重なってしまった一本の毛糸の山から端の一つを探す，ということが何度かあった．このような作業は，子供の私も手伝った．

それをやっているうちに以下のことに気づいた．「ひとかたまりに積み重なった毛糸の山を二つの山に分けてみる．その二つの部分をつなぐ毛糸の本数が偶数なら毛糸の両端は一方にあるが，奇数になったならば端は両方の山に別れている．後者ならば一方の山を同様に分けて調べることもできる」ということである．気

[5] このあとがきは母が 91 歳で他界した 3 ヶ月後に書いた．死の前日まですこぶる元気だった．

づいてみれば当たり前ではあるが，うまく二つに分けていくと，毛糸の端を探す手がかりになった．小学生になって，友達から一筆書きの問題を出されたことがあった．そのとき，これは毛糸の端を探す話と同じだ，と気づいて「わかった」と感じ，とても嬉しくなった．

離散数学に関わる本はいくつかあるが，やさしいレベルから入って，より深い数学的内容 (私の個人的志向もあるかもしれない) に繋がりが感じられるような適当なレベルのものが見つからなかったので，講義の題材をノートに書き留めていた結果がこの本となった．整数や素数に関する内容は，一部を城西大の 2 年生に講義したので，若干詳しい内容になっている．

より近づきやすい本としては [野崎] を，さらに，より程度の高い [浅野] も薦めたい．話題は絞られているが，[ポリア] もお勧めの本であると思う．

組合せ論とは限らないが，絶版となってしまった [ポリア 2] や [志賀] も，初心者向きに (しかし妥協することなく) 書かれた素晴らしい (能動的学習に適した) 数学の本であり，類書は見当たらないように思う．

原稿は最後に私の妻が読み，本文や問題の解答などのミスやわかりにくい部分が指摘された．それを受けて，最終的にこの本の形に仕上がったことに対し，妻治美への感謝を記してあとがきを終える．

2018 年 6 月

大島 利雄

参考文献

[浅野] 浅野孝夫,『情報数学 ―組合せと整数およびアルゴリズム解析の数学―』計測自動制御学会編, 計測・制御テクノシリーズ **20**, コロナ社 (2009).

[野崎] 野崎昭弘,『離散数学「数え上げ理論」』ブルーバックス, 講談社 (2008).

[ポリア] G. ポリア, R.E. タージャン, D.R. ウッズ,『組合せ論入門』今宮淳美訳, 近代科学社 (1986).

[ポリア 2] G. ポリア,『数学における発見はいかになされるか 1, 帰納と類比』柴垣和三雄訳, 丸善株式会社 (1959).

[志賀] 志賀浩二,『数学が育っていく物語』全 6 冊, 岩波書店 (1994).

索引

■や行

■ら行

■表

■プログラム

大島 利雄

おおしま・としお

略歴

1948 年　群馬県生まれ

1973 年　東京大学大学院理学系研究科修士課程修了

　　　　東京大学教授を経て

現 在　城西大学数理・データサイエンスセンター所長

　　　　東京大学名誉教授

　　　　理学博士

著書

『1 階偏微分方程式』(共著, 岩波書店)

『リー群と表現論』(共著, 岩波書店)

数学書房選書 7

個数を数える

2019 年　3 月 10 日　第 1 版第 1 刷発行

2022 年 11 月 15 日　第 1 版第 2 刷発行

著者　大島利雄

発行者　横山 伸

発行　有限会社　数学書房

〒 101-0051　東京都千代田区神田神保町 1-32-2

TEL　03-5281-1777

FAX　03-5281-1778

mathmath@sugakushobo.co.jp

振込口座　00100-0-372475

印刷 製本　精文堂印刷 (株)

組版　野崎 洋

装幀　岩崎寿文

ISBN 978-4-903342-27-6